基于工作过程导向的项目化创新系列教材
高等职业教育机电类“十四五”规划教材

机电设备故障诊断与维修

Jidian Shebei Guzhang Zhenduan yu Weixiu

▲主　编　陆全龙　李瑞春
▲副主编　丑振江　邹建华
　　　　　王文浩　刘　玲
▲参　编　沈　琛　詹　立

http://press.hust.edu.cn
中国·武汉

内容简介

全书有概论、机电设备失效机理、机电设备的故障诊断、机械零件的修复技术、机械设备的拆修与安装、机电设备故障诊断与维修实例共6章内容。本书可读性较好，内容丰富、科学通用、结构合理。

本教材可作为高等职业技术院校、中专院校等机电类及机械类专业的教材，也可作为有关工程技术人员的学习培训教材。

图书在版编目(CIP)数据

机电设备故障诊断与维修/陆全龙，李瑞春主编. —武汉：华中科技大学出版社，2017.6(2024.8重印)
ISBN 978-7-5680-2886-8

Ⅰ.①机… Ⅱ.①陆… ②李… Ⅲ.①机电设备-故障诊断-高等职业教育-教材 ②机电设备-维修-高等职业教育-教材 Ⅳ.①TM07

中国版本图书馆CIP数据核字(2017)第124428号

机电设备故障诊断与维修
Jidian Shebei Guzhang Zhenduan yu Weixiu

陆全龙 李瑞春 主编

策划编辑：张 毅
责任编辑：刘 静
封面设计：孢 子
责任监印：朱 玢
出版发行：华中科技大学出版社(中国·武汉) 电话：(027)81321913
武汉市东湖新技术开发区华工科技园 邮编：430223
录 排：武汉楚海文化传播有限公司
印 刷：武汉邮科印务有限公司
开 本：787mm×1092mm 1/16
印 张：15.5
字 数：386千字
版 次：2024年8月第1版第6次印刷
定 价：49.80元

前言 QIANYAN

为贯彻国家工业4.0及“中国制造2025”宏伟战略，学习和借鉴工业4.0的理念，促进企业的转型升级，建设智能工厂，推进两化深度融合，建设制造业强国，加强院校之间的协作与交流，促进课程改革和教材的建设，我们编写了本书。

本书共6章，内容包括概论、机电设备失效机理、机电设备的故障诊断、机械零件的修复技术、机械设备的拆修与安装、机电设备故障诊断与维修实例。本书内容丰富，科学通用，结构合理，可读性强。各院校可根据下表分配学时。

内　　容	学时分配	
	讲授/学时	参观或实训/学时
第1章　概论	4	0
第2章　机电设备失效机理	6	0
第3章　机电设备的故障诊断	10	2
第4章　机械零件的修复技术	8	2
第5章　机械设备的拆修与安装	10	4
第6章　机电设备故障诊断与维修实例	12	2
机动内容（复习考试）	4	0
总学时	64	

本书由陆全龙（武汉工程职业技术学院）、李瑞春（河北能源职业技术学院）担任主编，丑振江（湖南现代物流职业技术学院）、邹建华（武汉职业技术学院）、王文浩（安徽机电职业技术学院）、刘玲（武汉铁路职业技术学院）担任副主编，沈琛（武汉铁路职业技术学院）、詹立（武汉工程职业技术学院）参编。其中，陆全龙编写第1章及第6章6.4、6.5、6.6、6.7节，李瑞春编写第4章及第5章5.1、5.3节，丑振江、邹建华编写第3章，王文浩编写第2章，刘玲编写第6章6.1、6.2、6.3、6.9节，沈琛编写第5章5.2、5.4节，詹立编写第6章6.8节。全书由陆全龙策划、定稿和统稿。

由于编者水平有限，书中难免存在不足之处，敬请读者批评指正。

编　者

目录 MULU

第1章 概论

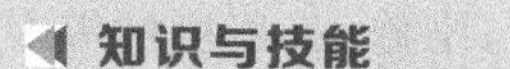

(1)掌握机电设备维修、故障的概念,故障的分类。

(2)掌握机电设备维修理论。

(3)了解设备修理复杂系数和设备修理工时定额的概念,熟悉设备修理计划的类别、编制依据、编制过程、实施环节和修理施工环节。

(4)了解机电设备故障诊断技术。

1.1 本课程的研究内容

本课程是研究机电液设备的故障产生规律及其诊断与维修的实用技术的一门课程，是机械类专业特别是机电一体化、机电设备使用与维修、工程机械等专业重要的专业课之一。

目前，机电液设备（以后简称机电设备）及生产线日益增多，工程机械、航天航空、航海船舶、汽车装备、采矿、冶金、建筑、机床、农业、石油电力、轻纺造纸、食品化工等领域都有大量起关键作用的机电设备，如用于工程机械领域的智能多功能旋挖钻机（见图 1.1）和用于建筑领域的液压全自动砌块成型机（见图 1.2）。正确使用、维护、修理好机电设备非常重要，本课程就为读者提供有关机电设备故障诊断与维修必备的理论知识和技能知识。

图 1.1　智能多功能旋挖钻机

图 1.2　液压全自动砌块成型机

1.2 故障的概念

机电设备是用于现代企业生产的主要工具，是创造物质财富的重要手段，国民经济的各行各业都离不开机电设备。现代机电装备的智能化、自动化、集成化程度越来越高，如果某台设备出现了故障，就可能会造成整套装备、整个流水线、整个车间停产，造成巨大的经济损失，因此，必须重视对机电设备故障的研究。

1.2.1 故障的定义及其特性

一、故障的定义

"故障"一般定义为"设备或零部件丧失了规定功能的状态",它包含以下两层含义。

第一层是设备或零部件偏离正常功能。导致机电设备或零部件偏离正常功能的主要原因是机电设备的工作条件不正常。这类故障通过参数调节或零部件修复即可消除,机电设备随之恢复正常功能。

第二层含义是设备成零部件功能失效。机电设备连续偏离正常功能,并且偏离程度不断加剧,使机电设备基本功能不能保证,这种情况称为失效。一般零件失效可以更换,关键零件失效则往往导致整机功能丧失。

故障研究的目的是,查明故障模式,追寻故障机理,探求减少故障的方法,提高机电设备的可靠性和有效利用率。

二、故障的特性

1. 不同的对象在同一时间将有不同的故障状况

例如:在一条自动化生产线上,某单机的故障造成整条自动线系统功能丧失时,表现出的故障状态是自动线故障;而在机群式布局的车间里,就不能认为某单机的故障是全车间的故障。

2. 故障状况是针对规定功能而言的

例如:同一状态的车床,进给丝杠的损坏对于加工螺纹而言是发生了故障,而对加工端面来说却不算发生故障,因为这两种加工所需车床的功能项目不同。

3. 故障状况应达到一定的程度

故障状况应达到一定的程度,即应从定量的角度来估计功能丧失的严重性。

1.2.2 故障的分类

机电设备故障可以从不同的角度进行分类。对故障进行分类的目的是,估计故障事件的影响程度,分析故障的原因,以便更好地针对不同的故障形式采取相应的对策。

1. 按故障形成的原因分

1)操作管理失误造成的故障

如机电设备未按原设计规定条件使用、设备操作不当或错用等造成的故障就属于此类故障。

2)机器内在原因造成的故障

此类故障一般是由机器设计、制造遗留下的缺陷(如残余应力、局部薄弱环节等)或材料内部潜在的缺陷造成的,无法预测,是发生突发性故障的重要原因。

3)自然故障

机电设备在使用和保有期内,因受到外部或内部多种自然因素影响而引起的故障,如磨损、断裂、腐蚀、变形、蠕变、老化等都属于自然故障。

2. 按故障的性质分

1)间歇性故障

间歇性故障是指机电设备只是在短期内丧失某些功能。此类故障多半由机电设备外部原因如工人误操作、气候变化、环境设施不良等因素引起,在外部干扰消失或对设备稍加修理调试后,机电设备的功能即可恢复。

2)永久性故障

此类故障一般是由某些零部件损坏引起的,出现后必须经人工修理才能恢复机电设备的功能,否则故障一直存在。

3. 按故障的程度分

1)局部性故障

局部性故障,即局部功能失效,是指机电设备的某一部分存在故障,使这一部分功能不能实现而其他部分功能仍可实现。

2)整体性故障

整体性故障是指机电设备整体功能失效。机电设备的某一部分出现故障,也可能导致机电设备整体功能不能实现。

4. 按故障的形成速度分

1)突发性故障

突发性故障的发生具有偶然性和突发性,一般与机电设备的使用时间无关。突发性故障发生前无明显征兆,通过早期试验或测试很难预测。它一般是工艺系统本身的不利因素和偶然的外界影响因素共同作用的结果。

2)缓变性故障

缓变性故障往往在机电设备有效寿命的后期缓慢出现,其发生概率与机电设备的使用时间有关。缓变性故障能够通过早期试验或测试进行预测,通常是因零部件的腐蚀、磨损、疲劳以及老化等发展导致的。

5. 按故障造成的后果分

1)致命故障

致命故障是指导致人身伤亡、引起机电设备报废或造成重大经济损失的故障,如机架或机体断离、车轮脱落、发动机总成报废等。

2)严重故障

严重故障是指严重影响机电设备正常使用,在较短的有效时间内无法排除的故障,如发动机烧瓦、曲轴断裂、箱体裂纹、齿轮损坏等。

3)一般故障

一般故障是指影响机电设备正常使用,但在较短的时间内可以排除的故障,如传动带断裂、操纵手柄损坏、钣金件开裂或开焊、电气开关损坏、轻微渗漏和一般紧固件松动等。

此外,故障按其表现形式分为功能故障和潜在故障;按其形成的时间分为早期故障、随时间变化的故障和随机故障等。

1.2.3 故障的规律

1. 可靠性

可靠性已从一个模糊的定性概念发展为以概率论及数理统计为基础的定量概念。对机械设备可靠性的相应能力做出数量表示的量称为特征量。可靠性的特征量有可靠度、失效率、平均故障间隔时间、故障率、平均寿命、有效度等。一个特征量表示可靠性的某一个特征方面。机电设备的可靠性特征量如表1.1所示。

表1.1 机电设备的可靠性特征量

序号	特征量	可靠性指标	代号	定义
1	无故障性	首次故障前平均工作时间	MTTFF	发生首次致命故障、严重故障或一般故障前的平均工作时间
		平均故障间隔时间	MTBF	可修复机电设备或零部件相邻两次故障之间的平均间隔时间
		故障率	$\lambda(t)$	在每一个时间增量里产生故障的次数，或在时间 t 之前尚未发生故障，而在随后的 dt 时间内可能发生故障的条件概率
		平均停机间隔时间	DTMTBF	可修复机电设备或零部件相邻两次停机故障的平均工作时间
		平均百台修理次数	RPH	100台机电设备在规定的使用或试验条件下，在某一时刻或时间范围内，平均百台需要修理的次数
2	耐久性	可靠度	$R(t)$	在规定的使用条件下和规定的时间内，无故障地完成规定功能的概率
		累积故障概率	$F(t)$	在规定的使用条件下，使用到某一时刻 t 时发生故障的累积概率，也称为不可靠度
		可靠寿命	L_R	在规定的使用条件下，可靠度 $R(t)$ 达到某一要求值时的工作时间
		平均寿命	MTTF	机电设备和零部件从开始使用到失效报废的平均使用时间
3	维修性	平均事后维修时间	MTTR	可修复机电设备或零部件使用到某一时刻所有故障排除的平均有效时间
4	经济性	年平均保修费用率	PWC	在规定的使用条件下，出厂第一年保修期内，对每台机电设备工厂平均支付的保修费用与出厂销售价的比

可靠度是指机电设备或零部件在规定的使用条件下和规定的时间内无故障地完成规定功能的概率。由于机电设备或零部件的各种性能都随时间发生变化，所以可靠度是一个随时间变化的函数，用 $R(t)$ 表示，即 $1\geqslant R(t)\geqslant 0$。

零件的可靠度有0.9、0.99、0.999、0.999 9、1等五个等级，分别称0级、1级、2级、3级、4级。

2. 故障概率

机电设备故障有两个显著特点：一是发生故障的可能性随机电设备使用年限的增加而增大；二是故障的发生具有随机性，很难预料发生的确切时间，因而在机电设备使用寿命内，发生故障的可能性可用概率表示。

机电设备在规定的使用条件下和规定的时间内不发生故障的概率称为无故障概率。

3. 故障率

故障率是指在每一个时间增量里产生故障的次数，或在时间 t 之前尚未发生故障，而在随后的 dt 时间内可能发生故障的条件概率。

故障率为某一瞬时可能发生故障的概率与该瞬时无故障概率之比。

4. 故障率曲线

故障率分为常数型、负指数型、正指数型和浴盆曲线型四种类型。

1）常数型故障率

常数型故障率不随时间而变化，是一个常数，如图 1.3 所示。

2）负指数型故障率

机电设备投入运转的初期，故障率很高，随着时间的推移，经过运转、磨合、调整，故障逐个暴露并被排除后，故障率由高到低变化并趋于稳定，如图 1.4 所示。

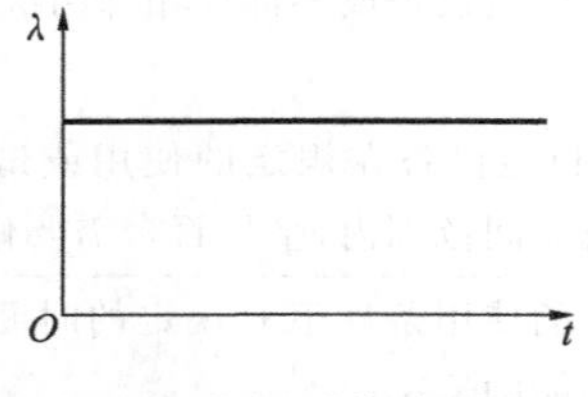

图 1.3　常数型故障率曲线

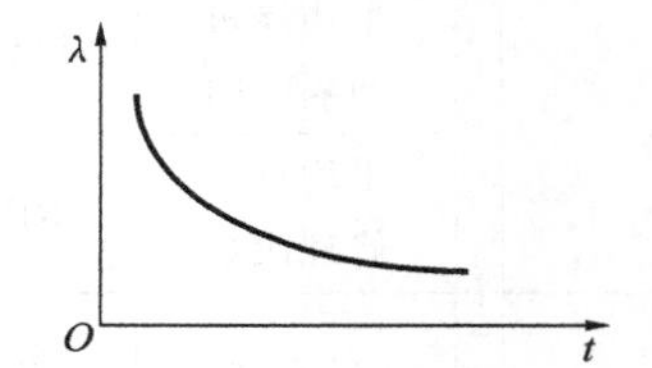

图 1.4　负指数型故障率曲线

3）正指数型故障率

与负指数型故障率相反，正指数型故障率随机电设备使用时间的增长而增大，如图 1.5 所示。

4）浴盆曲线型故障率

浴盆曲线型故障率的变化分为早期故障期、随机故障期和耗损故障期 3 个阶段，如图 1.6 所示。

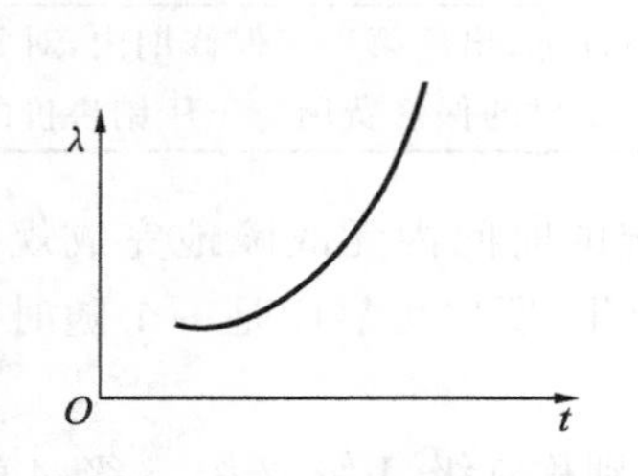

图 1.5　正指数型故障率曲线

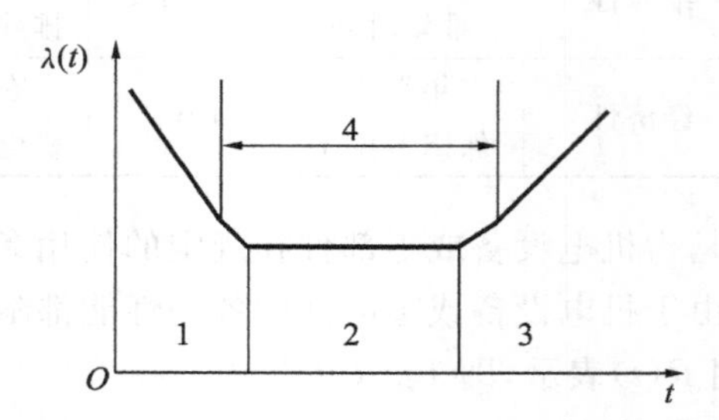

图 1.6　浴盆曲线线故障率

1—早期故障期；2—随机故障期；3—耗损故障期；4—有效寿命

(1)早期故障期。在早期故障期内,故障率较高,但随设备工作时间的增加而迅速减小。早期故障一般是由设计、制造上的缺陷等原因引起的,因此设备进行大修理或改造后,早期故障期会再次出现。

(2)随机故障期。在随机故障期内,故障率低而稳定,近似为常数。随机故障是由于偶然因素引起的,它不可预测,也不能通过延长磨合期来消除。设计上的缺陷、维护不良以及操作不当等都会造成随机故障。

(3)耗损故障期。在耗损故障期内,故障率随运转时间的增加而增大。耗损故障是由于设备零部件的磨耗疲劳、老化、腐蚀等造成的。这类故障的出现是设备接近大修期或寿命末期的征兆。

1.3 设备维修与保养

故障诊断技术是设备维修方式不断发展的产物。设备维修方式有事后维修、改善维修、预防维修三种。

事后维修是机电设备发生故障或损坏后才进行的一种维修,适用于不重要的设备。事后维修时间长、费用高、质量不易保证。

改善维修是维修过程中对设备进行改进的主动维修,可以避免故障重复发生。

预防维修包含定期维修、状态监测维修两种。定期维修又称为计划维修、点检维修,是以概率论为基础,根据主要零部件发生故障时间的统计发布和使用经验确定维修周期,不管设备技术状态如何,都要按计划规定进行的检查维修,以防故障发生。状态监测维修是指通过对设备重要参数进行连续状态监控,获得相关设备的状态信息,当其中一个或几个被监测的参数下降到某种规定值时就进行分析维修,以消除故障隐患,避免发生功能性故障,做到防患于未然。状态监测维修特别适用于高自动化、高技术、结构复杂的现代化设备,它可以有效地减少设备的停机时间,实现以最小的维修投入和经济损失获取最大的效益。

不维修是指设备质量高、在设计寿命内只需维护而不需要修理。它贯彻“最好的维修就是不要维修”的思想,零件可靠度一般都按 0.999 9 级设计。

任何机电设备的寿命都不是无限长的。有些零部件在使用过程中,经过一定时间的运行和工作,因磨损、腐蚀、刮伤、氧化、老化、变形等众多原因,以及其他人为因素而发生失效,出现故障,造成事故。有备件的可更换,但是有的备件十分昂贵,而没有备件的,特别是进口件,则需依靠维修。在现代企业中,机电设备故障及停产损失占其生产成本的 30%～40%,有些行业的维修费用甚至占生产成本的第二位。

1.3.1 维修及其重要性

1. 维修的含义

维修包含维护和修理两个方面的含义,是保护和恢复设备原始状态而采取的全部必要步骤的总称。

维护是对机电设备进行清扫、检查、清洗、润滑、紧固、调整和防腐等一系列工作的总称，又称为保养。

维护是按事前规定的计划或相应的技术条件规定进行的，目的是及时发现和处理机电设备在运行中出现的异常现象，减缓机电设备性能退化，降低故障率。这是保证机电设备正常运行、延长其使用寿命的重要手段。

维护有时也称预防性维修，按维护工作的深度和广度，通常分成等级。我国企业多数采用三级保养制，即日常保养、一级保养和二级保养。

机电设备维修是为了保持或恢复其完成规定功能的能力而采取的技术管理措施。它具有随机性、原位性、应急性。

修理是指机电设备出现故障或技术状况劣化到某一临界状态时，为恢复其规定的技术性能和完好的工作状态而进行的一切技术工作。

由于修理往往以检查结果作为依据，且修理又与检查相结合，因此修理又称为检修。修理是恢复机电设备性能、保证机电设备正常运行、延长机电设备使用寿命的主要手段。

修理按功用不同又分为恢复性修理和改善性修理。通常所说的修理指的是恢复性修理。改善性修理是指对机电设备中故障率较高的部位，从结构、参数、材质和制造工艺等方面进行改进或改装，使其故障发生率减小或不再发生故障。

以最少的消耗、最小的经济代价、最少的时间、最少的资源、最高的修复率，使机电设备经常处于完好状态，提高机电设备的可用性，保持、恢复和提高机电设备的可靠性，降低机电设备的劣化速度，延长机电设备的使用寿命，保障机电设备使用中的安全性和环境保护要求，是维修的目标。

2. 维修的重要性

在激烈的市场竞争中，维修成为现代企业增强生产力和竞争力的有力手段。在经济全球化趋势不断增强、产业结构改革步伐频繁加快、国际竞争更加剧烈的今天，维修更是企业生存、发展、扩大再生产和更新机电设备的一种投资选择方式。维修成为实施绿色再制造工程的重要技术措施。

搞好维修可以延长零部件的使用寿命，维持生产，提高效能，节约资源、能源和资金、外汇。另外，很多报废的机电设备通过利用高新技术进行维修改造，可再利用。

在激烈的市场竞争中，特别是我国加入 WTO 之后，管好、用好、修好、养好机电设备，不仅是保持持续生产的必要条件，而且对提高企业效益，保持国民经济持续、稳定、协调发展有着极为重要的意义。

随着机电设备结构的日趋复杂，对机电设备可用性和可靠性的要求日益增强，机电设备多样化、现代化、自动化和综合化的程度不断提高，维修成为机电设备在使用过程中必不可少的一项工作。

面对融合了现代科学技术的机、电、液、光一体化的机电设备，如何进一步更新维修观念，研究维修理论，发展维修技术，优质、高效、低成本、安全地完成维修任务，成为摆在广大工程技术人员面前的重要课题。

维修已从缺乏系统的理论的简单的操作技艺，发展成为一门建立在现代科学技术基础上的新兴学科，即从技艺走向了科学。维修已从分散的、定性的、经验的发展阶段，进入到系统的、定量的、科学的发展阶段。

3. 维修的步骤

(1)研究设备的图纸资料,了解设备的使用情况。

(2)熟悉设备的组成、原理和特点。

(3)使用工具仪器,用相应的故障诊断技术诊断出故障部位,分析故障产生的原因。

(4)用相关修复技术进行修理,或更换有关零件,恢复设备性能。

(5)进行空载加载调试。

(6)检验、验收并交付使用。

1.3.2 维修理论

维修理论是研究机电设备故障的产生、预防和修复的理论,它包括维修设计理论、维修技术理论和维修管理理论等。维修理论是建立在概率统计、故障理论、摩擦学、失效理论、材料强化理论、可靠性工程、维修性工程、工程技术经济、维修技术与工艺,以及现代管理理论等现代科学基础上的一门综合性工程技术应用科学。它用于指导机电设备的维修优化,从而获得最佳维修效益,保证机电设备使用中的可用性、可靠性和安全性。

1. 维修设计理论

维修设计理论是在设计机电设备的最初阶段就考虑到使故障易于发现、易于检查,便于尽快恢复机电设备的功能,甚至在未出现故障时,就能采取必要措施加以预防或消除故障于未然的理论。该理论主要包括维修性设计理论、维修保障设计理论、维修工效学、维修心理与行为学等。

2. 维修技术理论

维修技术理论是用于指导维修阶段技术活动的理论。它由分析技术理论和作业技术理论两个部分组成。前者主要包括维修作业分析、维修级别分析、现场损伤评估和修复分析、寿命周期费用分析等理论。后者则主要包括现场故障诊断、失效分析、使用寿命预测、各种修复技术、表面工程技术等理论。

3. 维修管理理论

维修管理理论是对维修过程中的各个环节和人、财、物、时间、信息等要素进行规划、组织、协调、控制与监督的理论。它主要包括维修方针和规划的制订,维修方法的选择,维修组织、人员及维修保证的确定,以及经济管理、信息管理、器材设施管理、质量管理、安全管理等理论。

维修管理理论的核心内容是以可靠性为中心的维修。一切维修活动归根到底都是为了保持、恢复和提高机电设备的可靠性。在这种理论指导下进行维修,既能提高质量和可用率,保障使用安全和满足环境保护的要求,又能节约费用,实现"最好的维修就是不要维修"。

1.3.3 设备的维护保养

设备的维护保养既是操作工人为了保持设备的正常技术状态、延长设备的使用寿命所必须进行的日常工作,也是操作工人的主要责任之一。

正确、合理地进行设备维护，可减少设备故障，提高设备的使用率，降低设备检修的费用，提高企业的经济效益。

一、设备维护保养的要求

通过擦拭、清扫、润滑、调整等一般方法对设备进行护理，以保持设备的性能和技术状况，称为设备维护保养。设备维护保养的要求主要有以下四项。

1)清洁

设备内外整洁，滑动面、丝杠、齿条、齿轮箱、油孔等处无油污，各部位不漏油、不漏气，设备周围的切屑、杂物、脏物要清扫干净。

2)整齐

工具、附件、工件要放置整齐，管道、线路设置要有条理。

3)润滑良好

按时加油或换油，油压正常，油标明亮，油路畅通，油质符合要求，油枪、油杯、油毡清洁。

4)安全

遵守安全操作规程，不超载荷使用设备，设备的安全防护装置齐全可靠，及时消除不安全因素。

设备维护保养一般包括日常维护保养、定期维护保养、定期检查和精度检查。另外，设备润滑和冷却系统维护也是设备维护保养的一个重要内容。

设备的日常维护保养是设备维护的基础工作，必须做到制度化和规范化。对设备的定期维护保养工作，要制订工作定额和物资消耗定额，并按定额进行考核。设备定期维护保养工作应纳入车间承包责任制的考核内容。设备定期检查是一种有计划的预防性检查，检查时需要用一定的检查工具和仪器，按定期检查卡规定的项目进行。对机械设备，还应进行精度检查，以确定设备实际精度的优劣程度。

二、制订设备维护规程

设备维护应按维护规程进行。设备维护规程是对设备日常维护方面的要求和规定，其主要内容应包括以下三项。

(1)设备要达到整齐、清洁、坚固、润滑、防腐、安全等要求的作业内容、作业方法、使用的工器具及材料、达到的标准及注意事项。

(2)日常检查维护及定期检查的部位、方法和标准。

(3)检查和评定操作工人设备维护程度的内容和方法等。

三、设备的三级保养制

三级保养制是我国从20世纪60年代中期开始，在总结苏联计划预修制在我国实践经验的基础上，逐步完善和发展起来的一种保养修理制度。三级保养制是以设备操作人员为主对设备进行以保为主、保修并重的强制性维修制度。

三级保养制主要内容包括设备的日常维护保养、一级保养和二级保养。

1. 日常维护保养

设备的日常维护保养，一般包括日保养(又称日例保)和周保养(又称周例保)。

1)日例保

日例保由设备操作人员当班进行。进行日例保时,设备操作人员要认真做到班前四件事、班中五注意和班后四件事。

(1)班前四件事。

①消化图样资料,检查交接班记录;

②擦拭设备,按规定润滑加油;

③检查手柄位置和手动运转部位是否正确、灵活,安全装置是否可靠;

④低速运转,检查传动是否正常,润滑、冷却是否畅通。

(2)班中五注意。

注意设备运转的声音、温度、压力、仪表信号、安全保险是否正常。

(3)班后四件事。

①关闭电源,所有手柄置零位;

②擦净设备各部分,并加油;

③清扫工作场地,整理附件、工具;

④填写交接班记录,办理交接班手续。

2)周例保

周例保由设备操作人员在周末进行,一般设备周例保所用时间为1~2 h,精、大、稀设备周例保所用时间为4 h左右。周例保主要完成下述工作内容。

①外观。擦净设备导轨、各传动部位及外露部分,清扫工作场地,达到保证设备内洁外净、无死角、无锈蚀,周围环境整洁要求。

②操纵传动。检查各部位的技术状况,紧固松动部位,调整配合间隙,检查互锁、保险装置,达到工作声音正常、运行安全可靠要求。

③液压润滑。检查液压系统,达到油质清洁、油路畅通、无渗漏要求,检查润滑装置,向油箱加油或换油。

④电气系统。擦拭电动机,检查各电器绝缘、接地情况,达到完整、清洁、可靠要求。

2. 一级保养

一级保养是指以设备操作人员为主,以维修人员为辅,按计划对设备进行局部拆卸和检查,清洗规定的部位,疏通油路、管道,更换或清洗油线、毛毡、滤油器,调整设备各部位的配合间隙,紧固设备的各个部位。一级保养所用时间为4~8 h。

一级保养完成后应做记录并注明尚未清除的缺陷,由车间机械员组织验收。

一级保养的范围应是企业全部在用设备,对重点设备应严格执行一级保养。

3. 二级保养

二级保养以维修人员为主,设备操作人员协助完成。

二级保养列入设备的检修计划,是指对设备进行部分解体检查和修理,更换或修复磨损件,清洗、换油、检查修理电气部分,使设备的技术状况全面达到设备完好标准的要求。二级保养所用时间为7天左右。

二级保养完成后,维修人员应详细填写检修记录,由车间机械员和设备操作人员验收,验收单交设备管理部门存档。

二级保养的主要目的是使设备达到完好标准，提高和巩固设备的完好率，延长设备的大修周期。

四、"精、大、稀"设备的"四定"工作

1. 定使用人员

按定人定机制度，"精、大、稀"设备操作人员应选择本工种中责任心强、技术水平高和实践经验丰富者，并尽可能保持较长时间的相对稳定。

2. 定检修人员

"精、大、稀"设备较多的企业，根据本企业条件，可组织"精、大、稀"设备专业维修组，专门负责对"精、大、稀"设备的检查、精度调整、维护、修理。

3. 定操作规程

"精、大、稀"设备应分机型逐台编制操作规程，并严格执行。

4. 定备品配件

根据各种"精、大、稀"设备在企业生产中的作用及备件来源情况，确定储备定额。

五、区域维护制

设备的区域维护制又称为维修工包机制。维修人员承担一定生产区域内的设备维修工作，与设备操作人员共同做好日常维护、巡回检查、定期维护、计划修理及故障排除等工作，并负责完成管区内的设备完好率、故障停机率等指标考核工作。

设备区域维护的主要组织形式是区域维护组。区域维护组全面负责其所管辖生产区域的设备维护保养和应急修理工作，其工作任务如下。

(1)负责本区域内设备的维护修理工作，确保完成设备完好率、故障停机率等指标考核工作。

(2)认真执行设备定期点检和区域巡回检查制，指导和督促操作人员做好日常维护和定期维护工作。

(3)在车间机械员的指导下参与设备状况普查、精度检查和调整、治漏、故障分析、状态监测等工作。

设备区域维护的优点是，在完成应急修理时有高度机动性，从而可使设备修理停歇时间变短。

1.3.4 液压系统的维护

一、液压系统的维护的特点

1. 严格控制液压油的污染

保持油液清洁，是确保液压系统正常工作的重要措施。据统计，液压系统的故障有70%是由油液污染引起的。

2. 严格控制液压油的温升

控制液压系统中液压油的温升是减少能源消耗、提高系统效率的一个重要措施。对于一个

普通的液压系统，油液温度变化范围较大的危害如下。

(1)影响液压泵的吸油能力及容积效率。

(2)使系统工作不正常，压力、速度不稳定，动作不可靠。

(3)使液压元件内外泄漏增加。

(4)加速油液的氧化变质。

3. 减少液压系统的泄漏

泄漏是液压系统常见的故障。要控制泄漏，首先要提高液压元件零部件的加工精度、元件的装配质量以及管道系统的安装质量，其次要提高密封件的质量，注意密封件的安装使用与定期更换，最后要加强日常维护，并合理选择液压油。

4. 防止和减少液压系统的振动和噪声

振动和噪声影响液压元件的性能。振动使螺钉松动、管接头松脱，从而引起漏油，甚至使油管破裂。螺钉断裂等故障，可能会造成人身和设备事故，因此要防止和消除振动现象。

5. 严格执行定期紧固、定期清洗、定期过滤和定期更换制度

液压设备在工作过程中，由于冲击振动、磨损、污染等因素，管件松动，金属件和密封件磨损，因此必须对液压元件及油箱等进行定期清洗和维修，对油液、密封件执行定期更换制度。

二、日常检查

进行液压系统的维护与检查前，应先了解该液压系统的使用条件与环境条件。使用条件与环境条件不同，维修与检查的重点亦有所不同。

液压系统的维护与检查一般分为三个阶段进行，即日常检查、定期检查和综合检查。

1. 泵启动前检查

1)查看油箱油量

从油面油标及油窗口观察，油面应在油标线以上。

2)检查油温

通过油温计检查油温是否在规定范围内，在冬夏两季尤其应注意。当室温(环境温度)低于10 ℃时，应预热油液；当室温高于35 ℃时，要考虑散热措施。

3)检查压力

观察压力表指针摆动是否严重、是否能回零位，以及压力表量程等。

2. 油泵启动和启动后的检查

1)点动

应严格执行操作规程，点动启动液压泵。

2)检查泵的输出

点动液压泵，观察泵输出情况是否正常，如是否能出油，有无不正常声响等。

3)检查溢流阀的调定压力

检查溢流阀的调定压力，观察其是否能连续均匀升降，一切正常后再调至设定压力。

4)判断液压泵的噪声、振动情况

检查泵是否有异常噪声，振动是否严重。

5)检查油温、泵壳温度、电磁铁温度

油温在20 ℃～55 ℃时正常，泵壳温度比室温高10 ℃～30 ℃属正常，电磁铁温度按铭牌所示。

6)检查漏油情况

检查各液压阀、液压缸及管子接头处是否有外漏。

7)检查回路运转

检查液压系统工作时有无高频振动，压力是否稳定，手动或自动工作循环时是否有异常现象，冷却器、加热器及蓄能器工作性能是否良好。

3. 液压泵使用中和停车前的检查

1)检查油箱液面及油温

发现油面下降较多时，应查明减少的部分油液是从何处外漏，流向了何处(地面、地沟还是冷却水箱)。油温超出规定时，应查明原因。

2)检查泵的噪声

油泵有无“咯咯”响声，若有应查明原因。

3)检查泵壳温升

泵壳温度比室温高10 ℃～30 ℃属正常，超出此范围应查明原因。

4)检查泄漏

检查泵结合面、输出轴、管接头、油缸活塞杆与端盖结合处，油箱各侧面，各阀类元件安装面，安装法兰等处的漏油情况。

5)检查液压马达或液压缸运转情况

检查液压马达运转时是否有异常噪声，液压缸移动是否正常平稳。

6)检查液压阀

检查各液压阀工作是否正常。

7)检查振动

检查管路有无振动，油缸有无换向时的冲击声，管路是否振松等。

三、定期检查

定期检查是以专业维修人员为主，设备操作人员协助的一种有计划的预防性检查。同日常检查一样，定期检查是为了使设备工作更可靠、使用寿命更长，并及早发现故障苗头和趋势而进行的一项工作。

定期检查除靠人的感官外，还要用一些检查工具和仪器来发现设备损坏、磨损和漏油等情况，以便确定修理部位、应更换的零部件、修理的种类和时间等。定期检查往往配合进行系统清洗及换油。定期检查做得好，可使日常检查简单、顺利。

定期检查的主要工作如下。

1. 定期紧固

要定期对受冲击影响较大的螺钉、螺帽和接头等进行紧固。对中压以上的液压设备的管接头、软管接头、法兰盘螺钉、液压缸固定螺钉和压盖螺钉、液压缸活塞杆(或工作台)止动调节螺钉、蓄能器的连接管路、行程开关和挡块固定螺钉等，应每月紧固一次。对中压以下的液压设备，可每三个月紧固一次。同时，对每个螺钉的拧紧力要均匀，并达到一定的拧紧力矩。

2. 定期更换密封件

漏油是液压系统常见的故障，解决漏油的方法是有效的密封。

间隙密封，适用于柱塞、活塞或阀的圆柱副配合中。它的密封效果与压力差、两滑动面之间的间隙、封油长度和油液的黏度有关。例如，换向阀因长期工作，阀芯在阀孔内频繁地往复移动，油液中的杂物会带入间隙成为研磨料，从而使阀芯和阀孔加速磨损、阀孔与阀芯之间配合间隙增大、丧失密封性、内泄漏量增加，造成系统效率下降、油温升高，所以要定期修理或更换。

利用弹性材料进行密封，即利用橡胶密封件密封。它的密封效果与密封件的结构、材料、工作压力及使用安装等因素有关。弹性密封件的材料一般为耐油丁腈橡胶和聚氨酯橡胶。弹性密封件在受压状态下长期使用，不仅会自然老化，而且会永久变形，丧失密封性，因此必须定期更换。

定期更换密封件是液压装置维护工作的主要内容之一，应根据液压装置的具体使用条件制订更换周期，并将周期表纳入设备技术档案。

3. 定期清洗或更换液压元件

在液压元件工作过程中，零件之间互相摩擦产生的金属磨损物、密封件磨损物和碎片，以及液压元件在装配时带入的型砂、切屑等脏物和油液中的污染物等，都随液流一起流动，它们之中有些被过滤掉了，有一部分则积聚在液压元件的流道腔内，有时会影响元件的正常工作，因此要定期清洗液压元件。

由于液压元件处于连续工作状态，某些零件（如弹簧等）疲劳到一定程度也需要更换。定期清洗与更换液压元件是确保液压系统可靠工作的重要措施。

例如，设备上的液压阀应每三个月清洗一次，液压缸一年清洗一次，在清洗的同时应更换密封件，装配后应对主要技术参数进行测试，使其达到使用要求。

4. 定期清洗或更换滤油器滤芯

滤油器经过一段时期的使用，固体杂质会严重堵塞滤芯，影响其过滤能力，使液压泵产生噪声、油温升高、容积效率下降，从而使液压系统工作不正常。

因此，要根据滤油器的具体使用条件，制订清洗或更换滤芯的周期。一般液压设备上的液压系统过滤网每两个月左右清洗一次，冶金设备上的液压系统过滤网每一个月左右清洗一次。

滤油器的清洗周期应纳入设备技术档案。

5. 定期清洗油箱

液压系统工作时，一部分脏物积聚在油箱底部，若不定期清除，积聚量会越来越多，若被液压泵吸入系统，会使系统产生故障。更换油液时，必须把油箱内部清洗干净，一般每六个月或一年清洗一次油箱。

6. 定期清洗管道

油液中的脏物会积聚在管道的弯曲部位和油路板的流通腔内，使用年限越久，管道内积聚的脏物越多，这不仅增加了油液流动的阻力，而且由于油液的流动，积聚的脏物又被冲下来随油流而去，可能堵塞某个液压元件的阻尼小孔，使液压元件产生故障，因此要定期清洗管道。

清洗管道的方法有两种。

(1)清洗软管,并将可拆的管道拆下来清洗。

(2)对大型自动线液压管道,可每三至四年清洗一次。

清洗管道时,可先用清洗液进行冲洗。清洗液的温度一般在 50 ℃～60 ℃。清洗过程中应将清洗液灌入管道,并来回冲洗多次。在加入新油前必须用本系统所要求的液压油进行最后冲洗,然后将冲洗油放净。

要选用具有适当润滑性能的矿物油作为清洗油,其黏度为 13 cSt～17 cSt。

7. 定期更换油液和高压软管

对油液除经常化验测定其性质外,还可以根据设备使用场地和系统要求,制订油液更换周期,定期更换,并把油液更换周期纳入设备技术档案。

软管根据生产厂家推荐寿命和压力进行更换,但若发现损坏及时更换。

四、综合检修

每一至两年或几年要进行一次拆卸综合检修,也即大修。

综合检修对所有液压装置都必须拆卸、解体检查,鉴定其精度、性能并估算寿命,根据解体后发现的问题,进行修理或更换。

综合检修时对修过或更换过的液压元件要做好记录,以作为以后查找和分析故障以及要准备哪些备件的参考依据。

综合检修前,要预先做好准备,尤其是准备好密封件、滤芯、蓄能器的皮囊、管接头、硬软管及电磁铁等,这些零件一般都是需要更换的。

综合检修的内容和范围力求广泛,尽量做彻底的全面检查和修复。

综合检修时,如发现液压设备使用说明书等资料丢失,应设法找齐归档。

1.4 设备维修计划管理

设备维修管理是企业管理中的一个重要组成部分。它的基本任务是:最大限度地收集和利用设备的信息资源,有效地统筹维修系统中的人力、物力、资金、设备与技术,使维修工作取得最合理的质量与最佳的效益。维修管理的主要内容是:维修信息管理,维修计划管理,维修技术、工艺、质量管理,维修备件管理与维修经济管理等。

企业的设备管理部门对设备进行有计划的、适当规模的维修,合理组织,保证检修的进度、质量和效益的工作称为维修计划管理。

维修计划管理包括两个主要内容:一是宏观的检修计划(含年度、季度及月份计划);二是微观的与工艺技术有关的具体作业计划。

1.4.1 修理工作定额

确定企业设备整体修理计划时,要考虑到维修总工时不超过维修部门的承接能力,修理停机时间不影响企业生产计划,修理总费用不突破维修费用定额。为了较准确地确定各类设备在大、中、小修等不同修理类别下的工时定额、费用定额,可供参考的标准就是设备修理复杂系数。

1. 设备修理复杂系数

设备修理复杂系数用来衡量设备修理复杂程度、修理工作量大小和确定各项定额指标。

1)机械修理复杂系数

以标准等级的机修钳工彻底检修(即大修)一台标准机床CA6140车床所耗用劳动量的1/11作为一个机械修理复杂系数,即CA6140车床的修理复杂系数为11,其他各种设备的复杂系数根据大修劳动量与CA6140大修劳动量的1/11之比确定。

2)电器修理复杂系数

以标准等级电修钳工(即电工)彻底检修一台额定功率为0.6 kW的防护式异步鼠笼电动机所耗用劳动量的复杂程度为1个电器修理复杂系数,其他电器修理复杂系数根据修理劳动量与其劳动量之比确定。部分机型的设备修理复杂系数可参考表1.2。

表1.2　部分机型的设备修理复杂系数

设备名称	型　　号	规　　格	复杂系数	
			机　　械	电　　气
卧式车床	C6136A	ϕ360 mm×750 mm	7	4
卧式车床	CA6140	ϕ400 mm×1 000 mm	11	5.5
卡盘多刀车床	C7620	ϕ200 mm×500 mm	10	15
摇臂钻床	Z3035B	ϕ35 mm	9	7
卧式镗床	T611	ϕ110 mm	25	11
内圆磨床	M2110A	ϕ100 mm×130 mm	9	7.5
外圆磨床	M1432A	ϕ320 mm×1 000 mm	14	10
矩台平面磨床	M7120	ϕ200 mm×600 mm	10	8
滚齿机	Y3180	ϕ800 mm×M10 mm	14	6
插齿机	Y5120A	ϕ200 mm×M4 mm	13	5
卧式万能回转头铣床	XQ6135	350 mm×1 600 mm	14	8
开式双拉可倾压力机	J23-100	100 t	12	4

2. 修理工时定额

修理工时定额是指完成设备修理工作所需要的标准工时数,一般用一个修理复杂系数所需的劳动时间来表示。

一般机床大修工时定额为76工时,小修工时定额为13.5工时,定期检查工时定额为2工时,精度检查工时定额为1.5工时,则CA6140大修工时定额为11×76工时=830工时,小修工时定额11×13.5工时=148.5工时,定期检查工时定额2×11工时=22工时,精度检查工时定额1.5×11工时=16.5工时。

其他设备参有关表格计算。其他等级的工种,计算修理工时定额时还需乘以技术等级换算系数。

1.4.2 设备维修计划的编制

一、设备维修计划的类型

1. 按时间进度编制的计划

(1)年度维修计划:包括一年中企业全部大、中小修计划和定期维护、更新设备安装计划;应在上年度末完成。

(2)季度维修计划:由年度维修计划分解得来,将年度计划更进一步细化,并根据实际情况对项目与进程安排做出适当的调整与补充;一般在上季度的最末一月制订。

(3)月份维修计划:月份维修计划比季度维修计划更具体、更细致,是执行维修计划的作业计划。定期保养、定期检测及定期诊断等具体工作都要纳入月份维修计划,并根据上月定期检查发现的问题,在本月安排小修计划。

2. 按维修类别编制的计划

按维修类别编制的计划通常为年度大修理计划和年度设备定期维护计划。设备大修计划主要供企业财务管理部门准备大修理资金和控制大修理费使用。有的企业也编制项修、小修、预防性试验和定期精度调整的分列计划。

二、编制设备维修计划的依据

1. 编制设备维修计划的依据

(1)机电设备的技术状态是指设备的技术性能、负载能力、传动机构和运行安全等方面的实际状况。设备完好率、故障停机率和设备对均衡生产影响的程度等是反映企业设备技术状况好坏的主要指标。设备技术状态的信息主要来自设备技术状态的普查鉴定和原始资料。

设备普查一般在每年的第三季度进行,主要任务是摸清设备存在的问题,提出修整意见,填写设备技术状态普查表,以此作为编制设备维修计划的基础。

原始资料包括日常检查记录、定期检查记录、状态检测记录和维修记录等原始凭证及综合分析资料等。

对技术状态劣化等需要修理的设备应列入年度维修计划的申请项目。

(2)生产工艺及产品质量对设备的要求。如果设备的实际技术状态不能满足产品工艺和质量的要求,则由工艺部门提出要求,安排计划修理工作。

(3)安全与环境保护的要求。

(4)设备的修理周期与修理间隔期。

2. 编制设备维修计划应考虑的问题

(1)生产急需的、影响产品质量的、关键工序的设备应重点安排。

(2)生产线上单一关键设备,应尽可能安排在节假日中检修,以缩短停歇时间。

(3)连续或周期性生产的设备(如热力、动力设备)必须根据其特点适当安排,使设备,修理与生产任务紧密结合。

(4)精密设备检修的特殊要求。

(5)应考虑修理工作量的平衡,使全年修理工作能均衡地进行。对应修设备,按轻重缓急安排计划。

(6)应考虑修前生产技术准备工作的工作量和时间进度。

(7)对同类设备,尽可能连续安排。

(8)综合考虑设备修理所需技术、物资、劳动力及资金来源的可能性。

三、年度维修计划的编制

1. 编制年度检修计划的五个环节

(1)切实掌握需修设备的实际技术状态,分析其修理的难易程度。

(2)与生产部门商定重点设备的修理时间和停歇天数。

(3)预测修前技术、生产准备可能需要的时间。

(4)平衡维修劳动力。

(5)对以上四个环节出现的矛盾提出解决措施。

2. 编制年度维修计划的程序

一般在每年9月份编制下一年度的设备维修计划,编制过程按以下四个程序进行。

1)搜集资料

年度维修计划编制前,要做好资料搜集和分析工作。资料主要包括两个方面:一是设备技术状态方面的资料,如原始资料、设备普查表和有关产品工艺要求、质量信息等资料,以确定修理类别;二是年度生产大纲、设备修理工时定额、有关设备的技术资料以及备件库存情况等资料。

2)编制草案

编制草案时,要充分考虑年度生产计划对设备的要求,做到维修计划与生产计划协调,防止设备失修和维修过剩,并考虑和前一年度维修计划协调。在正式提出年度维修计划草案前,设备管理部门应在主管厂长的主持下,组织工艺、技术、使用以及生产等部门进行综合技术经济分析论证,力求达到合理。

3)平衡审定

年度维修计划草案编制完成后,分发生产、计划、工艺、技术、财务以及使用部门讨论,提出项目的增减、修理停歇时间长短、停机交付日期、修理类别的变化等修改意见。经综合平衡,正式编制年度维修计划,送交主管领导批准。

设备修理计划按规定要填写表格,内容包括:设备的自然情况(使用单位、资产编号、名称、型号)、修理复杂系数、修理类别或内容、时间定额、停歇天数、计划进度以及承修单位等。编制计划时,还应编写计划说明,提出计划重点、薄弱环节及注意解决的问题,并提出解决关键问题的初步措施和意见。

4)下达执行

每年12月份以前,由企业生产计划部门下达下一年度设备维修计划,并将其执行情况作为企业生产、经营计划的重要组成部分进行考核。

1.4.3 维修作业计划的管理与实施

具体实施设备维修的某一项任务时,需要编制维修作业计划。

使用网络计划技术编制作业计划,能优化作业过程管理,充分利用各项资源,缩短维修工期,减少停机损失。网络计划技术可用于大型复杂设备的大修、项目修理的作业计划编制,大型复杂设备的安装调整工程等。

一、工序图及绘制

编制大修网络计划是以大修工艺过程为依据的。例如大修一台镗床,有10道工序,分别为拆卸、清洗、检查、床身与工作台研合、零件修理、零件加工、变速箱组装、电气检修和安装、部件组装及总装和试车,这些工序之间的相互关系如图1.7所示。

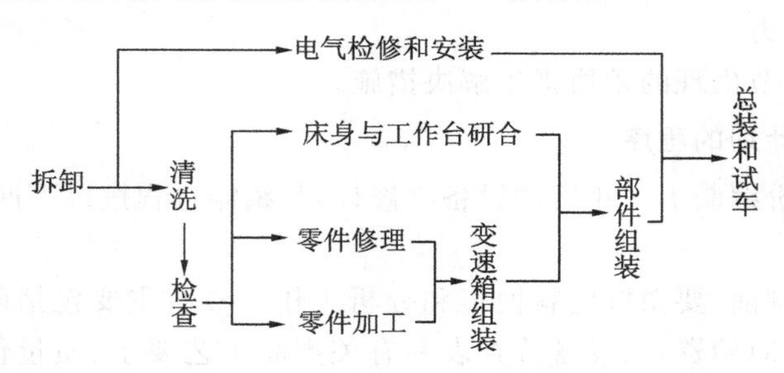

图1.7 大修镗床各工序间的相互关系

从图上修理工序之间的相互关系可以看出:各工序之间有一定的先后顺序,如不拆卸就无法进行清洗,更无法进行以后的工序;有些作业可以平行进行,如零件修理与零件加工。大修进度的快慢,取决于工序连续时间的长短。有的工序稍有变化就会对进度产生很大的影响,此类工序称为关键工序。有的工序变化对进度影响不大,此类工序称为非关键工序。

二、设备维修计划的实施

1. 交付修理

设备使用单位应按设备维修计划规定日期将设备交给修理单位,移交时,应认真交接并填写“设备交修单”(一式两份),交接双方各执一份。

设备维修竣工验收时,双方按“设备交修单”清点设备及随机移交的附件、专用工具。

2. 修理施工

在修理过程中,一般应处理好以下几个环节。

1)解体检查

设备解体后,由主修技术人员与修理工人配合及时检查部件的磨损、失效情况,特别要注意有无在修前未发现或未预测到的问题,并尽快发出以下技术文件和图样:按检查结果确定的修换件明细表;修改、补充的材料明细表;经过局部修改与补充的修理技术任务书;临时制造的配件的图样。

2)生产调度

修理组长必须每日了解各部件修理作业的实际进度,并在作业计划上用红线做标记。发现某项作业进度延迟，可根据网络计划上的时差，调配力量，以赶上进度。

计划调度人员应每日检查作业计划的完成情况，特别要注意关键线路上的作业进度，与技术人员、工人、组长一起解决施工中出现的问题；还应重视各工种作业的衔接，做到不发生待工、待料和延误进度的现象。

3)工序质量检查

修理人员完成每道工序经自检合格后，须经质量检验员检验，确认合格后方可转入下道工序。重要工序检验合格应有标志。

4)临时配件制造进度

临时配件的制造进度往往是影响修理工作进度的主要原因，应对关键件逐件安排加工工序作业计划，采取措施，不误使用。

3. 竣工验收

设备大修完毕经修理单位试运转合格，按程序竣工验收。验收由设备管理部门代表主持，与质检、使用部门代表一起确认已完成修理任务书规定的修理内容并达到质量标准及技术条件后，各方代表在“设备维修竣工报告单”上签字验收。

1.5 设备故障诊断新技术

设备故障诊断常用比较法、简单仪器诊断技术、振动诊断技术、温度诊断技术、油样分析技术、无损探伤诊断技术和故障树诊断法(是一种将机电设备全部故障形成的原因由整体到局部按树状逐渐细化的分析方法)等。

最新发展的维修方式是预测维修，其核心的设备故障诊断技术涉及以下6个方面：①状态监视技术功能；②精密诊断技术；③便携和遥控点检技术；④过渡状态监视技术；⑤质量及性能监测技术；⑥控制装置的监视技术。

依靠近代数学的最新研究成果和各种先进的监测手段，目前国际上正处于研究和开发阶段的故障诊断技术有以下九种。

1. 精密仪器诊断法

专业精密仪器可以对工况精确地测量诊断。

2. 计算机辅助监测诊断法

借助计算机对设备进行连续的监测，可在任一时刻都能很好地了解其运行状态。当出现故障时，计算机能及时发出警报，提醒操作人员采取相应措施。

3. 在线监测诊断法(预测维修诊断法、主成分诊断法)

在线监测(on-line monitoring)是在生产线上对机械设备运行过程及状态所进行的信号采集、分析诊断、显示、报警及保护性处理的全过程。

在线监测技术以现代科学理论中的系统论、控制论、可靠性理论、失效理论、信息论等为理论基础，以包括传感器在内的仪表设备、计算机、人工智能为技术手段，并综合考虑各对象的特殊规律及客观要求，是保障设备安全、稳定、长周期、满负荷、高性能、高精度、低成本运行的重要措施。

4. 远程诊断法

通过互联网进行远程诊断，可以实现设备用户与远隔万里的设备制造厂商之间的信息交流。远程诊断可进行数据和图像的传输，做计算机图像处理，可提高故障诊断的效率和准确性，有效地减少设备故障停机时间。

5. 人工神经网络诊断法

人工神经网络是指利用神经科学的最新成果，对人的大脑神经元结构特征进行数学简化、抽象和模拟而建立的一种非线性动力学网络系统。人工神经网络诊断法具有处理复杂多模式及进行联系、推测、容错、记忆、自适应、自学习等功能，是一种新的模式识别技术和知识处理方法，在数控机床故障诊断技术中得到应用。

6. 专家系统诊断法

专家系统是以大量专家的知识和推理方法进行诊断的一种计算机程序系统，由知识库、动态数据库、推理机、人机接口等 4 个部分组成。专家系统诊断是计算机辅助诊断的高级阶段。

7. 风险诊断法(RBM)

风险诊断维修法是与设备故障率及损失费用相关联的，与偶发率、严重度及可测性相关，其中每个分项各有其相关参数及计算方法。基于风险的维修实践同样表明：严重的故障并不多见，而不严重的故障经常发生。

8. 灰色系统诊断法

灰色系统诊断法是应用灰色系统的理论对故障的征兆模式和故障模式进行识别的技术。灰色理论认为：设备发生故障时，既有一些已知信息（称为白色信息）表征出来，也有一些未知的、非确知的信息（称为灰色信息）表征出来。灰色系统诊断法正是应用灰色关联等理论，使许多待知信息明确化，进而完成故障诊断的方法。

9. 模糊诊断法

机电设备的动态信号大多具有多样性、不确定性和模糊性，许多故障征兆用模糊概念来描述比较合理，如偏心严重、压力偏高、磨损严重等。同一设备或元件，在不同的工况和使用条件下，其动态参数也不尽相同，因此对其只能在一定范围内做出合理估价，即模糊分类。模糊推理方法采用 IF-THEN 形式，符合人类思维方式。

模糊诊断法利用模糊数学将各种故障和症状视为两类不同的模糊集合，用模糊关系矩阵来描述，求出症状向量隶属度，得出故障原因的多重性和主次程度。

【思考与练习】

1.1　什么是维修、维护和修理？什么是预测维修？

1.2　什么是故障、可靠度、故障率？

1.3　什么是设备修理复杂系数？设备维修计划编制的依据是什么？

1.4　实施设备维修计划时，应抓好哪些环节？

1.5　设备故障诊断有哪些新技术？

1.6　请结合一台具体的设备谈一谈设备故障发生的规律。

第2章 机电设备失效机理

知识与技能

(1)掌握机电设备磨损、断裂、腐蚀的概念和类型。

(2)掌握减少机电设备磨损、断裂失效的措施。

(3)了解磨损、断裂的机理。

(4)了解减少机电设备腐蚀、变形和老化失效的措施。

在设备的使用过程中，零件由于设计、材料、工艺及装配等各方面的原因，丧失规定的功能，无法继续工作的现象称为失效。

当机电设备的关键零部件失效时，设备就处于故障状态，故障不仅影响设备的正常使用，严重时还将酿成事故，带来严重的后果。例如：飞机因起落架、发动机、机翼等零部件失效而坠毁；火车因车轴、车轮的断裂而导致出轨、倾覆；轮船因船体断裂而沉没；海洋石油钻井平台因立柱断裂而覆没等。

机电设备主要的失效形式有磨损、断裂、腐蚀、变形和老化等。

2.1 磨损

一般来说，机电设备中约有 80％的零件是因摩擦磨损而失效报废的。机械摩擦是不可避免的自然现象，磨损是摩擦的必然结果，润滑是改善摩擦、减缓磨损的有效方法。

2.1.1 摩擦

阻止两个物体接触表面作相对切向运动的现象称为摩擦，产生摩擦的阻力称为摩擦力。

据估计，消耗在摩擦过程中的能量约占世界工业能耗的 30％。在机器的工作过程中，磨损会使零件的表面形状和尺寸遭到缓慢而连续的破坏，使得机器的工作性能与可靠性逐渐降低，甚至可能导致零件的突然损坏。人们在零件的结构设计、材料选用、加工制造、表面强化处理、润滑剂的选用、操作与维修等方面采取措施，可有效地解决零件的摩擦磨损问题，提高机器的工作效率，减少能量损失，保证机器工作的可靠性。

摩擦力等于摩擦系数乘以法向载荷。影响摩擦系数的因素很复杂，有润滑条件、材料性质、表面粗糙度、载荷的特点、温度、表面氧化膜、滑动速度等。

摩擦时相互运动的接触面可以看作为摩擦副。

根据运动状态不同，摩擦可以分静摩擦和动摩擦。

根据运动形式不同，摩擦可以分滑动摩擦和滚动摩擦。

根据摩擦副之间的润滑状态不同，摩擦可以分干摩擦、边界摩擦、流体摩擦和混合摩擦。

1. 干摩擦

当摩擦副表面间无任何润滑剂时，将出现固体表面直接接触的摩擦，这种摩擦称为干摩擦。此时，两摩擦表面间的相对运动将消耗大量的能量，造成严重的表面磨损。这种摩擦状态是在机器工作时不允许出现的。在工程实际中，任何零件的表面都会因为氧化而形成氧化膜或被润滑油湿润，所以不存在真正意义上的干摩擦。

2. 边界摩擦

当摩擦副表面间有润滑油存在时，由于润滑油与金属表面间的物理吸附作用和化学吸附作用，润滑油会在金属表面上形成极薄的边界膜，边界膜通常只有几个分子到十几个分子厚，不足以将微观不平的两金属表面分隔开，所以相互运动时，金属表面的微凸出部分将因接触而产生摩擦。人们通常将因此而产生的摩擦称为边界摩擦。

与干摩擦相比，在边界摩擦状态下摩擦系数要小得多。

3. 流体摩擦

当摩擦副表面间形成的油膜厚度达到足以将两个表面的微凸出部分完全分开时，摩擦副之间的摩擦就转变为油膜之间的摩擦，称为流体摩擦。形成流体摩擦的方式有两种：一种是通过液压系统向摩擦面之间供给压力油，强制形成压力油膜隔开摩擦表面，这称为液体静压摩擦；另一种是通过在满足一定的条件下，两摩擦表面相对运动时产生的压力油膜相互隔开，这称为液体动压摩擦。流体摩擦是在流体内部的分子间进行的，所以摩擦系数极小。

4. 混合摩擦

当摩擦副表面间处在边界摩擦与流体摩擦的混合状态时，摩擦称为混合摩擦。

一般机器的摩擦表面多处于混合摩擦状态。混合摩擦下的摩擦系数比边界摩擦下的小。

当机器工作时，零件的工作温度、速度和载荷大小等因素都会对边界膜产生影响，甚至造成边界膜破裂。因此，在边界摩擦状态下，保持边界膜不破裂十分重要。

在工程中，合理地设计摩擦副的形状，选择合适的摩擦副材料与润滑剂，制造时注意保证加工质量，使用时注意操作与维护，就可以在规定的年限内，使零件的磨损量控制在允许的范围内。

2.1.2 磨损

一、零件的磨损过程

磨损是一种微观和动态的过程，零件磨损会出现各种物理、化学和机械现象，其外在的表现形态是表层材料的磨耗，磨耗程度通常用磨损量度量。在正常工况下，零件的磨损过程分为3个阶段，如图2.1所示，其中S代表磨损量，t代表时间。

1. 磨合阶段 OA（跑合阶段）

磨合阶段发生在设备使用初期。此时摩擦副表面具有微观波峰，使得零件间的实际接触面积较小，接触应力很大，因此设备运行时零件表面的塑性变形很大、磨损的速率很高。随着磨合的进行，摩擦表面粗糙峰逐渐磨平，实际接触面积逐渐增大，表面塑性变形导致冷作硬化，所以磨损速率下降，当磨损速率降低到一定值时，正常磨损条件建立，磨损速率稳定，且具有最低值。合理选择磨合载荷、相对运动速度、润滑条件等参数，可缩短磨合期。

2. 稳定磨损阶段 AB

这一阶段的磨损特征是磨损速率小且稳定，因此该阶段的持续时间较长。但到中后期，磨损速率相对较快，此时零件仍可继续工作一段时间，在磨损速率增至一定值后，磨损速率迅速提高，进入急剧磨损阶段。合理地使用、保养与维护设备是延长该阶段的关键。

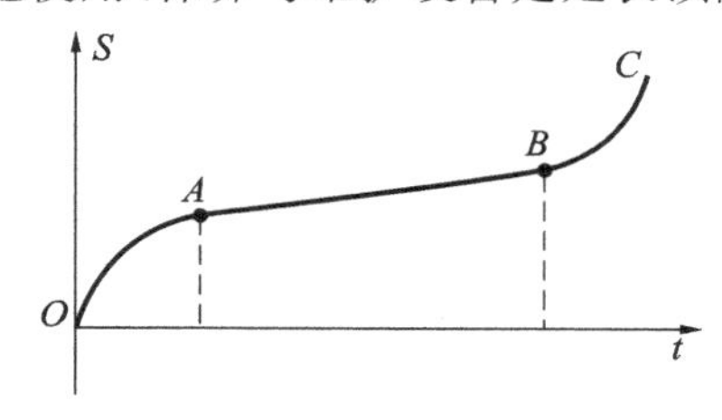

图2.1 零件磨损的3个阶段

3. 急剧磨损阶段 BC

进入此阶段后，由于摩擦条件发生较大的变化，如润滑条件改变、零件几何尺寸发生变化、配合零件间隙增大、产生冲击载荷等，磨损速率急剧增加。此时机械效率明显下降，设备精度降低，若不采取相应措施有可能导致设备故障或意外事故。因此，及时发现和修理即将进入该阶段工作的零部件具有十分重要的意义。

二、磨损的分类

根据磨损结果，磨损分为点蚀磨损、胶合磨损和擦伤磨损等。根据磨损机理，磨损分为磨料磨损、疲劳磨损、黏着磨损、腐蚀磨损和微动磨损等。

1）磨料磨损

磨料磨损是指摩擦副的表面上硬的凸起部分和另一表面接触，或两摩擦面间存在着硬的质点，发生相对运动时，两个表面中的一个表面的材料发生转移或两个表面的材料同时发生转移的磨损现象。

(1)磨料磨损机理。

磨料磨损失效是最常见、危害最严重的一种失效形式。

磨料对零件表面的作用力分为垂直于表面的分力与平行于表面的分力两个分力，如图 2.2 所示。垂直分力使磨料压入材料表面，在其反复作用下，塑性好的材料表面产生密集的压痕，最终发生疲劳破坏，而脆性材料表面不发生变形，发生脆性破坏。平行分力使磨料向前滑动，对表面产生耕犁与微切削作用：塑性材料以耕犁为主，磨料会在摩擦表面上切下一条切屑，并使犁沟两侧材料隆起；脆性材料以微切削作用为主，磨料会从表面上切下许多碎屑。塑性材料在反复耕犁以后，也会因冷作硬化效应而变硬变脆，由以耕犁为主转化为以微切削作用为主。

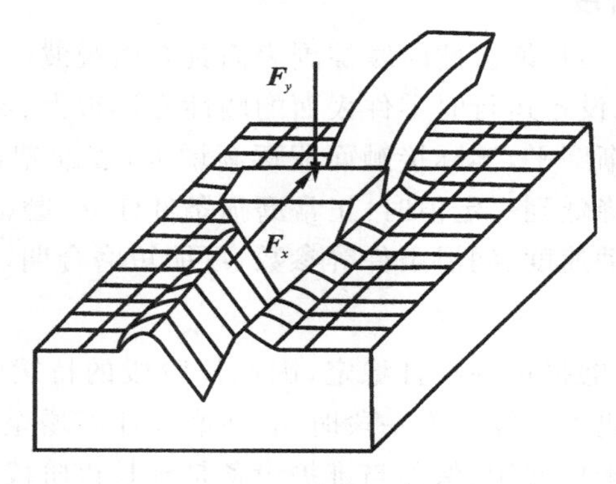

图 2.2　磨料磨损机理

随着零件表面材料的脱离与表面性能的不断变化，零件表面发生破坏，导致零件失效。磨料磨损的显著特点是：磨损表面上有与相对运动方向平行的细小沟槽；磨损产物中有螺旋状、环状或弯曲状细小切屑及部分粉末。

磨料磨损过程实质上是零件表面在磨料作用下发生塑性变形、切削与断裂的过程。加强防护与密封，做好润滑油的过滤，提高表面硬度，可提高零件耐磨粒磨损的能力。

(2)影响磨料磨损的主要因素。

①摩擦副材料。一般金属材料的硬度越高,耐磨性就越好。具有马氏体组织的材料耐磨性较高,而在相同硬度条件下,贝氏体又比马氏体更耐磨,同样硬度的奥氏体与珠光体,奥氏体的耐磨性要高得多。

②磨料。磨料磨损与磨料的粒度、几何形状、硬度有密切的关系。

金属的磨损量随磨料尺寸的增大而增加,但当磨料尺寸增大到一定值(临界尺寸一般为60～100 μm)时,磨损速率就基本保持不变了。

棱角尖锐的磨料比圆滑的磨料切削能力更强,因此磨损速率较高。

磨料相对于摩擦表面材料的硬度越大,磨损速率越高,磨损越严重。

③压力。磨损速率与压力成正比。因为压力越小,磨料嵌入深度越小,作用在表面上的力越小,所以磨损速率越低。

2)疲劳磨损

摩擦表面局部区域在循环接触应力作用下,产生疲劳裂纹,分离出微片或颗粒的磨损形式称为疲劳磨损。根据摩擦副间的接触和相对运动方式,疲劳磨损可分为滚动接触疲劳磨损和滑动接触疲劳磨损两种。实际工作中,大多情况下为滚动加滑动接触疲劳磨损。

(1)疲劳磨损的过程。

疲劳磨损过程如图2.3所示。滚动接触疲劳磨损会使滚动轴承、传动齿轮等有相对滚动的摩擦副表面间出现麻点和脱落现象,当一个表面在另一个表面上作纯滚动或滚动加滑动运动时,最大切应力发生在亚表层。在力的作用下,亚表层的材料将产生错位运动,在非金属夹杂物及晶界等障碍处形成堆积。由于错位的相互切割,材料内部产生空穴,空穴集中形成空洞,进而变成原始裂纹。裂纹在载荷作用下逐步扩展,最后折向表面。由于裂纹在扩展过程中互相交错,加上润滑油在接触点处被压入裂纹产生楔裂作用,表层将产生点蚀或剥落。当原始裂纹较浅时,表现为点蚀(麻点状);若原始裂纹在表层以下大于200 μm,表层材料呈片状剥落(麻坑状)。

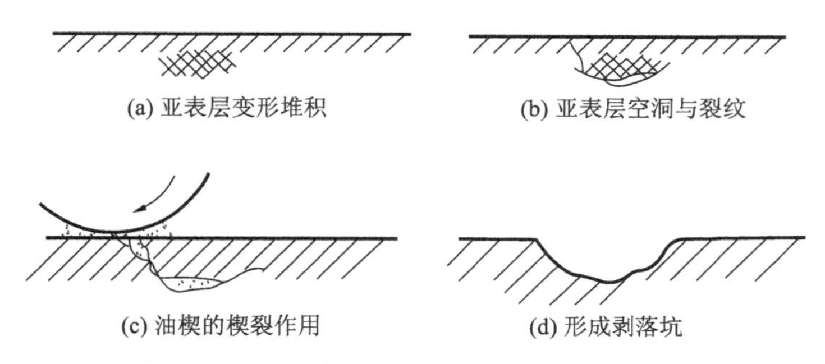
(a) 亚表层变形堆积　(b) 亚表层空洞与裂纹　(c) 油楔的楔裂作用　(d) 形成剥落坑

图2.3　疲劳磨损过程

固体摩擦表面由于都存在宏观或微观不平性,因而会产生表面接触不连续性。相对运动时,作用于摩擦表面上的法向载荷会使表面被压平或压入,使接触区产生相应的应力和应变,在摩擦运动的反复作用下,触点处结构、应力状态会出现不均匀、应力集中现象,从而引发裂纹,最终使部分表面材料以微粒形式脱落,形成磨屑。这就是滑动接触疲劳磨损的机理。

滚动轴承内外圈滚道和齿轮轮齿的疲劳磨损如图2.4所示。

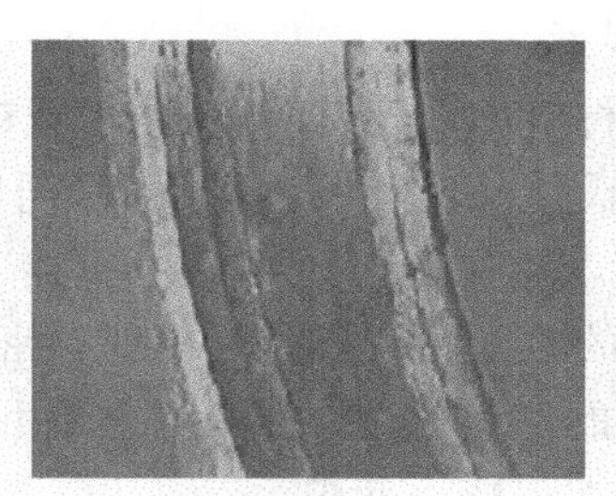
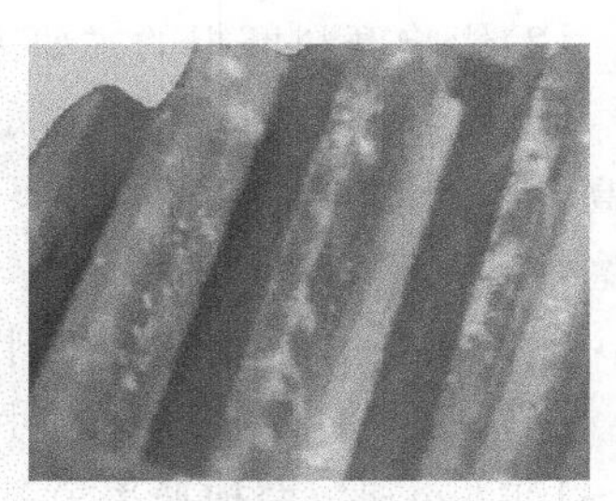
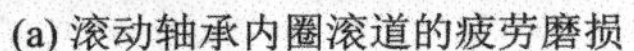

(a) 滚动轴承内圈滚道的疲劳磨损　(b) 滚动轴承外圈滚道的疲劳磨损　(c) 齿轮轮齿的疲劳磨损

图 2.4　滚动轴承内外圈滚道和齿轮轮齿的疲劳磨损

(2)影响疲劳磨损的主要因素。

疲劳磨损是由于裂纹的发生和扩展而产生的。影响疲劳磨损的主要因素有以下五个。

①材料性能。钢中的非塑性夹杂物等，对疲劳磨损有严重的影响。如钢中的氮化物、氧化物、硅酸盐等带棱角的质点，在受力过程中，其变形与基体不协调而形成空隙，形成应力集中源，在交变应力作用下导致出现裂纹并扩展，最后导致疲劳磨损早期出现。因此，选择含有害夹杂物少的钢(如轴承常用净化钢)，对提高摩擦副抗疲劳磨损能力有着重要意义。在某些情况下，铸铁的抗疲劳磨损能力优于钢，这是因为钢中微裂纹受摩擦力的影响具有一定方向性，且也容易渗入油而扩展，而铸铁基体组织中含有石墨，裂纹沿石墨发展且没有一定方向性，润滑油不易渗入裂纹。

②硬度。一般来说，材料的抗疲劳磨损能力随表面硬度的增加而增强，而表面硬度一旦超过一定值，则情况相反。

钢的芯部硬度对其抗疲劳磨损能力有一定影响，在外载荷一定的条件下，芯部硬度越高，产生疲劳裂纹的可能性就越小。因此，对于渗碳钢，应合理地提高其芯部硬度，但也不能无限地提高，否则韧性太低也容易产生裂纹。此外，钢的硬化层厚度也对其抗疲劳磨损能力有影响，硬化层太薄时，疲劳裂纹将出现在硬化层与基体的连接处而易造成表面剥落。因此，选择硬化层厚度时，应使疲劳裂纹产生在硬化层内，以提高抗疲劳磨损能力。

对于齿轮副的硬度选配，一般要求大齿轮硬度低于小齿轮，这样有利于跑合，使接触应力分布均匀和对大齿轮齿面产生冷作硬化作用，从而有效地提高齿轮副寿命。

③表面粗糙度。在接触应力一定的条件下，表面粗糙度值越小，抗疲劳磨损能力越高；当表面粗糙度值小到一定值后，表面粗糙度值对抗疲劳磨损能力的影响减小。如滚动轴承，当表面粗糙度值为Ra 0.32 μm时，其轴承寿命比 Ra 0.63 μm 时高 2～3 倍，Ra 0.16 μm 时比 Ra 0.32 μm 时高 1 倍，Ra 0.08 μm 时比 Ra 0.16 μm 时高 0.4 倍，Ra 0.08 μm 以下时，其变化对疲劳磨损影响甚微。如果接触应力太大，则无论表面粗糙度值多么小，零件的抗疲劳磨损能力都低。此外，若零件表面硬度越高，其表面粗糙度值也就应越小，否则会降低抗疲劳磨损能力。

④摩擦力。接触表面的摩擦力对疲劳磨损有着重要的影响。通常，纯滚动的摩擦力只有法向载荷的 1%～2%，而引入滑动以后，摩擦力可增加到法向载荷的 10%甚至更大。摩擦力促进接触疲劳过程的原因是：摩擦力作用使最大切应力位置趋于表面，增加了裂纹产生的可能性。此外，摩擦力所引起的拉应力会促使裂纹扩展加速。

⑤润滑。

试验表明:润滑油的黏度越高,在润滑油中适当加入添加剂或固体润滑剂,润滑油的黏度随压力变化越大,润滑油中含水量越大,则抗疲劳磨损能力也越高。

此外,接触应力的大小、表面处理工艺、润滑油油量等因素,对疲劳磨损也有较大影响。

3)黏着磨损

当摩擦副表面在相互接触的各点处发生黏着或冷焊后,相对滑动时使一个表面的材料迁移到另一个表面上所引起的磨损,称为黏着磨损。

(1)黏着磨损机理。

摩擦副表面在重载条件下工作时,由于润滑不良、相对运动速度高,会产生大量的热,使摩擦副表面的温度升高,材料表面强度降低。在这种情况下,承受高压的凸起部分便会相互黏着,发生冷焊。当两表面进一步相对滑动时,黏着点便发生剪切及材料迁移现象,通常材料的迁移是由较软表面迁移到较硬的表面上。在载荷相对运动作用下,两表面重复进行着"黏着—剪断"的循环过程,直到使材料从表面上脱落下来,形成磨屑。

(2)影响黏着磨损的因素。

①摩擦副表面材料的成分与组织。组成摩擦副的两摩擦表面的材料,互溶性越好,固溶体或金属化合物越易形成,黏着倾向越大。同类金属或原子结构、晶体结构相近的材料,比性质有明显差异的材料更易发生黏着磨损。因此,当选择摩擦副的材料时,应选用异种材料,且性质差异越大越好。通常在由同种材料制成的摩擦副的表面上覆盖铅、锡、银等材料,其目的就是为了减少黏着磨损发生。如使用轴承合金作轴承衬瓦的表面材料,就是为了提高其抗黏着磨损能力,从而实现减摩。

②摩擦副的表面状态。摩擦副表面洁净、无吸附膜,易产生黏着磨损。金属表面经常存在着吸附膜,在常温下只有在塑性变形后,金属滑移,吸附膜被破坏。另外,温度升高(一般认为达到 100~200 ℃)时,吸附膜也会被破坏。吸附膜被破坏后,摩擦副两表面直接接触,因此极易导致黏着磨损的发生。

工作时,可根据摩擦副的工作条件(载荷、温度、速度等),选用适当的润滑剂或在润滑剂中添加改性物质,如极压剂等,可有效地减轻黏着磨损。

4)腐蚀磨损

摩擦副两表面在相对滑动过程中,表面材料与周围介质发生化学或电化学反应,并伴随机械作用而引起的材料损失现象,称为腐蚀磨损。腐蚀磨损通常是一种轻微磨损,但在一定条件下也可能转变为严重磨损。常见的腐蚀磨损有氧化磨损和特殊介质腐蚀磨损。

(1)氧化磨损。

除金、铂等少数金属外,大多数金属表面都被氧化膜覆盖着,纯净金属瞬间即与空气中的氧发生氧化反应而生成单分子层的氧化膜,且膜的厚度逐渐增大,增大的速度随时间以指数规律减小,当形成的氧化膜被磨掉以后,又很快形成新的氧化膜,可见氧化磨损是由氧化和机械磨损两个作用相继进行的过程。

同时,氧化膜一般能使金属表面免于黏着,氧化磨损一般要比黏着磨损缓慢,所以氧化磨损能起到保护摩擦副的作用。

(2)特殊介质腐蚀磨损。

在摩擦副与酸、碱、盐等特殊介质发生化学腐蚀的情况下而产生的磨损,称为特殊介质腐蚀磨损。其机理与氧化磨损的相似，但磨损率较大，磨损痕迹较深。金属表面也可能与某些特殊介质起作用而生成耐磨性较好的保护膜。

5)微动磨损

两个接触物体作微幅相对振动而产生的磨损，称为微动磨损。当两接触表面受到法向载荷时，接触微峰产生塑性流动而发生黏着，在微幅相对振动作用下，黏着点被剪切而破坏，并产生磨屑。磨屑和被剪切形成的新表面逐渐被氧化，在连续微幅相对振动中，出现氧化磨损。由于表面紧密贴合，磨屑不易排出而在接触表面间起磨粒作用，因而引起磨粒磨损。当振动应力足够大时，微动磨损处会形成疲劳裂纹，裂纹的扩展会导致表面早期破坏。

2.1.3 减少磨损的措施

影响磨损的因素很复杂，但根据磨损的理论研究和经验总结，以下几个措施可以有效减少磨损。

1)改善润滑条件

选择合适的润滑剂和润滑方式，效果明显。

2)正确选用材料

选择耐磨、耐高温、防腐蚀、抗疲劳的材料，同时注意材料配对。

3)进行表面处理

合理的表面粗糙度、进行表面热处理(如钢的表面淬火)、进行表面化学处理(渗碳、渗氮等)、热喷涂、镀层、滚压等，可改善耐磨性。

4)改善工作条件

避免过大载荷、过高的温度和过大的运动速度，创造良好的工作条件。

5)正确使用、维护

认真学习并严格执行操作规程，加强维护，提高安装质量等。

2.1.4 润滑

机械设备是企业生产的物质基础。为了使企业生产能正常进行，必须保证机械设备经常处于良好的技术状态。这也就需要在产品设计阶段正确进行结构和润滑系统设计，选择适当的摩擦副材料及表面处理工艺；在生产阶段注意保证机械设备的制造质量；在使用期间重视机械设备的维护保养。润滑是贯穿始终的重要环节。

任何机械设备都是由若干零部件组合而成的，在机械设备运转过程中，可动零部件会按规定的接触表面作相对运动，有接触表面的相对运动就有摩擦，就会消耗能量并造成零部件的磨损。有人估计，世界能源的1/3～1/2消耗于摩擦发热，大约有80%的零件损坏是由磨损而引起的。由此可见，由于摩擦与磨损所造成的损失是十分惊人的。因此，加强机械设备润滑，对提高摩擦副的耐磨性和机械设备的可靠性，延长关键零部件的使用寿命，降低机械设备使用、维修费用，减少机械设备故障，都有着重大意义。据统计，约有40%的机械设备故障是由于润滑不正确而引起的。例如，我国各地汽车轮毂轴承的润滑曾推广采用空毂润滑技术(即只在轴承内装满润滑脂，在轮毂空腔内只填1/3～1/2容积的润滑脂，而不像过去采用装满的方法)，使轮毂发热减少，相应降低了轮毂和轴承的温度，从而减少了润滑脂的流失，同时还避免了因润滑脂流到制动鼓和蹄片上而使制动失灵。

近年来，在一些旧机床上应用流体静压润滑技术和固体润滑技术，取得了较好的润滑效果。

一、润滑的作用

1. 控制摩擦

对摩擦副进行润滑后，由于润滑剂介于对偶表面之间，使摩擦状态改变，摩擦因数及摩擦力也随之改变。试验证明：摩擦因数和摩擦力是按半干摩擦、边界摩擦、半流体摩擦、流体摩擦的顺序递减的，即使在相同的润滑状态下，润滑剂种类及特性不同，摩擦因数和摩擦力也不同。

2. 减少磨损

摩擦副的黏着磨损、磨粒磨损、疲劳磨损以及腐蚀磨损等，都与润滑条件有关。在润滑剂中加入抗氧化和抗腐蚀添加剂，有利于抑制腐蚀磨损，而加入油性和极压抗磨添加剂，可以有效地减轻黏着磨损和疲劳磨损；流体润滑剂对摩擦副具有清洗作用，可减轻磨粒磨损。

3. 降温冷却

润滑是减少摩擦热的有效措施。摩擦副运动时必须克服摩擦力而做功，消耗在克服摩擦力上的功全部转化为热量，其结果将引起摩擦副温度上升。干摩擦的热量最大，流体摩擦的热量最小，而边界摩擦的热量则介于两者之间。

4. 防止腐蚀

摩擦副不可避免地要与周围介质接触，从而引起腐蚀、锈蚀，进而被破坏。使含防腐、防锈添加剂的润滑剂覆盖摩擦副对偶表面，可避免或减少腐蚀。

5. 密封作用

半固体润滑剂具有自封作用，它不仅可以防止润滑剂流失，而且还可以防止水分和杂质等侵入。

6. 传递动力

有些润滑剂具有传递动力的作用，如齿轮在啮合时，其动力可通过一层润滑膜传递。液压传动、液力传动都是以润滑剂作传动介质而传力的。

7. 减振作用

润滑剂都有在金属表面附着的能力，且其本身的剪切阻力小，具有吸振的能力。

二、润滑的分类

润滑有以下几种常见的分类方法。

1. 根据润滑剂分类

(1)气体润滑。以空气、氢气、氮气和蒸汽等气体作为润滑剂的润滑称为气体润滑。

(2)液体润滑。以润滑油、乳化液和水等液体作为润滑剂的润滑称为液体润滑。

(3)半固体润滑。以润滑脂等半固体材料作为润滑剂的润滑称为半固体润滑。

(4)固体润滑。以石墨和二硫化钼等固体作为润滑剂的润滑称为固体润滑。

(5)油雾润滑。利用压缩空气或蒸汽，将油液雾化后作为润滑剂的润滑称为油雾润滑。

2. 根据供给润滑剂的方法分类

(1)自润滑。装置本身含润滑介质的润滑称为自润滑。

(2)分散或单独润滑。各润滑部位采用单独装置供油的润滑称为分散或单独润滑。

(3)集中润滑。各润滑部位采用一个统一装置供油的润滑称为集中润滑。

3. 根据供油时间分类

(1)间歇润滑。经过一定时间间隔对润滑部位供油一次的润滑称为间歇润滑。

(2)连续润滑。在机械设备整个运转过程中,连续不断地对润滑部位供油的润滑称为连续润滑。

4. 根据提供的润滑剂是否有压力分类

(1)常压润滑。依靠油液自身重力或毛细管虹吸作用向润滑部位供油的润滑称为常压润滑。

(2)压力润滑。依靠液压泵将具有一定压力的油液送至润滑部位的润滑称为压力润滑。

5. 根据润滑状态分类

(1)流体润滑。两接触表面被一层连续不断的流体润滑膜完全隔开时的润滑称为流体润滑。

(2)边界润滑。两接触表面上有一层极薄的边界膜(吸附膜或反应膜)时的润滑称为边界润滑。

(3)半流体润滑。两接触表面间同时存在边界膜和流体润滑膜的混合润滑称为半流体润滑。

(4)半干润滑。两接触表面上大部分边界膜遭到破坏时的边界润滑称为半干润滑。

2.2 变形

零件承受载荷工作时,会产生弹性变形,而过载时,塑性材料零件会出现塑性变形。

变形造成零件的尺寸、形状和位置发生改变,破坏零件之间的相互位置或配合关系,导致零件乃至机器不能工作。过大的弹性变形还会引起零件振动,如机床主轴的过大弯曲变形不仅产生振动,而且造成工件加工质量降低。

实践中,虽然磨损的零件已经被修复,恢复了原来的尺寸、形状和配合性质,但是设备装配后仍达不到原有的技术性能。这是由于零件变形,特别是基础零件变形使零部件之间的相互位置精度遭到破坏,影响了各组成零件之间的相互关系造成的。机械零件或构件的变形可分为弹性变形和塑性变形两种。

2.2.1 弹性变形

弹性变形是指当外力去除后,能完全恢复的变形。

弹性变形的机理是,外力的变化引起晶体内部原子间引力和斥力的变化,进而引起原子间距离的变化。

材料发生弹性变形后会产生弹性后效。当外力骤然去除后，应变不会全部立即消失，而只是消失一部分，剩余部分在一段时间内逐步消失，这种应变总落后于应力的现象称为弹性后效。弹性后效与金属材料的性质、应力大小、状态以及温度等有关，金属组织结构越不均匀，作用应力越大，温度越高，则弹性后效越明显。通常，经过校直的轴类零件过一段时间后又会发生弯曲，就是弹性后效的表现。消除弹性后效现象的办法是，长时间回火，以使应力在短时间内彻底消除。

2.2.2 塑性变形

塑性变形是指外力去除后不能恢复的变形。它的特点是：①引起材料的组织结构和性能变化，使金属产生加工硬化现象；②由于多晶体在塑性变形时，各晶粒及同一晶粒内部的变形是不均匀的，当外力去除后各晶粒的弹性恢复也不一样，因而有应力产生；③塑性变形使原子活动能力提高，造成金属的耐腐蚀性下降。

金属零件的塑性变形从宏观形貌特征上看包括体积变形、翘曲变形和时效变形。体积变形是指金属零件在受热与冷却过程中，由于金相组织转变引起质量热容变化，导致零件体积胀缩的现象。翘曲变形是指零件翘曲或歪扭，其翘曲的原因是零件发生了不同性质的变形（弯曲、扭转、拉压等）和不同方向（空间 X、Y、Z 轴方向）的变形，此种变形多见于细长轴类零件、薄板状零件以及薄壁的环形和套类零件。时效变形是由应力变化引起的变形。

一、影响金属塑性和变形抗力的主要因素

金属的塑性不是固定不变的，它受金属的内在因素（晶格类型、化学成分、组织结构等）和外部条件（变形温度、应变速率、变形的力学状态等）的影响。因此，创造合适的内、外部条件，有可能改善金属的塑性行为。

1. 化学成分及组织结构的影响

（1）化学成分的影响。工业用的金属除基本元素之外大都含有一定的杂质，有时为了改善金属的使用性能也往往人为地加入一些合金元素。它们对金属的塑性均有影响。

（2）组织结构的影响。一般情况下，单相组织（纯金属或固溶体）比多相组织的塑性好，固溶体比化合物的塑性好。而多相组织的塑性又与各相的特性、晶粒的大小、晶粒的形状、晶粒的分布等有关。

2. 温度对塑性的影响

大多数金属和合金的塑性随着温度的升高而增加。但在升温过程中的某些温度区间，塑性会降低，出现脆性区。如碳钢随着温度的升高，塑性增加，但是在 200～250 ℃、800～900 ℃、超过 1 250 ℃三个温度范围内，出现塑性下降，形成三个脆性区，分别称为蓝脆区、热脆区和高温脆区。

3. 变形速度对塑性的影响

变形速度对塑性有以下两个不同方面的影响。

（1）随着变形速度的增大，要驱使更多的位错同时更快地运动，使金属的真实流动应力提高，进而使断裂提早，使金属的塑性降低。另外，在热变形条件下，变形速度大时，金属可能没有

足够的时间回复和再结晶，使塑性降低。

(2)随着变形速度的增大，温度效应显著，会提高金属的塑性。

二、减轻塑性变形的措施

塑性变形对金属零件的性能和寿命有很大影响，主要表现在，使金属的强度和硬度提高、塑性和韧性下降，并使零件内部产生残余应力。应从以下方面减轻塑性变形。

1. 设计方面

设计时在充分考虑如何实现机构的功能和保证零件强度的同时，重视零件刚度和变形问题以及零部件在制造、装配和使用中可能发生的问题。如设计时：要尽量使零件壁厚均匀，以减少热加工时的变形；要尽量避免尖角、棱角，改为圆角、倒角，以减少应力集中等。此外，还应注意新材料、新工艺的应用，改进传统加工工艺，减少产生塑性变形的可能性。

2. 加工方面

对经热加工而成的毛坯，要特别注意其残余应力的消除问题。在制造工艺中，要安排自然时效或人工时效工序使毛坯内部的应力得到充分释放。

在粗加工阶段完成后，应给零件安排一段存放时间，以消除粗加工阶段产生的应力。对于高精度零件，还应在半精加工后安排人工时效工序，以彻底消除应力。

2.3 腐蚀

腐蚀是发生在金属表面的一种化学或电化学侵蚀现象。腐蚀的结果是，金属表面产生锈蚀，零件表面遭到破坏。腐蚀损伤总是从金属表面开始，然后或快或慢地往里深入，造成表面材料损耗、表面质量破坏、内部晶体结构损伤，使零件出现不规则的凹洞、斑点等破坏区域，最终导致零件失效。对于承受应力的零件，腐蚀还会引起腐蚀疲劳。据估计，全世界每年因腐蚀而报废的钢材与设备相当于年钢产量的30%左右，损失是巨大的。

处于潮湿空气中或与水、汽及其他腐蚀性介质相接触的金属零件均有可能发生腐蚀现象。金属腐蚀按其作用和机理分为化学腐蚀和电化学腐蚀两大类。

2.3.1 化学腐蚀

化学腐蚀是金属与电解质直接发生化学反应而引起的腐蚀。

当金属零件表面材料与周围的气体或非电解质液中的有害成分发生化学反应时，金属表面形成腐蚀层，在腐蚀层不断脱落又不断生成的过程中，零件便被腐蚀。有害物质主要是O_2、H_2S、SO_2等气体及润滑油中的某些腐蚀性产物。铁与氧气的化学反应产生的化学腐蚀是最普通的一种，其过程是

$$4Fe+3O_2 = 2Fe_2O_3$$

$$3Fe+2O_2 = Fe_3O_4$$

腐蚀物Fe_2O_3或Fe_3O_4一般都形成一层膜，该层膜覆盖在金属表面。在摩擦过程中，摩擦表面覆盖的氧化膜被磨掉后，摩擦表面与氧化介质迅速反应，又形成新的氧化膜，然后在摩擦过

程中又被磨掉,在这种循环往复的过程中,金属被腐蚀。

氧化腐蚀的特征是:在摩擦表面沿滑动方向有匀细的磨痕,并有红褐色片状的 Fe_2O_3 或灰黑色丝状的 Fe_3O_4 磨屑产生。

影响氧化腐蚀的主要因素是,氧化膜的致密、完整程度及与金属基体结合的牢固程度。若氧化膜紧密、完整无孔、与金属基体结合牢固,则氧化膜的耐磨性就好,氧化膜不易被磨掉,有利于防止金属表面的腐蚀。

金属氧化膜要起到保护金属表面不被腐蚀的作用,必须符合以下4个条件。

(1)膜的强度和塑性要好,并且与金属基体的结合力强。

(2)膜的致密性好,其大小要能完整地在金属表面全部覆盖,且各处膜厚度一致。

(3)膜具有与金属基体相当的热膨胀系数。

(4)膜在气体介质中是稳定的。

金属氧化膜如果符合上述4个条件,则金属表面"钝化",使化学反应逐渐减弱、终止;否则化学反应(腐蚀)就会持续进行。

2.3.2 电化学腐蚀

电化学腐蚀是一种复杂的物理与化学腐蚀过程。它是金属与电解质物质接触时产生的腐蚀,与化学腐蚀的不同之处在于腐蚀过程中有电流产生。形成电化学腐蚀的条件如下。

(1)有两个或两个以上的不同电极电位的物体或在同一物体中具有不同电极电位的区域,以形成正、负极。

(2)电极之间需要有导体相连接或电极直接接触,使腐蚀区电荷可以自由流动。

(3)有电解质溶液存在。

这三个条件与形成原电池的基本条件相同。原电池的工作过程是:作为阳极的锌被溶解,作为阴极的铜未被溶解,在电解质溶液中有电流产生。

电化学腐蚀可定义为具有电位差的两个金属极在电解质溶液中发生的具有电荷流动特点的连续不断的化学腐蚀。常见的电化学腐蚀形式有以下四种。

1. 均匀腐蚀

金属零件或构件表面出现均匀的腐蚀组织的电化学腐蚀称为均匀腐蚀。均匀腐蚀可以在液体、大气或土壤中发生。机械设备最常见的均匀腐蚀是大气腐蚀。在工业区,大气中含有较多的 CO_2、SO_2、H_2S、NO_2 和 Cl_2 等,这些气体均是腐蚀性气体,特别是 SO_2,它会被氧化成 SO_3,然后与空气中的水作用生成 H_2SO_4,吸附在零件表面形成电解液膜,引起强烈的电化学腐蚀。此外,空气中的灰尘也含有酸、碱、盐类微粒,当这些微粒粘在零件表面时,同样会吸收空气中的水分形成电解液,造成零件表面腐蚀。

2. 小孔腐蚀(点蚀)

金属件的大部分表面不发生腐蚀或腐蚀很轻微,但是局部地方出现腐蚀小孔,并向深处发展的腐蚀现象称为小孔腐蚀(点蚀)。由于工业上用的金属往往存在极小的微电极,故在溶液和潮湿环境中小孔腐蚀极易发生。对于钢类零件来说,当小孔腐蚀与均匀腐蚀同时发生时,小孔腐蚀产生的腐蚀点极易被均匀腐蚀产生的疏松组织掩盖,不易被检测和发现。因此,小孔腐蚀是最危险的腐蚀形式之一。

3. 缝隙腐蚀

机电设备中，各个连接部件均有缝隙存在，缝隙一般在0.025～1 mm，当腐蚀介质进入这些缝隙并处于常留状态时，就会引起缝隙处的局部腐蚀。这种腐蚀现象称为缝隙腐蚀。例如管道连接处的法兰端面、金属铆接件铆合处等，都会发生缝隙腐蚀。

4. 腐蚀疲劳

承受交变应力的金属机件，在腐蚀环境下疲劳强度或疲劳寿命降低，乃至发生断裂破坏的现象称为腐蚀疲劳或腐蚀疲劳断裂。

腐蚀疲劳可以使金属机件在很低的循环(脉冲)应力下发生断裂破坏，并且往往没有明确的疲劳极限值，因此腐蚀疲劳引起的危害比纯机械疲劳引起的更大。

腐蚀疲劳的发生过程是：当金属机件在交变应力的作用下，表面产生塑性变形，出现挤出峰与挤入槽时，腐蚀介质就会趁机而入，在这些微观部位产生化学腐蚀与电化学腐蚀。腐蚀加速了裂纹的形成，提高了裂纹的扩展速度，使金属组织受到了一定程度的破坏，最终导致机件发生腐蚀疲劳断裂。

另外，还有晶间腐蚀、接触腐蚀、应力腐蚀开裂等多种腐蚀形式。

正确选择机件材料，合理设计各种结构，对在易腐蚀环境下工作的机件采用表面覆盖技术和电化学保护技术、添加缓腐剂等防腐措施，可以保护机件不受或少受腐蚀介质的影响，避免或减轻腐蚀介质对设备的危害，防止或降低腐蚀失效的发生。

2.3.3 气蚀

零件与液体接触并产生相对运动时，若接触处的局部压力低于液体蒸发压力，就会形成气泡，这些气泡运动到高压区时，会因受到外部强大的压力而被压缩变形，直至压溃破裂。气泡在被迫溃灭时，由于其溃灭速度高达250 m/s，故瞬间可产生极大的冲击力和高温，在冲击力和高温的作用下，局部液体会产生微射液流，此现象称为水击现象。

若气泡是紧靠在零件表面破裂的，则该表面将受到微射液流的冲击，在气泡形成与破灭的反复作用下，零件表面材料不断受到微射液流的冲击，从而产生疲劳而逐渐脱落，使零件表面呈麻点状，进而扩展成泡沫海绵状。这种现象称为气蚀。当气蚀严重时，可扩展为很深的孔穴，直到材料穿透或开裂而破坏，因此气蚀又称为穴蚀。

气蚀是一种比较复杂的破坏现象，它不单有机械作用，还有化学、电化学作用，当液体中含有杂质或磨粒时会加剧这一破坏过程。气蚀常发生在柴油机缸套、水泵零件、水轮机叶片和液压泵等处。

减轻气蚀的措施主要有以下五个。

(1)减少与液体接触的表面的振动，以减少水击现象的发生。可采用增加刚性、改善支承、采取吸振措施等方法。

(2)选用耐气蚀的材料，如球状或团状石墨的铸铁、不锈钢、尼龙等。

(3)零件表面涂塑料、陶瓷等防气蚀材料，也可在表面镀铬。

(4)改进零件结构，减小表面粗糙度值，减少液体流动时产生的涡流现象。

(5)在水中添加乳化油,减小气泡破裂时的冲击力。

2.3.4 减轻腐蚀危害的措施

虽然金属的腐蚀过程是缓慢的,但是它所带来的危害相当大,不仅会破坏机械设备的正常工作,而且会降低机械设备的使用寿命,甚至导致机电设备报废。腐蚀是一个带有普遍性的严重问题。据资料统计,全世界每年因腐蚀而损失的金属制品的质量占年产量的1/5~1/3。因此,如何减轻腐蚀的危害成为一个重要课题。减轻腐蚀危害的主要措施有以下六个。

1. 正确选材

根据环境介质和使用条件,选择合适的耐腐蚀材料,如含有镍、铬、铝、硅、钛等元素的合金钢。在条件许可的情况下,尽量选用尼龙、塑料、陶瓷等材料。

2. 合理设计

制造机械设备时,虽然应用了较优良的材料,但是如果在结构的设计上不从金属防护角度加以全面考虑,常会引起机械应力,以及热应力、流体的停滞和聚集、局部过热等现象,从而加速腐蚀过程。因此合理地设计结构应特别加以注意。

不同的金属、不同的气相空间、热和应力分布不均以及各部位之间的其他差别,都会引起腐蚀破坏。因此,设计时应努力使整个部位的所有条件尽可能地均匀一致,做到结构合理、外形简单、表面粗糙度合适。

3. 覆盖保护层

覆盖保护层是指在金属表面上覆盖一层不同的材料,改变表面结构,使金属与介质隔离开来,防止腐蚀。

(1)金属保护层。采用电镀、热喷涂、化学镀等方法,在金属表面上覆盖一层如镍、铬、锡、锌等金属或合金作为保护层。

(2)涂料。将油基漆或树脂基漆用一定的方法涂覆在物体表面上,经固化形成薄涂层,从而保护机械设备免受高温气体及酸、碱、盐等介质的腐蚀作用。

涂料的品种很多,常用的涂料有防腐漆、底漆、生漆、沥青漆、环氧树脂涂料、聚乙烯涂料及工业凡士林等。

涂料的防腐适应性强,不受机械设备及金属结构形状和大小的限制,使用方便。

(3)玻璃钢。玻璃钢是以合成树脂为黏结材料,以玻璃纤维及其制品,如玻璃布、玻璃带、玻璃丝等为增强材料,按各种成形方法制成的。它具有良好的耐腐蚀性,比强度(强度与质量之比)高,但耐磨性差,有老化现象。

(4)硬软聚氯乙烯塑料。它具有良好的耐腐蚀性和一定的机械强度,加工成形方便,焊接性能良好。

(5)耐酸酚醛塑料。这是以热固性酚醛树脂作胶粘剂,以耐酸材料,如玻璃纤维、石棉等作填料的一种热固性塑料。它易于成形和机械加工,但成本较高,目前主要用在各种管道或管件中。

(6)化学保护层。用化学或电化学法在金属材料表面覆盖一层化合物的薄膜层,如磷化、发蓝、钝化、氧化、阳极氧化等。

(7)表面合金化,如渗氮、渗铬、渗铝等。

4. 电化学保护

将一个比零件材料的化学性能更活泼的金属铆接到零件上,形成一个腐蚀电池,零件作为阴极,不会发生腐蚀。对被保护的机械设备通以直流电流进行极化,以消除这些电位差,使之达到某一电位时,被保护金属的腐蚀可以很小甚至呈无腐蚀状态。这是一种较新的防腐蚀方法,但要求介质必须是导电的、连续的。电化学保护又可分为以下两种。

(1)阴极保护。它主要是在被保护金属表面通以阴极直流电流,消除或减少被保护金属表面的腐蚀电池作用。

(2)阳极保护。它主要是在被保护金属表面通以阳极直流电流,使其金属表面生成钝化膜,从而增大腐蚀过程的阻力。

5. 添加缓蚀剂

为减轻腐蚀,可在腐蚀性介质中加入少量能降低腐蚀速度的物质。这种加入物叫作缓蚀剂。

按化学性质,缓蚀剂可分为无机和有机两种。

(1)无机缓蚀剂。它能在金属表面形成保护,使金属与介质隔开。常用的无机缓蚀剂有重铬酸钾、硝酸钠、亚硫酸钠等。

(2)有机缓蚀剂。它能吸附在金属表面上,使金属的溶解和还原反应都受到抑制,减轻金属腐蚀。有机缓蚀剂又可细分为液相和气相两类。有机缓蚀剂一般是有机化合物,如胺盐、琼脂、糊精、动物胶、生物碱等。

6. 改变环境条件

将环境中的腐蚀介质去除,减轻其腐蚀作用。对常用金属材料来说,把相对湿度控制在临界湿度(50%～70%)以下,可减缓大气腐蚀。

2.4 断裂

断裂是指机械零件在某些因素作用下,发生局部开裂或分裂为若干部分的现象。

断裂是机械零件失效的主要形式之一。零件断裂是严重的失效,零件不仅完全丧失了工作能力,而且还可能造成重大经济损失和伤亡事故。

零件断裂后形成的断口能够真实记录断裂的动态变化过程。通过断口分析,能判断发生断裂的主要原因,从而为改进设计、合理修复提供有利的信息。

按断裂的原因可将断裂分为脆性断裂、疲劳断裂、过载断裂等。

2.4.1 脆性断裂

脆性断裂在发生前无明显的塑性变形,是发展速度极快的一种断裂形式。脆性断裂的发生具有突然性,是一种非常危险的断裂破坏形式。制造工艺不合理,使用过程中遭到有害介质的侵蚀,都可能使金属零件变脆,使金属零件发生突然断裂。

例如：氢或氢化物渗入金属材料内部可导致“氢脆”；氯离子渗入奥氏体不锈钢中可导致“氯脆”；硝酸根离子渗入钢材可出现“硝脆”；与碱性物接触的钢材可能出现“碱脆”；与氨接触的铜质零件可能发生“氨脆”等。此外，在 10～15 ℃以下的环境温度下，中低强度的碳钢易发生“冷脆”（钢中含磷所致）；含铝的合金，如果在热处理时温度控制不严，很容易因温度稍偏高而过烧，出现严重脆性现象。

1. 脆性断裂的主要特征

(1)金属材料发生脆性断裂时，一般工作应力并不高，通常不超过材料的屈服点，甚至不超过许用屈服应力，所以脆性断裂又称为低应力脆断。

(2)脆性断裂的断口平整光亮，表现为冰糖状结晶颗粒，断口断面大体垂直于主应力方向，没有或只有微小的屈服阶段和颈缩现象。

(3)断裂前无征兆，断裂是瞬时发生的。

工程中常见的是氢脆断裂，氢脆断口上的白点，是氢泡留下的痕迹，白点外围有放射状撕裂纹，这是裂纹扩展的痕迹。氢脆断裂是一种比较普通的现象。

2. 氢脆断裂产生的原因

(1)氢压致断。金属材料在冶炼、热处理、轧制、锻压等过程中溶解了大量的氢，冷却后，材料中析出的氢分子和氢原子在内部扩散，并在材料中的微观缺陷处或薄弱处聚集，形成压力巨大的氢气气泡，在气泡处出现裂纹。随着氢“扩散—聚集”过程继续，氢气气泡进一步生长，裂纹进一步扩张，直至相互连接、贯通，最后引起材料过早断裂。

(2)晶格脆化致断。材料中的固溶氢和从外界渗入的氢通过晶界扩散，在晶界的薄弱处滞留、聚集，许多晶界的强度因此受到破坏。在这个过程中，氢原子的电子也会挤入金属原子的电子层中，使金属原子之间相互排斥，造成晶格之间的结合力降低，导致零件在较低的工作应力作用下，甚至在材料自身残余应力作用下，发生脆性断裂。

(3)氢腐蚀致断。材料在热轧、锻造或热处理等高温(200 ℃以上)加工中，其内部固溶氢和从外界渗入的氢，与金属材料中的夹杂物及合金添加剂发生反应生成高压气体，这些气体在材料内部扩散转移，使晶界遭受破坏，最终导致零件脆性断裂。

2.4.2 疲劳断裂

金属零件经过一定次数的循环载荷或交变应力作用后引发的断裂现象，称为疲劳断裂。机械零件使用中的断裂约有 80%是由疲劳引起的。

一、疲劳断裂的过程

一般疲劳断裂经历以下 3 个阶段：疲劳裂纹的萌生阶段；疲劳裂纹的扩展阶段；疲劳裂纹的最终瞬断阶段，即疲劳裂纹的失稳扩展阶段。各阶段的形成与变化机理如下。

1. 疲劳裂纹的萌生阶段

在交变载荷作用下，材料表层局部发生塑性变形，晶体产生滑移，出现滑移线或滑移带，滑移积累后，在表面形成微观挤入槽与挤出峰，如图 2.5 所示。峰底处应力高度集中，极易形成微裂纹即疲劳断裂源，也称为疲劳核心。

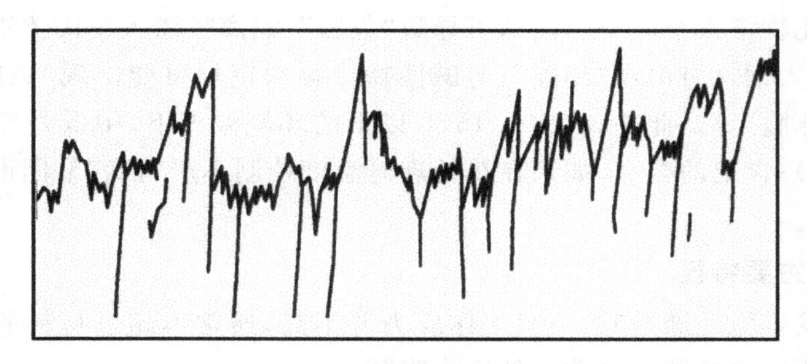

图 2.5　疲劳断裂的滑移带及挤入槽和挤出峰

2. 疲劳裂纹的扩展阶段

疲劳裂纹的扩展阶段一般分为两个分阶段。第一分阶段称切向扩展阶段，即在循环应力的反复作用下，表面裂纹沿最大应力方向的滑动面向零件内部逐渐扩展。因最初的滑移是由最大切应力引起的，故挤入槽与挤出峰原始裂纹源均与拉伸应力成±45^{0}角方向扩展。

第二个分阶段称正向扩展阶段。此阶段裂纹的扩展方向变为沿与正应力相垂直的方向，这一分阶段也叫作疲劳裂纹的亚临界扩展阶段。

3. 疲劳裂纹的最终瞬断阶段

当裂纹在零件上的扩展深度达到一定值（临界尺寸），零件残余断面不能承受其载荷（即断面应力大于或等于断面的临界应力）时，裂纹由稳态扩展转化为失稳扩展，整个断面便会在瞬间断裂。此阶段也称为疲劳裂纹的失隐扩展阶段。

根据断裂前应力循环次数，疲劳可分为高周疲劳和低周疲劳。

零部件断裂前经历的应力循环次数在 10^{5} 以上时称为高周疲劳。其承受的应力低于材料的屈服点，甚至低于弹性极限。这是一种常见的疲劳破坏，如轴、弹簧等零部件的失效，一般均属于高周疲劳破坏。

零部件断裂前经历的应力循环次数在 $10^{2}\sim10^{5}$ 时称为低周疲劳。低周疲劳的零部件，一般承受的循环应力较高，接近或超过材料的屈服点，因而使得每一次应力循环都有少量的塑性变形产生，缩短了零部件的使用寿命。

二、典型疲劳断口形貌

典型疲劳断口形貌按照断裂过程有 3 个不同的区域，即疲劳核心区、疲劳裂纹扩展区和瞬时断裂区，如图 2.6 所示。

1. 疲劳核心区

疲劳核心区是疲劳断裂的源区，用肉眼或低倍放大镜就能找出断口上疲劳核心位置，它一般出现在强度最低、应力最高、靠近表面的部位。但如果材料内部有缺陷，疲劳核心也可能在缺陷处产生。例如：承受弯扭载荷的零件，表面应力最高，一般疲劳核心在表面；如果表面经过了强化处理（如滚压、喷丸等），则疲劳裂纹可移至表层以下。

零件在加工、储运、装配过程中留下的伤痕，极有可能成为疲劳核心，因为这些伤痕既有应力集中，又容易被空气及其介质腐蚀损伤。疲劳核心的数目与载荷大小有关，特别是旋转弯曲

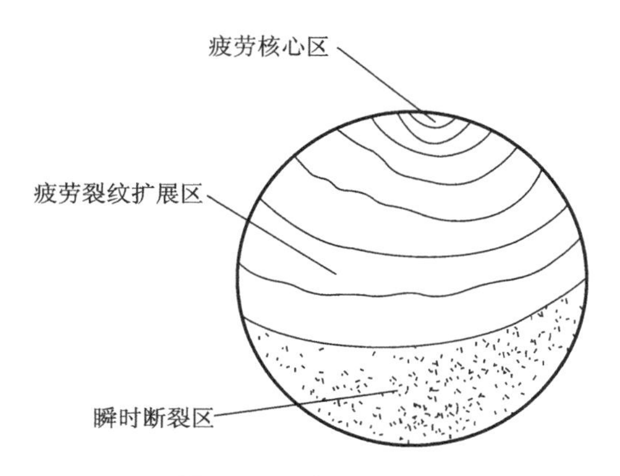

图 2.6 疲劳断口形貌

和扭转交变载荷作用下的断口，疲劳核心的数目随着载荷的增大而增多，可能会出现两个或两个以上的疲劳核心。

2. 疲劳裂纹扩展区

该区是断口上最重要的特征区，常呈贝纹状或类似于海滩波纹状。每一条纹线标志着载荷变化（如机器开动或停止）时裂纹扩展一次所留下的痕迹。这些纹线以疲劳核心为中心向四周推进，与裂纹扩展方向垂直。疲劳断口上的裂纹扩展区越光滑，说明零件在断裂前，经历的载荷循环次数越多，接近瞬时断裂区的贝纹线越密，载荷值越小。如果这一区域比较粗糙，表明裂纹扩展速度快，载荷比较大。

3. 瞬时断裂区

瞬时断裂区简称静断口。它是当疲劳裂纹扩展到临界尺寸时，发生快速断裂形成的破断区域。它的宏观特征与静载拉伸断口中快速破断的放射区及剪切唇相同。瞬时断裂区的位置、大小与承受的载荷有关，载荷越大则瞬时断裂区越靠近断面的中间，瞬时断裂区的面积越小，零件承受的载荷越小。

2.4.3 减少断裂失效的措施

断裂失效是最危险的失效形式之一，大多数金属零件由于冶金和零件加工中的种种原因，都带有大小和性质不同的裂纹。

但是，有裂纹的零件不一定立即就断，这中间要经历一段裂纹扩展的时间，并且在一定条件下，裂纹也可能不扩展。因此，须采取减少断裂失效的有效措施。

1. 合理选择零件结构、材料

零件的几何形状不连续和材料中的不连续均会产生应力集中现象。几何形状不连续通常称为缺口。材料中的不连续通常称为材料缺陷，如缩松、缩孔和焊接缺陷等。这些有应力集中发生的部位在循环载荷或冲击载荷的作用下，极易产生裂纹，并使其扩展最终导致发生断裂。因此，在零件结构设计中，要注意减少应力集中部位，综合考虑零件的工作环境如介质、温度、负载性等对零件的影响，合理选择零件材料，以达到减少发生疲劳断裂的目的。

2. 合理选择零件加工方法

在各种机械加工以及焊接、热处理过程中，由于加工或处理过程中的塑性变形、热胀冷缩以及金相组织转变等原因，零件内部会留有残余应力。残余应力分为残余拉应力和残余压应力两种，残余拉应力对零件是有害的，残余压应力对零件疲劳寿命的延长是有益的。因此，应考虑尽量过多地采用渗碳、渗氮、表面滚压加工等可产生残余压应力的工艺方法对零件进行加工，通过使零件表面产生残余压应力，抵消一部分由外载荷引起的拉应力。

3. 正确安装使用

(1)要正确安装，防止产生附加应力与振动。对重要零件，应防止碰伤、拉伤，因为每一个伤痕都有可能成为一个断裂源。

(2)严格遵守设备操作规程，防止设备过载。

(3)注意保护设备的运行环境，防止腐蚀性介质的侵蚀，防止零件各部分温差过大。

(4)要对有裂纹的零件及时采取补救措施。如：对不重要零件上的裂纹，可钻止裂孔或附加强筋板，以防止和延缓其扩展；对紧固件处周围的裂纹，可采取去皮处理，即铰削紧固孔，将孔周围所有的裂纹部分全部去掉，更换较大的紧固件，消除裂纹缺陷。

2.5 老化

机械设备在长期的使用、保管或闲置过程中出现精度下降、性能变坏、价值贬低的现象称为老化。研究老化的规律，探讨相应的对策乃是维修的重要内容和理论基础。

2.5.1 老化的分类

1. 有形老化

机械设备及零部件在使用或保管、闲置过程中，因摩擦磨损、变形、冲击、振动、疲劳、断裂、腐蚀等使其实物形态变化、精度降低、性能变坏的现象称为有形老化。

在运行中造成的实体损坏为有形老化，如在保管和闲置中由于残余应力引起的变形、金属锈蚀，木材与皮革腐朽、橡胶与塑料老化变质等自然力形成的实体损坏。

改进设计、提高加工质量、正确使用、及时维护、合理保管等能推迟有形老化的进程，延长机械设备的使用寿命。

2. 无形老化

机电设备在使用或闲置过程中，由于科学技术进步而发生使用价值或再生产价格降低的现象称为无形老化，又称为经济老化。虽然机电设备贬值了，但本身的技术性能和使用价值并未降低，不存在提前更换的问题。

如果科学技术进一步发展，广泛采用新工艺、新材料、新技术、新方法，使原有的机电设备完全失去了使用价值而被淘汰，那么就加剧了老化。

机电设备在购入后应尽快投入使用，努力提高其利用率，使其在有限的寿命期间内创造更多的价值，创造更高的效益。

2.5.2 老化的共同规律

1. 零件寿命的不平衡性和分散性

零件寿命有两个特点，即异名零件寿命的不平衡性和同名零件寿命的分散性。

(1)异名零件寿命的不平衡性。不同零件的寿命一般是不同的。

(2)同名零件寿命的分散性。同名零件由于材质差异、加工与装配的误差、使用与维修的差别，其寿命长短不同，呈正态分布。

2. 机电设备寿命的地区性

机电设备的寿命受自然条件影响很大。例如：在恶劣工况条件下工作的工程机械、矿山机械等，其行走部分及减速箱的磨损会加剧；在寒冷或炎热地区，机械设备的腐蚀和磨粒磨损剧增。

3. 机电设备性能和效率的递减性

机电设备经过维修，寿命将随维修次数的增加而呈递减的趋势，即具有递减性。

机电设备的有形老化中，有些是可以通过维修予以恢复的，有些因技术或经济上的原因，无法彻底恢复，因此，经过维修的机电设备其性能和效率呈递减的趋势。

【思考与练习】

2.1　零件磨损过程有什么特点？

2.2　磨损形式主要有哪几种？其产生机理和发展过程各有什么特点？

2.3　金属零件变形的机理是什么？应如何减少变形危害？

2.4　金属零件腐蚀的形式分为哪几类？其腐蚀机理是什么？

2.5　疲劳断裂的3个阶段是如何演变的？防止断裂失效发生应从哪几个方面采取对策？

第3章
机电设备的故障诊断

知识与技能

(1)掌握机械故障诊断及其分类。
(2)熟悉温度诊断技术、振动诊断技术。
(3)了解油样分析技术、无损检测技术。

3.1 故障诊断概述

3.1.1 故障诊断及其分类

机械设备故障诊断，就是对机械系统所处的状态进行监测，判断其是否正常，当出现异常时分析其产生的原因和部位，并预报其发展趋势。机械设备的故障诊断方法可以按如下几种方式进行分类。

1. 按诊断目的分类

1）功能诊断

对新安装或刚维修过的机械系统诊断其功能是否正常称为功能诊断。它也就是机械设备投入运行前的诊断。

2）运行诊断

对正常工作中的机械系统进行的诊断称为运行诊断。

2. 按诊断方式分类

1）巡回诊断

巡回诊断即每隔一定的时间对服役中的机械系统进行检查和诊断。

2）在线诊断

在线诊断连续地对运行中的机械系统进行监测，对所监测的信号自动、连续、定时地进行采集和分析，对出现的故障及时做出诊断。

3. 按提取信息的方式分类

1）直接诊断

诊断对象与诊断信息来源直接对应的一种诊断方法，即一次信息诊断称为直接诊断。如通过检测齿轮的安装偏心和运动偏心等参数来判断齿轮是否正常即属此类诊断。直接诊断往往受到机械结构和工作条件的限制而无法实现，这时就采用间接诊断。

2）间接诊断

诊断对象与诊断信息来源不直接对应的非一次信息的诊断方法称为间接诊断。如通过测箱体的振动来判断齿轮箱中的齿轮是否正常等属于此类诊断。

4. 按功能分类

1）简易诊断

对机械系统的状态做出相对粗略的判断的诊断方法称为简易诊断。简易诊断一般只回答“有无故障”等问题，而不分析故障的原因、故障的部位及故障程度等。

2）精确诊断

精确诊断是在简易诊断基础上进行的更为细致的一种诊断过程，它除了回答“有无故障”外，还要详细地分析故障原因、故障部位、故障程度及其发趋势等一系列问题。

机械故障诊断还可根据所采用的技术手段的不同而分为温度诊断、振动诊断、油样分析以及无损检测等。这部分内容后面有详细的介绍，此处不赘述。

3.1.2　故障诊断的主要工作环节

一个完整的诊断过程一般由以下几个主要工作环节组成。

1. 确立运行状态监测的内容

这一工作环节包括确立监测参数、监测部位及监测方式等方面的内容，是整个诊断工作的基础。状态监测的内容主要取决于故障的形式，同时也要考虑被监测对象的结构、工作环境以及现有的测试设备条件等因素。

2. 建立测试系统

根据状态监测内容的要求选取传感器及其配套设施，组成测试系统，用以收集故障诊断所需的信息。建立测试系统时，不仅要注意有用信号的获取（灵敏度和精度等性能），同时还要考虑测试系统的环境适应性以及如何在测试阶段进行降噪除噪等，以便简化后续的信号分析处理过程。

3. 测试、分析及信息提取

这一工作环节的主要内容是对所获得的信号进行加工，包括滤波、异常数据的剔除以及各种分析运算等，其主要目的是从有限的信号中获得尽可能多的关于被诊断对象状态的有用信息。这是故障诊断的核心。

4. 状态监测、判断及预报

这一工作环节的主要内容是构造或选定判定依据，确定划分设备状态的各有关参数临界值等内容，以此判定被诊断对象的运行状态，并对其未来发展趋势进行预测。

3.1.3　故障简易诊断的方法

故障简易诊断方法指的是能迅速地对各种类型的机械系统进行测量，现场给出机械系统是否处于正常状态的诊断方法。它一般分为以下两种。

1. 人工监测诊断法

人工监测诊断法是指日常检查人员利用随身携带的能定量显示结果的各种小型仪器（如小型测振仪、声级计、工业内窥镜、油膜检测器、马达检测器、声发射裂纹检测器等）对机械系统进行人工巡回监测，根据设定的标准或人的经验分析，判断机械系统是否处于正常状态，发现异常则通过监测数据进一步了解其发展的趋势。

2. 自动监测诊断法

自动监测诊断法是指利用安装在现场的监视仪表，如旋转机械监视仪、压缩机监测仪、热轧机监视仪等对机械系统自动进行数据采样，自动将记录的数据与作为倾向管理的图谱相对照，自动显示机械系统是否处于正常状态或自动发出控制信号。

3.2 温度诊断技术

温度是表征机电设备故障的一个特征参量。润滑不良造成的机件异常磨损、发动机的排气管阻塞、电气触点烧坏等故障都会造成相应部位的温度升高。

材料的机械性能也与温度有密切的关系。温度过高，会使机械零件发生软化等异常现象，使其性能下降，严重时还会造成零件的烧损，如很多重载轴承，就经常因温度过高而烧坏，因此，温度监测在机电设备故障诊断占有重要地位。

3.2.1 接触式测温

根据测温传感器是否与被测对象接触，测温方式可分为接触式测温和非接触式测温两大类。其中，接触式测温是将测温传感器与被测对象接触，被测对象与测温传感器之间因传导热交换而达到热平衡，根据测温传感器中的热敏元件随温度变化而变化的特性来检测温度。广泛使用的接触式测温方法有热电阻法、热电偶法和集成温度传感器法三种。

一、热电阻法测温

热电阻是中低温区最常用的一种温度检测器。它的主要优点是，测量精度高，性能稳定；缺点是不适于点温的测量。

1. 热电阻测温原理及材料

纯金属和大多数合金的电阻率都随温度的升高而增大。热电阻温度计就是利用金属导体的电阻值随温度变化而改变的特性来进行温度测量的。也就是说，在一定温度范围内，电阻与温度的关系是线性的，温度的变化可导致金属导体电阻的变化。这样，只要测出电阻值的变化，就可达到测量温度的目的。

常用的热电阻材料有铜、铂、铁、镍和半导体材料。其中铂和铜应用得最多，铂热电阻的测量精确度是最高的，铂热电阻不仅广泛应用于工业测温，而且被制成标准的基准仪。

2. 热电阻的种类

常用的热电阻主要有金属热电阻和半导体热敏电阻。

1)金属热电阻

对于金属来说，温度上升时，金属的电阻值将增大，所以在一定的温度范围内，可以通过测量电阻值的变化来得知温度的变化。金属材料铂、铜等，其电阻与温度的关系可近似表示为

$$R_t=R_0[1+\alpha(t-t_0)] \tag{3.1}$$

式中：R_t——温度为 t 时的电阻值；

R_0——温度为 t_0 时的电阻值；

α——电阻温度系数。

由式(3.1)可知，通过测量金属丝的电阻值就可确定被测物体的温度值。

为了提高测温的灵敏度和准确度，所选的热敏金属材料应具有尽可能大的电阻温度系数和稳定的物理性能、化学性能，并具有良好的抗腐蚀性。常用的材料铂就具有这些优点。

用金属温度计测温时，一般先把温度变化引起的电阻变化量通过电桥转换为电压的变化，再经放大或直接由显示仪表显示被测点温度值。常用的显示仪表有测温比率计、动圈式温度指示仪等。

金属热电阻可分为普通型热电阻铠装热电阻和薄膜热电阻 3 种。图 3.1 所示为普通型金属热电阻的结构，其外形与热电偶的非常相似。

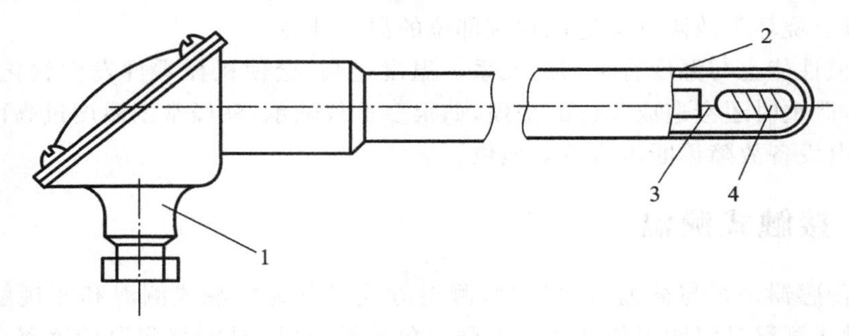

图 3.1 普通型金属热电阻的结构

1—接线盒；2—保护管；3—引出线；4—感温元件

2)半导体热敏电阻

半导体热敏电阻的材料是一种由锰、镍、铜、钴、铁等金属的氧化物按一定比例混合烧结而成的半导体。它具有负的电阻温度系数，随温度上升而阻值下降。根据半导体理论，在一定的温度范围内，半导体热敏电阻在温度 t 时的电阻为

$$R_t = R_0 e^{B\left(\frac{1}{t}-\frac{1}{t_0}\right)} \tag{3.2}$$

式中：R_t——温度为 t 时的电阻值；

R_0——温度为 t_0 时的电阻值；

B——材料的特性系数，常用的半导体热敏电阻的 B 值在 1 500～5 000 K。

半导体热敏电阻常用于测量在－100～300 ℃范围内的温度。与金属热电阻相比，半导体热敏电阻的性能特点如下。

(1)灵敏度高，可测量微小的温度变化值(可以测出 0.001～0.005 ℃的温度变化)。

(2)体积小，热惯性小，响应快。

(3)元件本身的电阻值可达 3～700 kΩ，当远距离测量时，可以不考虑导线电阻的影响。

(4)互换性差，稳定性差，测温精度较低(我国规定半导体热敏电阻的误差在－40～150 ℃范围内为±2%)，从而限制了其应用范围，常用于测量实验室的恒温设备和仪器仪表的恒温部件的温度。

半导体热敏电阻可根据需要做成圆盘形、圆柱形和玻璃封壳珠形等，其结构如图 3.2 所示。

二、热电偶法测温

早在 19 世纪，人们就已经开始利用热电现象进行温度的测量。由于感温元件结构简单、质量小、响应速度快，而且测量范围大(4～3 000 K)、测量精度高、性能稳定、测量电路简单，直到目前，热电偶法仍然是工业领域以及科研单位应用得最广泛的测温方法。

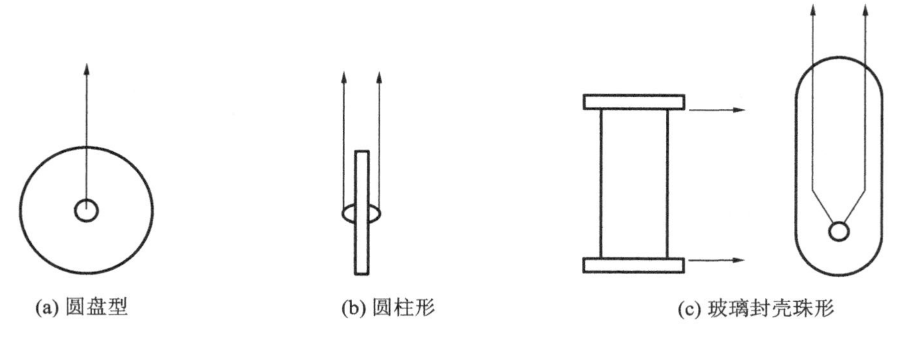

(a) 圆盘型　(b) 圆柱形　(c) 玻璃封壳珠形

图 3.2　半导体热敏电阻的几种结构

1. 热电偶测温的基本原理

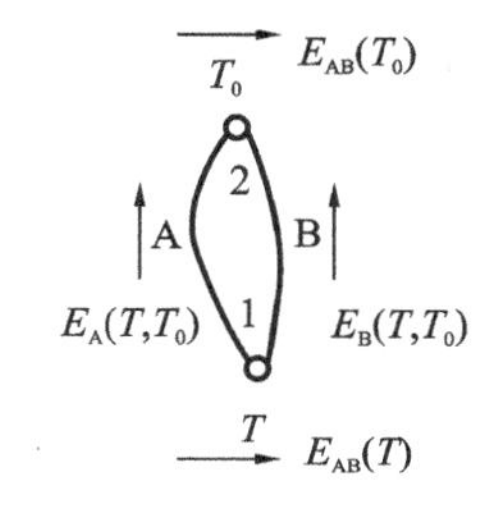

图 3.3　热电偶工作原理图

如图 3.3 所示，将两种不同的导体 A 和 B 组成闭合回路，当 1、2 两个接触点的温度不同(设 $T>T_0$)时，则此闭合回路中将会有一电动势 $E_{AB}(T,T_0)$产生，这就是所谓的热电效应，又称塞贝克效应，而电动势 $E_{AB}(T,T_0)$称为热电势或塞贝克电势，它由接触电势 $E_{AB}(T)$ 和 $E_{AB}(T_0)$及温差电势 $E_A(T,T_0)$和 $E_B(T,T_0)$两部分组成。

闭合回路中的热电势 $E_{AB}(T,T_0)$为

$$E_{AB}(T,T_0)=E_{AB}(T)+E_B(T,T_0)-E_{AB}(T_0)-E_A(T,T_0) \quad (3.3)$$

经实验和理论推导可以知道，

$$E_{AB}(T,T_0)=f_{AB}(T)-f_{AB}(T_0) \quad (3.4)$$

式中：$f_{AB}(T)$——温度为 T 时两接触点的温度函数；

$f_{AB}(T_0)$——温度为 T_0 时两接触点的温度函数。

式(3.4)说明：闭合回路的热电势为温度的函数，如果将 T_0 固定(参比端)，则热电势 $E_{AB}(T,T_0)$的大小反映了温度 T 的变化情况，从而可通过检测 $E_{AB}(T,T_0)$来对温度 T 进行测量。

2. 热电偶的结构

热电偶广泛应用于各种条件下的温度测量，因此它的结构形式多种多样。按热电偶本身结构，它分为普通热电偶、铠装热电偶及薄膜热电偶等。

1)普通热电偶

普通热电偶一般均由感温元件(热电极)、绝缘套管、保护管和接线盒等组成，其结构如图 3.4 所示。

这种热电偶主要用于气体、蒸汽、液体等介质的温度测量。为了防止有害介质对热电极的侵蚀，工业用热电偶一般都有保护套。热电偶的外形有棒形、三角形、锥形等，其与设备之间的固定方式有螺纹连接、法兰盘连接等。

2)铠装热电偶

铠装热电偶又称套装热电偶，是将热电极、绝缘材料和金属管组合在一起，经拉伸加工做成的一个坚实的组合体。它的内芯有单芯和双芯两种，如图 3.5 所示。这样测温杆部分可以做得

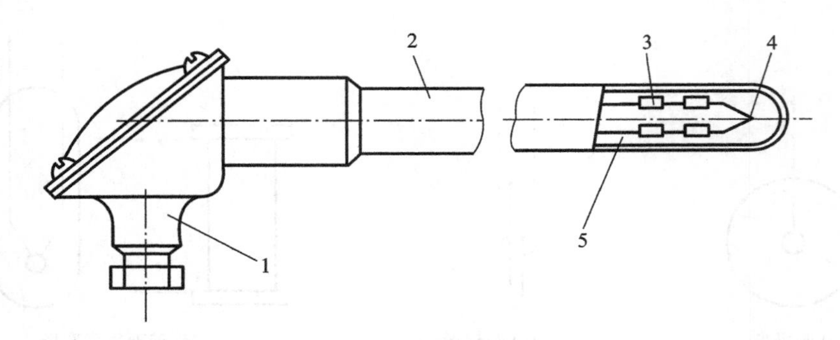

图 3.4　普通热电偶的结构

1—接线盒；2—保护管；3—绝缘套管；4—测试端；5—热电极

很细长，还可以根据需要弯成各种形状，其外径取值范围为 ϕ0.25～ϕ12 mm。铠装热电偶的外形如图 3.6 所示。

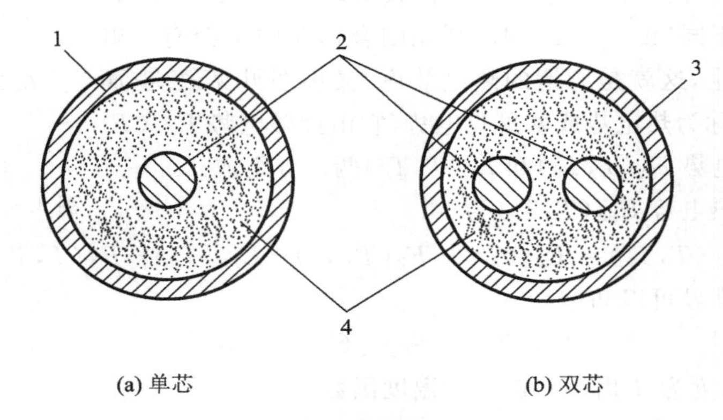

图 3.5　铠装热电偶断面结构

1—套管兼外电极；2—内电极；3—套管兼外电极；4—绝缘材料

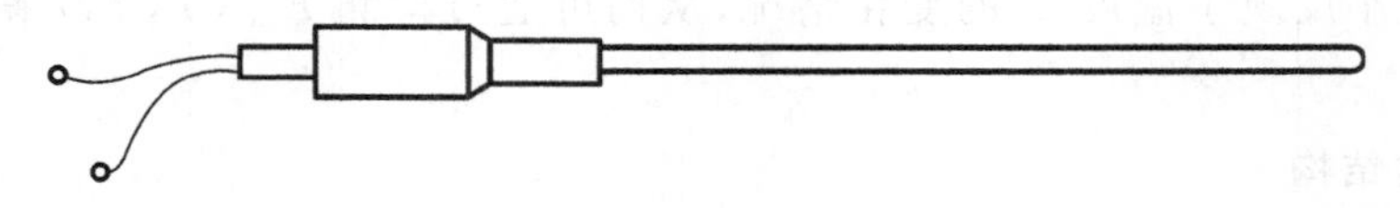

图 3.6　铠装热电偶的外形

3）薄膜热电偶

为了快速测量壁面温度，人们采用真空蒸镀、化学涂覆等工艺，将两种热电极材料蒸镀到绝缘基板上，将两者牢固地结合在一起，形成薄膜状热电极及接点。薄膜热电偶的结构如图 3.7 所示。为了防止热电极氧化并保证与被测物绝缘，通常在薄膜热电偶表面再涂覆一层 SiO_2 保护层。

薄膜热电偶的热接点可以做得很小（可薄至 0.01～0.1 μm）。由于热接点的热容量很小，所以薄膜热电偶测温反应时间仅为数毫秒。如果将热电极直接蒸镀在被测物体表面，则薄膜热电偶的动态响应时间可达微秒级。薄膜热电偶的测温范围为－200～300 ℃。

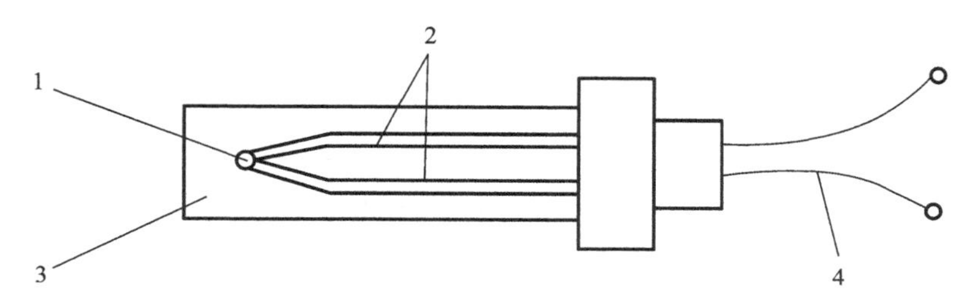

图 3.7 薄膜热电偶的结构

1—热接点；2—热电极；3—绝缘基板；4—引出线

三、集成温度传感器法测温

集成温度传感器由于具有测温精度较高、互换性好、体积小、使用方便、可靠性高、成本低等性能特点而获得广泛的应用，是机械设备故障诊断领域最为常用的一种温度传感器。

将集成温度传感器应用于温度测量时，不必对其内部工作原理进行过多的考虑，只要根据实际测温范围和测温精度的要求，选用合适的型号即可。表 3.1 列出几种常见的集成温度传感器，供选择时参考。

表 3.1 几种常见的集成温度传感器

型　号	测温范围/℃	测温精度/℃	时间常数/s	灵　敏　度	备　注
MTS102	−40～150	±2	3～8		Motorola
MTS103		±3			
MTS105		±5			
AD590	−55～150	≤±5	0.2～2		ADI
AD592	−25～105	≤±3.5		1 μA/K	

3.2.2 非接触式测温

某些特殊的场合的测温，如高压输电线接点处的温度测量、炼钢高炉以及热轧钢板等运动物体的温度测量等，都难于用前面所讲的接触式测温方法来实现，而只能采用非接触式测温方法来实现。非接触式测温方法是在 20 世纪 60 年代以后，由于红外和电子技术的发展才得到较快发展的，直至目前，非接触式测温主要还是采用物体热辐射（红外辐射）的原理进行，因此，非接触式测温又称辐射测温或红外测温。

进行辐射测温时，只需把温度计对准被测物体，而不必使其与被测物直接接触，因此，它可以测量运动物体的温度，且不破坏被测对象的温度场。此外，由于感温元件所接收的是辐射能，感温元件的温度不必达到被测温度，所以从理论上讲，辐射温度计没有测量上限。但是，由于辐射测温是利用物体的辐射能进行工作的，所以只能测物体的表面温度，而不能测体温。

一、辐射测温的基本原理

一切温度高于绝对零度的物体都在不停地向周围空间发出红外辐射能量。红外辐射也称热辐射，它是一种电磁波，简单的电磁波谱如表 3.2 所示。

表 3.2　简单的电磁波谱

波　　段	γ射线	X射线	紫外线	可见光	红外线	微波和无线电波
波长/μm	<0.000 1	0.000 1～0.01	0.01～0.38	0.38～0.76	0.76～1 000	>1 000

物体的热状态是用“温度”这个物理参量来表征的，温度不同，其辐射能不同，辐射温度计就是利用物体的辐射能随温度的变化而变化的原理制成的。

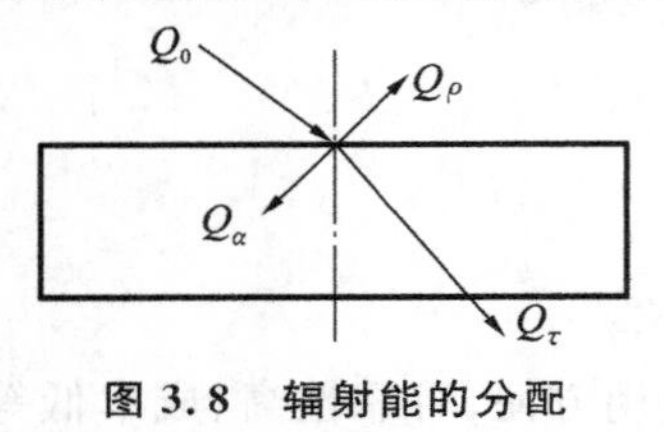

图 3.8　辐射能的分配

1. 辐射的基本概念

如图 3.8 所示，由于物体的性质不同，入射到物体的总辐射能 Q_0 有三个不同的去处：一部分（Q_ρ）被物体表面反射回去，一部分（Q_α）被物体吸收，而剩余部分（Q_τ）则穿过物体透射出去。它们之间存在如下的关系：

$$Q_0 = Q_\rho + Q_\alpha + Q_\tau \tag{3.5}$$

或

$$\frac{Q_\rho}{Q_0} + \frac{Q_\alpha}{Q_0} + \frac{Q_\tau}{Q_0} = 1 \tag{3.6}$$

式中：$\frac{Q_\rho}{Q_0}$——反射率，用 ρ 表示；

$\frac{Q_\alpha}{Q_0}$——吸收率，用 α 表示；

$\frac{Q_\tau}{Q_0}$——透射率，用 τ 表示，这样式(3.6)可写成

$$\rho + \alpha + \tau = 1 \tag{3.7}$$

当 $\alpha=1$，而 $\rho=\tau=0$ 时，说明入射到物体上的辐射能全部被吸收，这样的物体称为“绝对黑体”，简称“黑体”；

当 $\rho=1$，而 $\alpha=\tau=0$ 时，说明入射到物体上的辐射能全部被反射，若反射是有规律的，则称此物体为“镜体”；若反射没有规律，则称此物体为“绝对白体”。

当 $\tau=1$，而 $\alpha=\rho=0$ 时，说明入射到物体上的辐射能全部被透射出去，具有这种性质的物体为“绝对透明体”。

自然界中，绝对黑体、绝对白体和绝对透明体都是不存在的。上述概念是为方便研究问题而提出来的，α、ρ、τ 的大小取决于物体本身的性质和表面状况，以及入射光谱的波长和物体的温度等因素。

2. 普朗克定律

普朗克定律指出，单位面积黑体在半球面方向发射的光谱辐射强度为波长和温度的函数，即

$$E(\lambda, T) = \frac{c_1}{\lambda^5} \frac{1}{e^{c_2/\lambda T} - 1} \tag{3.8}$$

式中：$E(\lambda, T)$——光谱辐射强度，W/cm^2；

c_1——第一辐射常数，$c_1 = 2\pi hc^2 = 3.743 \times 10^{-6}\ W \cdot m^2$（$c$ 为光速，$c=2.997\ 9\times10^8\ m/s$，$h$ 为普朗克常数，$h=6.625\ 6\times10^{-34}\ W \cdot s^2$）；

c_2——第二辐射常数，$c_2=ch/k=1.438\,7\times10^{-2}$ m·K（k 为玻耳兹曼常数，$k=1.380\,5\times10^{-23}$ W·s/K）；

λ——入射波长，μm；

T——热力学温度，K。

3. 斯蒂藩—玻耳兹曼定律（全辐射定律）

普朗克公式给出的是温度为 T 的绝对黑体的辐射强度关于波长的分布情况，即单色辐射定律，而斯蒂藩—玻耳兹曼定律则描述了绝对黑体的辐射能沿波长从零到无穷大的总和，即全辐射，用公式表示为

$$E(T)=\int_0^\infty E(\lambda,T)\mathrm{d}\lambda=\frac{2\pi^5k^4}{15c^2h^3}T^4=\sigma T^4 \tag{3.9}$$

式中：σ——斯蒂藩—玻耳兹曼常数，$\sigma=(5.670\,32\pm0.000\,71)\times10^{-12}$ W/(cm²·K⁴)。

二、红外测温仪

根据测温仪的工作原理及其检测波段的不同，一般将红外测温仪分为单色辐射测温仪、辐射测温仪和比色测温仪三大类。

1. 单色辐射测温仪

单色辐射测温仪是以测量单色波长的辐射能来实现温度测量的一类红外测温仪。由于其对辐射能的检测是基于对物体辐射亮度的检测而实现的，因此，采用单色辐射测温仪测温这一方法常称为亮温法，单色辐射测温仪也被称为亮温仪。在具体实现上，亮温仪是用亮度平衡的原理来实现测温的。

根据亮度平衡具体实现方法的不同，单色辐射测温仪又可分为光学高温计和光电高温计等类型。

1）光学高温计

图 3.9 所示是隐丝式工业用光学高温计的工作原理图。其工作原理是：当将光学高温计对准被测对象时，被测对象即由物镜成像于高温计小灯泡的灯丝平面上，观察者通过显微镜目镜和红色滤光片比较灯丝和被测对象两者的亮度，通过调节流过灯丝的电流大小，使两者达到亮度平衡（即灯丝刚好从被测对象的背景中消失），此时灯泡的电流或电压大小即表征了被测物体的温度。工业用光学高温计均在电流表上直接刻以温度，这样可直接读出被测物体的温度。

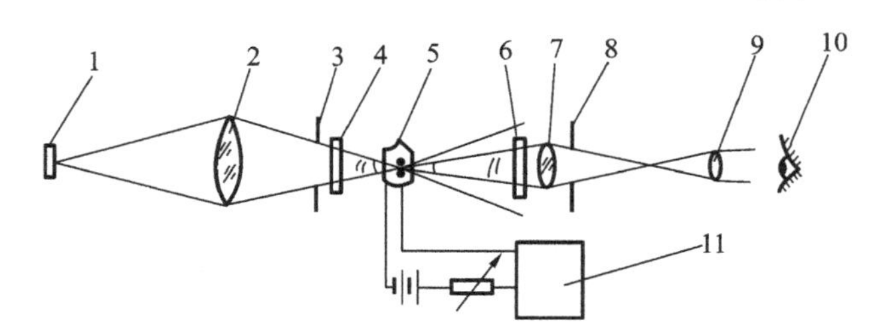

图 3.9　隐丝式工业用光学高温计的工作原理图

1—被测对象或辐射源；2—物镜；3—物镜光阑；4—吸收玻璃；5—高温计小灯泡；
6—红色滤光片；7—显微镜物镜；8—显微镜目镜光阑；9—显微镜目镜；10—人眼；11—电测仪器

2)光电高温计

前述光学高温计用人眼来分辨亮度并使两者亮度达到平衡，这显然会带来较大的误差，为了克服这一人为因素造成的测量误差，人们研究出了用光电元件代替人眼进行亮度平衡的光电高温计，其中，利用硅光电池作为检测元件进行亮度测量的光电高温计称为硅单色高温计。

2. 辐射测温仪

辐射测温仪是通过检测被测物体入射到探测元件上的辐射能来实现温度测量的。如果测温仪的探测元件接收到的是物体沿整个波长范围内的总辐射能，那么这种辐射测温仪称为全辐射测温仪；如果测温仪的探测元件接收到的只是物体所辐射出的某一波段内的辐射能，那么这种辐射测温仪称为部分辐射测温仪。

常用的辐射测温仪有以下四种类型。

1)辐射感温仪

辐射感温仪是一种常见的辐射测温仪，它用热电堆作为辐射检测元件，具有结构简单、使用方便、价格便宜等优点，虽然它的测温精度不高，但在中小型工厂，特别是一些炉窑上应用较多。

2)高温辐射测温仪

高温辐射测温仪的显著特点是，其结构比较简单，没有瞄准镜(可以加装)，由于采用硅光电池作检测元件，故在 700～2 000 ℃的测温范围内不需要电源和放大器。加上放大器，可将其测温范围扩充到 600～3 500 ℃。高温辐射测温仪的主要特性如下：使用的波长为 0.7～1.1 μm，精度为±0.7%(<1 500 ℃)、±10%(<1 500 ℃)，响应时间为 1 ms，输出为 0～20 mV 直流。

3)低温辐射测温仪

这种仪表属于试验用类型，是专门为测量高压输电线路的电缆接头温度而设计的，由于其测量距离为 4～50 m，故也称为远程红外测温仪。其主要特性如下：测温范围为 0～200 ℃，基本误差为±1.0%+0.5 ℃，响应时间为 2 s，干电池供电，可在野外使用。

4)光电辐射测温仪

表 3.3 所示是 WDH 型光电辐射测温仪的测量范围和误差。

表 3.3 WDH 型光电辐射测温仪

指标	型号							
	WDH-Ⅰ型				WDH-Ⅱ型			
测温范围/℃	700～1 000	800～1 200	900～1 400	1 000～1 500	100～250	250～500	400～800	700～1 100
基本误差/℃	±14	±16	±18	±19	±3.5	±6	±9	±12

3. 比色测温仪

所谓比色法测温，就是利用被测物体在两个不同波段内的光辐射之比来实现对温度的测量，即

$$R(T)=E_{\varepsilon_{\lambda_1}}(\lambda_1,T)/E_{\varepsilon_{\lambda_2}}(\lambda_2,T) \tag{3.10}$$

式(3.10)说明，物体在两个不同波段内的光谱辐射能之比 $R(T)$ 与其温度 T 之间有一确定的对应关系，通过测量 $R(T)$ 的大小，即可推知被测物体的温度 T，这就是比色法测温的基本原理。几种常用的比色测温仪的性能参数如表 3.4 所示。

表 3.4 几种常用的比色测温仪的性能参数

类型	测温范围/℃	温度精度	距离系数	测量距离/m	响应时间/s	工作波段/μm	输出方式
HWSS	800～1 700	≤1%		≥1.5		$\lambda_1=1.65$ $\lambda_2=2.35$ $\Delta\lambda=0.25$	1 mV/℃线性电压输出，四位BCD码直接温度显示
WBH	分三档 400～900 800～1 300 1 200～1 700	≤1%	1000∶3	>0.5	1	$\lambda_1=1.5$ $\lambda_2=2.3$ $\Delta\lambda=0.25$	
光电比色测温仪	分三档 800～1 400 1 100～1 600 1 300～1 900	≤测量上限的1%	25和50	1～10	取决于显示仪表	$\lambda_1=0.8$ $\lambda_2=1$	
WDS	分三档 1 200～1 800 8 800～2 400 2 400～3 000	≤测量上限的1%	200	>0.5		$\lambda_1=0.6\sim1$ $\lambda_2=1\sim1.2$	直流0～10 mA，0～10 mV和0～5 V

三、红外热像仪

红外热像仪是目前世界上最先进的测温仪表，它首先通过红外扫描单元把来自被测对象的电磁辐射能量转化为电子视频信号，该信号经过放大、滤波等环节处理后传输到显示屏等处。红外热像仪的最大特点在于：它不仅可以测量某一点的温度，而且还可以测量物体的温度场；其输出可以直接以数字显示，也可以通过不同颜色来形象地表征被测物体的温度分布。

3.3 振动诊断技术

振动是衡量设备状态的重要指标之一。一台设计得很好的机器，固有振级很低，但当机器出现了磨损、基础下沉、部件变形现象时，机器的动态性能开始出现各种细微的变化，如轴变得不对中、部件开始磨损、转子变得不平衡、间隙增大等，所有这些都在振动能量的增加上反映出来。因此，振动加剧常常是机器要出“毛病”的一种标志，而振动是可以从机器的外表面测到的。

振动诊断，就是以系统在某种激励下的振动响应作为诊断信息的来源，对所测得的振动参量（振动位移、速度、加速度）进行分析处理，并以此为基础，借助一定的识别策略，对机械设备的运行状态做出判断，进而给出诊断有故障的机械的故障部位、故障程度以及故障原因等方面的信息。

3.3.1 机械振动及其分类

机械振动是一种特殊的运动形式。由于受外界条件的影响，机械系统围绕其平衡位置作往复运动，这就是机械振动。

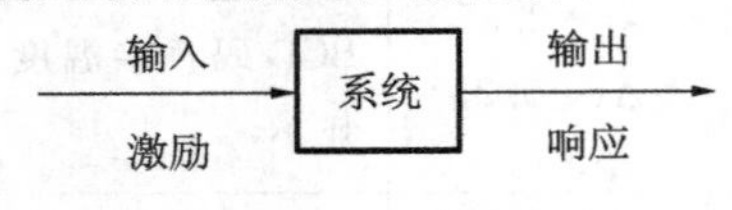

图 3.10 振动系统

研究振动问题时，一般将研究对象——机械设备称为系统，把外界对系统的作用称为激励或输入，把系统在激励下产生的动态行为称为输出或响应，这样，我们可画出如图 3.10 所示框图。振动分析就是要研究三者之间的相互关系。

为了便于分析，我们对振动加以分类。

一、按对系统的输入不同分类

1. 自由振动

自由振动是指系统初始干扰或原有的外激振力取消后产生的振动，即系统的平衡被破坏后，没有外力作用而只靠其弹性恢复力来维持的振动。

2. 强迫振动

强迫振动是指系统在外力作用下被迫产生的振动。

3. 自激振动

自激振动是指由于系统具有非振荡性能源和反馈特性，并有能源补充，而产生的一种稳定的周期性振动。

二、按系统的输出特性分类

1. 简谐振动

简谐振动是指振动量随时间的变化为单一的正弦或余弦函数的振动。

简谐振动的运动规律可用正弦函数表示：

$$y(t)=A\sin(\frac{2\pi t}{T}+\varphi)=A\sin(2\pi ft+\varphi) \tag{3.11}$$

式中：$y(t)$——振动量；

A——振动量的振幅；

f——振动的频率；

T——振动的周期；

φ——振动量的初相位。

简谐振动的波形图如图 3.11(a)所示，频谱图如图 3.11(b)所示。

该简谐振动的速度 v 和加速度 a 分别为

$$v=\frac{\mathrm{d}y(t)}{\mathrm{d}t}=2\pi fA\cos(2\pi ft+\varphi) \tag{3.12}$$

$$a=\frac{\mathrm{d}v}{\mathrm{d}t}=-(2\pi f)^2A\sin(2\pi ft+\varphi)=-(2\pi f)^2y(t) \tag{3.13}$$

2. 非简谐周期振动

振动量为时间的周期函数，而又不是简谐振动的振动，即非简谐周期振动。其振动量与时

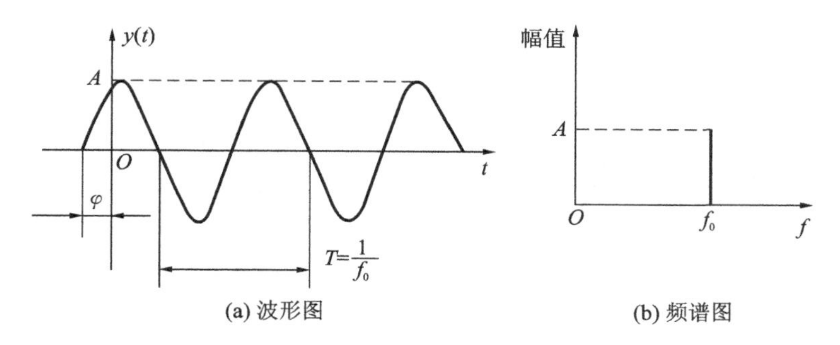

图 3.11 简谐振动的波形图和频谱图

间的关系用以下周期函数加以描述：

$$y(t)=y(t\pm nT)\quad(n=1,2,3,\cdots)\tag{3.14}$$

非简谐周期振动可以按傅里叶级数展开而分解为简谐振动的叠加，这个分解过程也称为谐波分析，即有

$$y(t)=\frac{a_0}{2}+\sum_{n=1}^{\infty}[a_n\cos(2\pi nf_1t)+b_n\sin(2\pi nf_1t)]\quad(n=1,2,3,\cdots)\tag{3.15}$$

式中：f_1——$f_1=\frac{1}{T}$，称为基频；

a_0——$a_0=\frac{2}{T}\int_0^T y(t)\mathrm{d}t$；

a_n——$a_n=\frac{2}{T}\int_0^T y(t)\cos(2\pi nf_1t)\mathrm{d}t$；

b_n——$b_n=\frac{2}{T}\int_0^T y(t)\sin2(\pi nf_1t)\mathrm{d}t$

非简谐周期振动的波形图如图 3.12(a)所示，频谱图如图 3.12(b)所示。

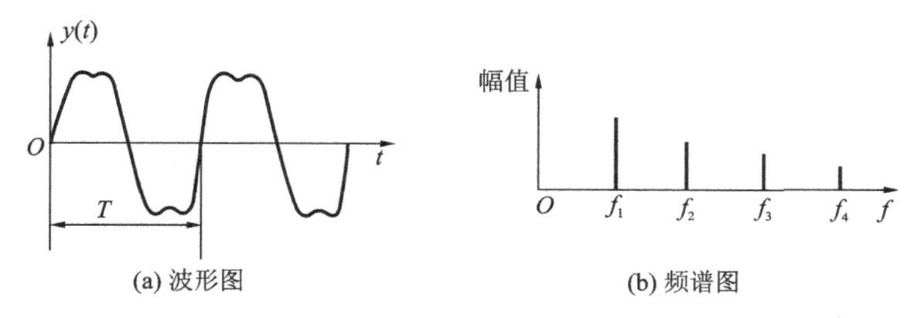

图 3.12 非简谐周期振动的波形图和频谱图

3. 准周期振动

准周期振动也是由一些不同频率的简谐振动合成的振动，但组成它的简谐分量中至少有一个分量与另一个分量的频率之比为无理数，因而它没有周期性。准周期振动可用如下函数加以描述：

$$y(t)=\sum_{i=1}^{\infty}A\sin(2\pi f_it+\varphi_i)\tag{3.16}$$

式中，至少存在一个$\frac{f_n}{f_m}$不是有理数。准周期振动的波形图和频谱图如图 3.13 所示。

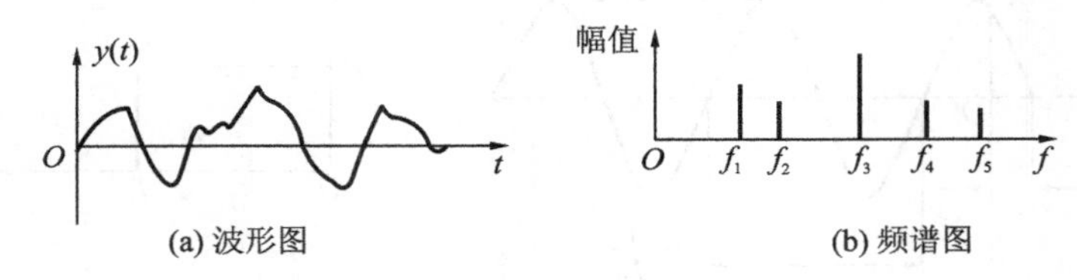

图 3.13　准周期振动的波形图和频谱图

4. 瞬态振动

瞬态振动是指振动量为时间的非周期函数，且通常在一定的时间段内发生的振动。它可用各种脉冲函数和衰减函数加以描述。

5. 随机振动

随机振动是一种非确定性振动，不能用精确的数学关系式加以描述，只能根据随机过程的理论用数理统计的方法对其进行分析处理。

三、按系统的自由度的数目分类

1. 单自由度系统的振动

单自由度系统的振动是指用一个独立坐标(自由度)就能确定的系统振动。

2. 多自由度系统的振动

多自由度系统的振动是指用两个或两个以上的有限个独立坐标才能确定的系统振动。

3. 弹性体振动

弹性体振动又称无限自由度振动，是指用无限多个独立坐标才能确定的系统振动。

四、按描述系统的微分方程分类

1. 线性振动

线性振动用常系数线性微分方程来描述，它的惯性力、阻尼力及弹性力只分别与加速度、速度及位移成正比。

2. 非线性振动

非线性振动要用非线性微分方程来描述，即微分方程中存在非线性项。

五、按振动位移的特征分类

1. 扭转振动

扭转振动是指振动体上的质点只作绕轴线运动的振动。

2. 直线振动

直线振动是指振动体上的质点只作沿轴线方向(纵向振动)或只作垂直轴线方向(横向振动)运动的振动。

此外，振动还可按其频率范围分为低频振动(<1 kHz)、中频振动(1～10 kHz)和高频振动

(>10 kHz)。

3.1.2 机械振动测量系统

机械振动测量系统按其复杂程度可分成三类。

一、简单系统

简单系统是用一种直读式的袖珍振动表在一定的频率范围内去测量振动信号，把测量结果与通用标准或每台机器的专用参考值相比较，机器的状态是以最少的数据在现场进行估计。

通过振动测量进行状态监测的人员经常使用高质量的手持振动计（其外形图如图3.14所示）。这种振动计在10～1 000 Hz或10～10 000 Hz的频率范围内能读出单一的振动加速度、速度的均方根值（RMS）或峰值。速度的RMS值可直接与标准的振动严重性评定值相比较，从而知道需要维修的程度。

图3.14 手持振动计的外形图

二、振动状态监测系统

1. 频率分析的基本系统

用于机器状态监测的频率分析的基本系统有多种配置方式。如果投资有限而且只有几十个测量点，电池供电的振动分析仪和振动能级记录仪是优越的。这种配套装置能对各监测点依次画出其窄带频谱图。每次测量和分析需要约几分钟，每个测量点的数据手工登记在记录卡上。把每个测量点的参考频谱记录下来并复制在透明的卡片上，以后取得的频谱放在参考频谱下面，两张卡片一对照可以立即找到差别所在。如果某一频率的振级增加，就画出其振级-时间曲线，从而可预测其发展趋势。

2. 先进的机器状态监测系统

当有大量的机器测量点需要监测时，应采用更完善的系统。操作人员可用加速度计与数据采集器(或数据记录仪)把每一个测量点的振动信号直接记录下来,然后再送到计算机中,用软件进行分析。这样做的优点是,速度快,扩大了仪器功能,提高了检测能力并降低了测量成本。

三、在线的机器振动监测系统

在线的机器振动监测系统首先应用于那些对生产过程起重要作用的单台设备。当机器突然出现变化时,它能立即或在几分钟之内向控制室提出警告,以便在灾难性故障出现之前即采取有效措施。这种系统可用来监视汽轮机、进料泵和压气机等设备。

在线的机器振动监测系统应具有高可靠性、长期的稳定性及抗恶劣环境和抗误报警的能力。它还应包括一个自动测试系统,以便在事故报警时,操作人员能立即判断出哪些仪器的功能是正常的。

3.3.3 典型零部件故障的振动诊断

一、转轴组件的故障诊断

转轴组件是旋转机械系统中重要的一类基础件,它以旋转轴为中心,包括齿轮、叶轮等工作件,联轴器以及支承轴承等。转轴组件的常见故障现象有不平衡、不同轴、机械松动、自激振动以及电磁力引起的振动等。用振动方法诊断转轴组件的故障,是基于对各类激振频率及其振动波形的识别。下面分别对这些常见的故障现象进行讨论。

1. 不平衡

不平衡是指由于旋转体轴心周围的质量分布不均,使之在旋转过程中产生离心力而引起的振动现象。由不平衡所引发的振动的重要的特点就是发生与旋转同步的基本振动。不平衡故障的振动特性如表 3.5 所示。不平衡故障的振动频谱特性如图 3.15 所示。

表 3.5　不平衡故障的振动特性

项　目	性　质
振动方向	以径向为主
振动频率	以旋转频率 f_r 为主要频率成分
相位	与旋转标记经常保持一定的角度(同步)
振幅	随着转速的升高,振幅增长得很快;转速降低时,振幅可趋近于零(共振范围除外)

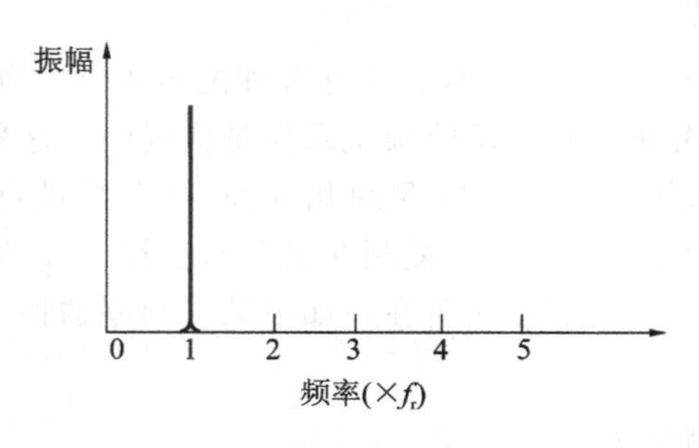

图 3.15　不平衡故障的振动频谱特性

2. 不同轴

不同轴是指用联轴器连接起来的两根轴中心线不重合的现象，又称不对中。不同轴可进一步细分为如图 3.16 所示的多种情形。

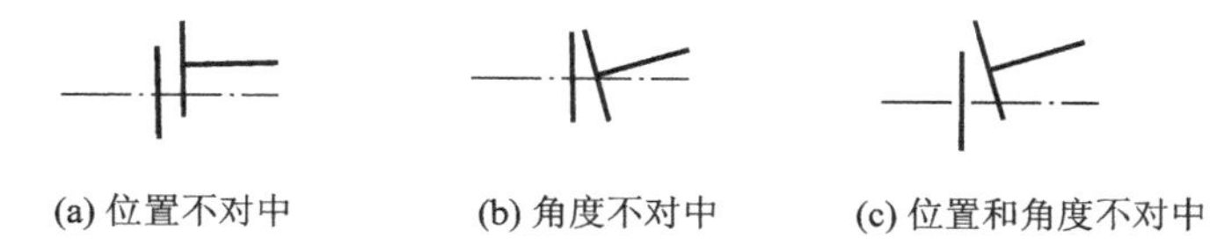

(a) 位置不对中　　(b) 角度不对中　　(c) 位置和角度不对中

图 3.16 不同轴的主要情形

存在不同轴现象时，除产生径向振动外，还容易发生轴向振动。不同轴现象不严重时，其频率成分为旋转基频；不同轴现象严重时，则产生旋转基频的高次谐波成分。这样，仅从频率方面来考虑，有时很难区分不同轴与不平衡故障。两者的重要区别在于振动随转速的变化特性，两者的差别如图 3.17 所示。对于不平衡故障，振幅随转速的升高增长得很快；而对于不同轴故障，振幅大体固定，与转速没有太大的关系。不同轴故障的振动特性如表 3.6 所示。

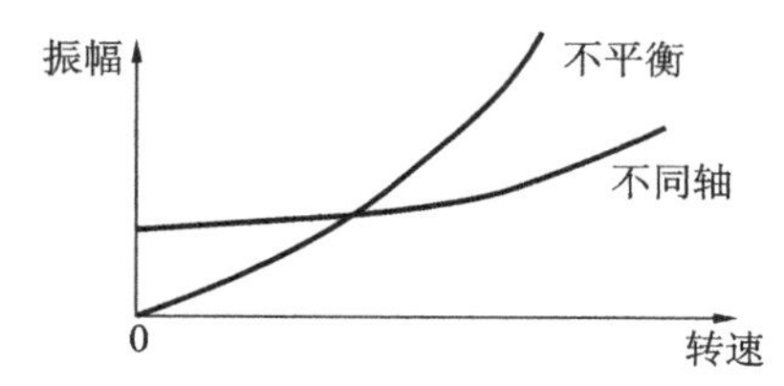

图 3.17 不平衡与不同轴故障的振幅随转速的变化情形

表 3.6 不同轴故障的振动特性

项　目	性　质
振动方向	易发生轴向振动，如发生的轴向振动在径向振动的 50%以上，则存在不同轴
振动频率	普通的联轴器以 f_r 为主，如不同轴剧烈时，则发生 $2f_r$、$3f_r$ 等谐频成分
相位	与旋转标记经常保持一定的角度(同步)
振幅	振幅与转速关系不大

3. 机械松动

机械松动现象是因紧固不牢引发的。其通常的特征是在旋转频率的一系列谐频上较大的振幅。机械松动的振动特性如表 3.7 所示。

表 3.7 机械松动的振动特性

项　目	性　质
振动方向	虽无特别容易出现的方向，但垂直方向的振动出现的可能性较大
振动频率	除 f_r 外，可发现高次谐波($2f_r$，$3f_r$，…)成分，也会发生 $1/2f_r$，$1/3f_r$ 等
相位	与旋转标记同步
振幅	如使转速增大或减小，振幅会突然变大或减小(出现跳跃现象)

4. 自激振动

润滑油起泡、喘振和蠕动以及气穴、摩擦等都会引起自激振动。

自激振动的最基本特点在于振动的频率为相关振动体的固有频率。自激振动的振动特性如表 3.8 所示。

表 3.8　自激振动的振动特性

项　　目	性　　质
振动方向	无特殊方向性
振动频率	与转速无关的固有振动频率
相位	无变化(非同步)
振幅	转速的变化对振幅的影响较小

5. 电磁力引起的振动

引起旋转机械振动的因素除机械力外还有电磁力。对于电磁力作用下产生的振动,其基本频率就是电源的频率。电磁力引起的振动特性较为复杂。

以上五种典型故障形式的特征频率一般都处在小于 1 kHz 的低频段。

二、齿轮故障的振动诊断

1. 齿面损伤

齿轮所有的齿面产生磨损或齿面上有裂痕、点蚀、剥落等损伤,所激发的振动的波形如图 3.18 所示。

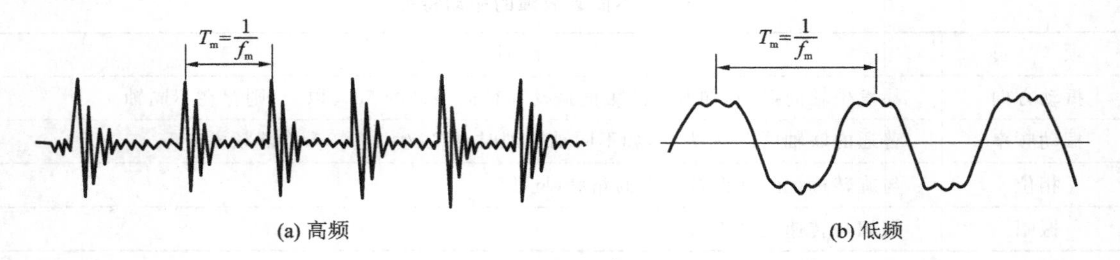

图 3.18　齿面损伤引起的振动的波形

由图 3.18(a)可以看出,齿轮啮合时产生冲击振动,从而激发齿轮按其固有频率振动,固有振动频率成分的振幅与其他振动成分相比是非常大的,而且,冲击振动的振幅具有几乎相同的大小。与此同时,低频啮合频率成分的振幅增大。此外,随着磨损的发展,齿的刚性表现出非线性的特点,振动波形按图 3.18(b)所示变化,在其振动频谱中存在啮合频率的 2 次、3 次高次谐波或 1/2,1/3,…的分频成分。

2. 齿轮偏心

当齿轮存在偏心时,齿轮每转中的压力时大时小地变化,致使啮合振动的振幅受旋转频率的调制,其频谱包含旋转频率 f_r和啮合频率 f_m成分及其边频带 $f_m \pm f_r$,其振动波形如图 3.19 所示。

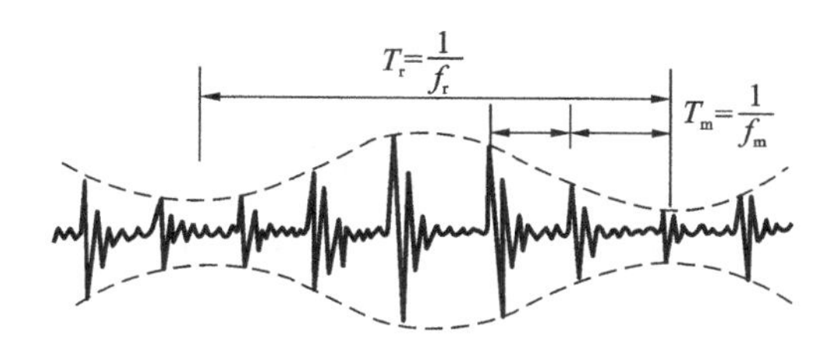

图 3.19 齿轮偏心的振动波形

3. 齿轮回转质量不平衡

齿轮回转质量不平衡的振动波形如图 3.20 所示，其主要频率成分与正常情况基本相同，即为旋转频率 f_r和啮合频率 f_m，但旋转振动的振幅比正常情况下的大。

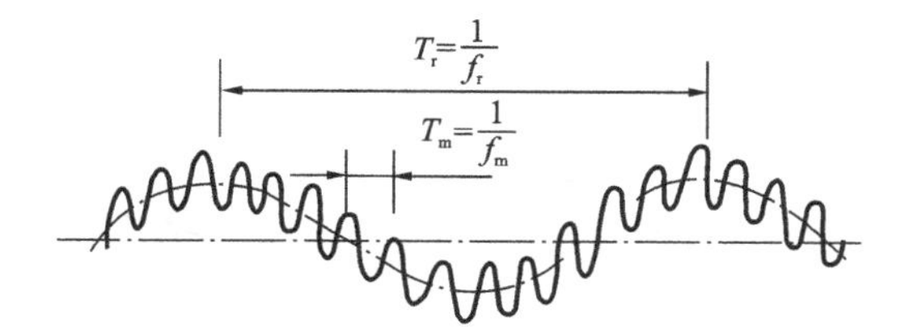

图 3.20 齿轮回转质量不平衡的振动波形

4. 齿轮局部缺陷

当齿轮存在个别轮齿折损、个别齿面磨损、齿根裂纹等局部缺陷时，在啮合过程中该齿轮将激发异常大的冲击振动，在振动波形上出现较大的周期性脉冲幅值。其主要频率成分为旋转频率 f_r及其高次谐波频率 nf_r($n=2,3,4,\cdots$)。齿轮局部缺陷还会经常激发起系统以固有频率振动，其振动波形如图 3.21 所示。

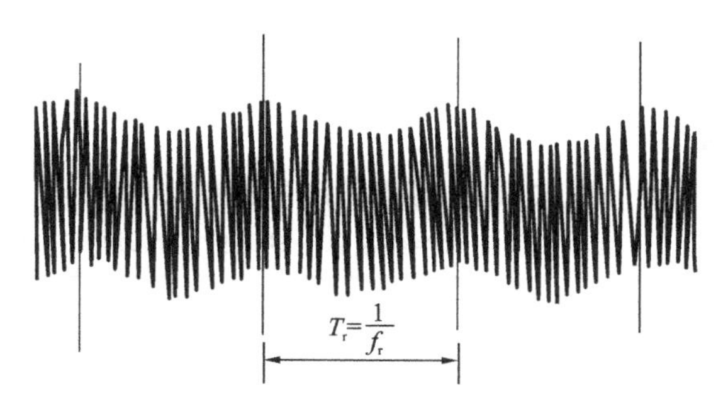

图 3.21 齿轮局部缺陷的振动波形

5. 齿距误差

当齿轮存在齿距误差时，齿轮在每转中的速度将时快时慢地变化，致使啮合振动的频率受旋转频率振动的调制，其振动波形如图 3.22 所示。其频谱包含旋转频率 f_r和啮合频率 f_m成分及其边频带 $f_m \pm nf_r$($n=1,2,3,\cdots$)。

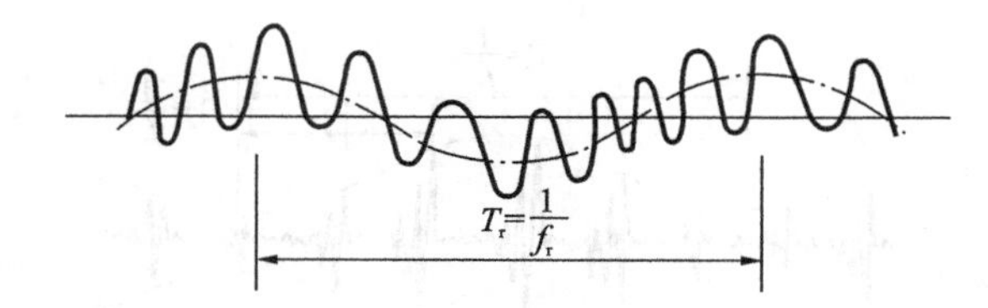

图 3.22　齿距误差的振动波形

6. 高速旋转齿轮的振动

高速涡轮增速机中所用的齿轮，其啮合频率高达 5 kHz 以上，其振动特性表现出与常速旋转齿轮不同的振动特性，即在常速旋转的齿轮中，其频谱包含有啮合频率和啮合冲击引发的自由振动的固有频率这两个主要成分；而在高速旋转的齿轮中，因啮合频率大于固有频率，所以齿轮只发生啮合频率成分的振动，而不发生固有频率的振动。两种转速下的齿轮振动波形如图 3.23 所示（设齿轮的固有频率为 f_e）。

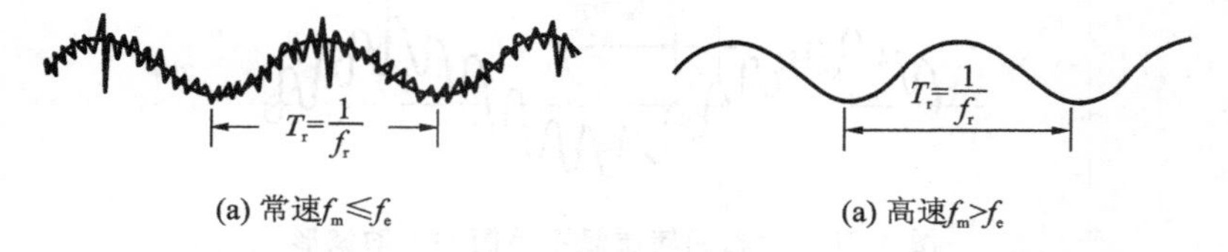

(a) 常速$f_m \leqslant f_e$　　(a) 高速$f_m > f_e$

图 3.23　常速和高速齿轮的振动特性比较

三、滚动轴承故障的振动诊断

根据所监测的频带的不同，可将滚动轴承故障的振动诊断划分为低频诊断和高频诊断。其中低频诊断主要是针对轴承中各元件缺陷的旋转特征频率进行的，而高频诊断则着眼于滚动轴承因存在缺陷时所激发的各元件的固有频率振动。它们在原理上没有太大的差别，都是通过频谱分析等手段，找出不同元件，如内滚道（外环）、外滚道（外环）、滚动体等的故障特征频率，以此判断滚动轴承的故障部位及故障严重程度。

1. 低频段的旋转特征频率

滚动轴承各元件存在单一缺陷时的振动特征频率如表 3.9 所示。

表 3.9　滚动轴承各元件存在单一缺陷时的振动特征频率

缺陷部位	一般公式	外环静止，内环运动	内环静止，外环运动
滚动体	$f_b=\frac{D}{2d}\lvert f_a-f_\tau\rvert\left(1-\frac{d^2}{D^2}\cos^2\alpha\right)$	$f_b=\frac{D}{2d}f_\tau\left(1-\frac{d^2}{D^2}\cos^2\alpha\right)$	$f_b=\frac{D}{2d}f_a\left(1-\frac{d^2}{D^2}\cos^2\alpha\right)$
外环	$f_i=\frac{z}{2}\lvert f_a-f_\tau\rvert\left(1-\frac{d}{D}\cos\alpha\right)$	$f_i=\frac{z}{2}f_\tau\left(1-\frac{d}{D}\cos\alpha\right)$	$f_i=\frac{z}{2}f_a\left(1-\frac{d}{D}\cos\alpha\right)$
内环	$f_o=\frac{z}{2}\lvert f_a-f_\tau\rvert\left(1+\frac{d}{D}\cos\alpha\right)$	$f_o=\frac{z}{2}f_\tau\left(1+\frac{d}{D}\cos\alpha\right)$	$f_o=\frac{z}{2}f_a\left(1+\frac{d}{D}\cos\alpha\right)$

注：z—滚动体个数；d—滚动体直径；D—轴承节径；f_τ—内环的旋转频率；f_a—外环的旋转频率。

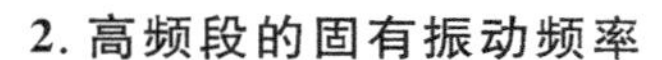

2. 高频段的固有振动频率

滚动轴承中的各元件因受到冲击而作自由振动时是以各自的固有频率进行的，轴承元件的固有频率多处在几 kHz 到几十 kHz 的高频段，且受轴承装配状态的影响。

3. 滚动轴承有异常时的振动特性

滚动轴承的异常形式是多种多样的，为了叙述方便，在此讨论各种典型的单一异常形式的振动特性。

1)滚动轴承的构造引起的振动

(1)轴承元件的受力变形引起的振动。给滚动轴承施加一定的载荷时，由于内、外环以及滚动体的受力变形，旋转轴的中心发生变动，引起的振动的主要频率成分为 zf_c(f_c 为滚动体的公转频率)。

(2)旋转轴弯曲或倾斜引起的振动。当旋转轴弯曲或倾斜时，此时发生的振动主要频率成分为 zf_c+f_r。

(3)滚动体直径不一致引起的振动。当一个滚动体的直径大于其他滚动体的直径时，旋转轴轴心将随滚动体的公转频率 f_c 而变动，即发生此频率的振动。此外，轴向刚度的不同，还会引发频率为 $nf_c \pm f_r$ 的振动。

2)滚动轴承的非线性引起的振动

滚动轴承是通过滚道与滚动体的弹性接触来承受载荷的，可以形象地比之为“弹簧”。此“弹簧”的弹性系数很大，当轴承的润滑状态不良时，就会出现非线弹性，由此而引发振动。其振动的频率为轴的旋转频率 f_r 及其谐波 $2f_r$，$3f_r$，…和分频 $1/2f_r$，$1/3f_r$，…。这种形式的振动常在深槽滚珠轴承中发生，而在自动调心球轴承和滚子轴承中不常发生。

3)精加工波纹引起的振动

制造轴承时，如果在滚道或滚动体的精加工面上留有波纹，当波纹凸起数达到某一值时，就会发生特有的振动，如表 3.10 所示。但要指出的是，表中的振动对于有径向间隙并承受径向载荷的轴承来说，多数是不适用的。

表 3.10 精加工波纹引起的振动

波纹位置	波纹凸起数	振动频率
内环	$nz \pm 1$	$nf_o \pm f_r$
外环	$nz \pm 1$	nf_c
滚动体	$2n$	$2nf_b \pm f_c$

注：f_b——滚动体故障特征频率；$n=1,2,3,\cdots$。

4)滚动轴承损伤(缺陷)引起的振动

(1)轴承严重磨损引起偏心时的振动。当使用过程中由于发生严重磨损而使轴承偏心时，轴的中心将产生振摆，此时的振动情形如图 3.24 所示，振动的频率为 nf_r。

(2)内环有缺陷时的振动。当内环的某个部分存在剥落、裂纹、压痕、损伤等缺陷时，便会发生如图 3.25 所示的振动，振动频率为 f_o(滚动体频率)及其高次谐波 $2f_o$，$3f_o$，…。由于轴承通

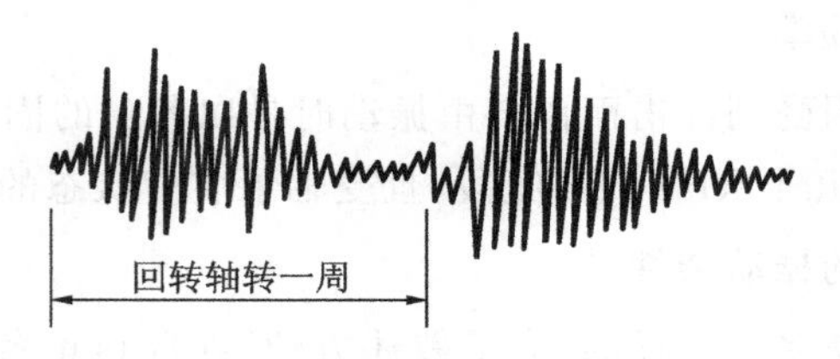

图 3.24　轴承偏心时的振动波形

常有径向间隙而使振动受到轴的旋转频率 f_r（见图 3.25(a)）或滚动体的公转频率 f_c（见图 3.25(b)）的调制。

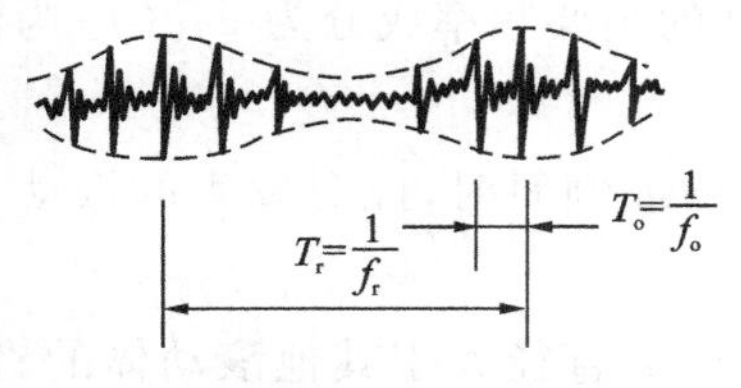

(a) 振幅被轴的旋转频率调制

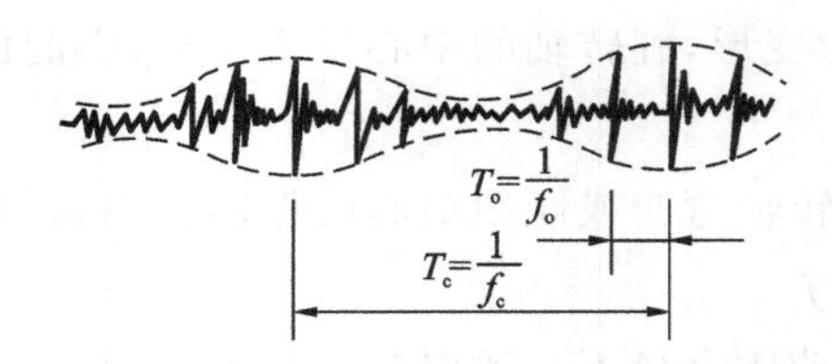

(b) 振幅被滚动体的公转频率调制

图 3.25　内环有缺陷时的振动波形

(3)外环有缺陷时的振动。当外环有缺陷时，轴承会产生如图 3.26 所示的振动，振动的频率为 f_i 及其高次谐波 $2f_i$，$3f_i$，…。与内环缺陷振动特性不同的是，由于此时缺陷的位置与承载方向相对位置固定，故不会发生调制现象。

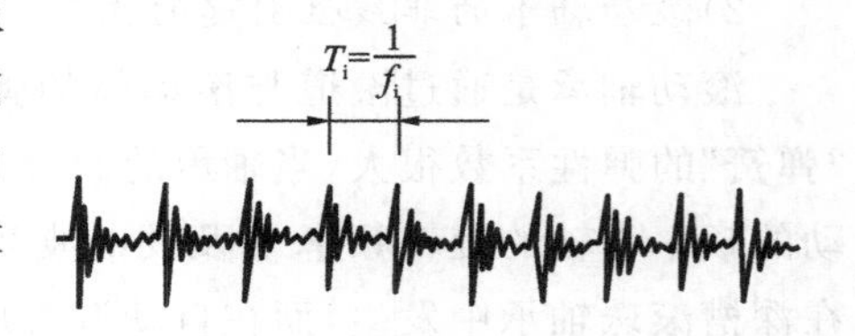

图 3.26　外环有缺陷时的振动波形

(4)滚动体有缺陷时的振动。当滚动体上有缺陷时将会引发如图 3.27 所示的振动，振动频率为 f_b 及其高次谐波 $2f_b$，$3f_b$，…。和内环有缺陷情况相同，由于通常存在轴承径向间隙，振动受到滚动体公转频率 f_c（见图 3.27(a)）的调制，图 3.27(b)所示是振幅未被调制的情形。

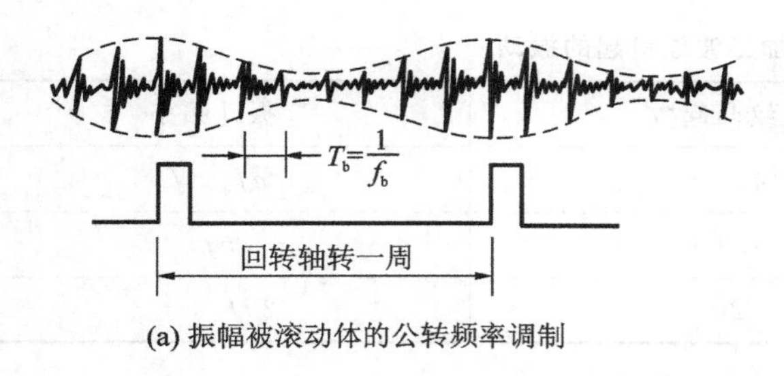

(a) 振幅被滚动体的公转频率调制

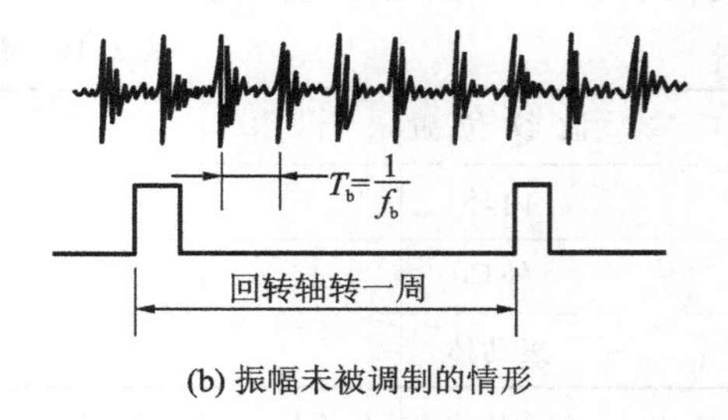

(b) 振幅未被调制的情形

图 3.27　滚动体有缺陷时的振动波形

由于轴承的初期损伤引起的冲击振动往往比机器其他振动要小得多，为了有效地进行轴承故障诊断，经常采用共振解调技术。

3.4 油样分析技术

润滑油在机器中循环流动，必然携带着机器中零部件由于摩擦和磨损而产生的磨损粒子和磨屑一起流动。对油液进行合理采样，并分析处理，就能取得关于该机器各摩擦副的磨损状况，包括磨损部位、磨损机理以及磨损程度等方面的信息，这些信息对研究设备的故障前兆、故障发展、故障发生部位及故障严重程度都具有非常特殊的意义。

油样分析的方法有很多，包括油样铁谱分析法、油样光谱分析法和油样磁塞检测法等。这三种油样分析方法都可用作磨损微粒的收集和分析，但各有其尺寸敏感范围。三种油样分析方法的检测效率随颗粒尺寸的变化情况如图 3.28 所示。

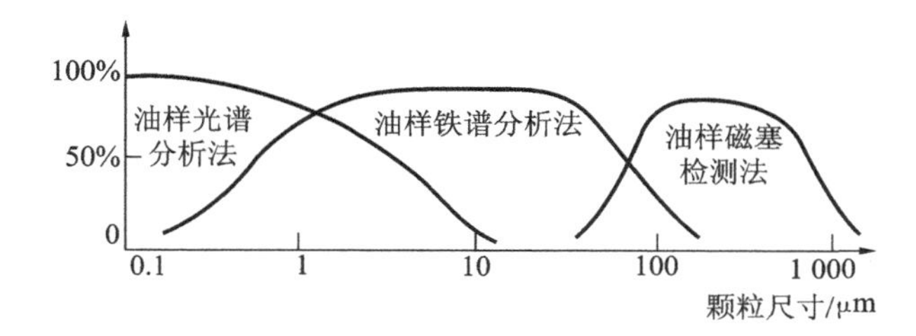

图 3.28 三种油样分析方法的检测效率随颗粒尺寸的变化情况

3.4.1 油样铁谱分析法

一、铁谱分析与铁谱仪

铁谱分析，就是利用铁谱仪从润滑油试样中分离和检测出磨屑和碎屑，从而分析和判断机器运动副表面的磨损类型、磨损程度和磨损部位。铁谱仪是铁谱分析的关键设备，根据工作方式的不同，铁谱仪分为直读式铁谱仪、分析式铁谱仪、旋转式铁谱仪和在线式铁谱仪四种，目前直读式铁谱仪和分析式铁谱仪应用广泛。

1. 直读式铁谱仪

直读式铁谱仪由磁场装置、沉积管、信息传感器和毛细管等组成。直读式铁谱仪结构示意图如图 3.29 所示。

直读式铁谱仪的工作过程为：在设备中取得的油样经稀释后，在虹吸作用下，经毛细管进入沉积管，由于沉积管的下面有一个高强度、高梯度的磁铁，当油样流过沉积管时，油样中可磁化的磨粒在高强度、高梯度磁场力作用下，依其粒度大小，顺序排列在沉积管内壁不同的位置上，在沉积入口区，大于 5 μm 的铁磁磨粒首先沉积，覆盖在 1～2 μm 的粒沉积层上部，随着磁场力的逐渐减弱，1～2 μm 的较小磨粒沿着管道沉积在距入口 5 mm 以后的位置上。磨粒在沉积管内的排列如图 3.30 所示。这样只要观测沉积管入口和 5 mm 处磨粒的多少就可以了解到油样中在大磨粒（>5 μm）和小磨粒（1～2 μm）的多少与分布情况。

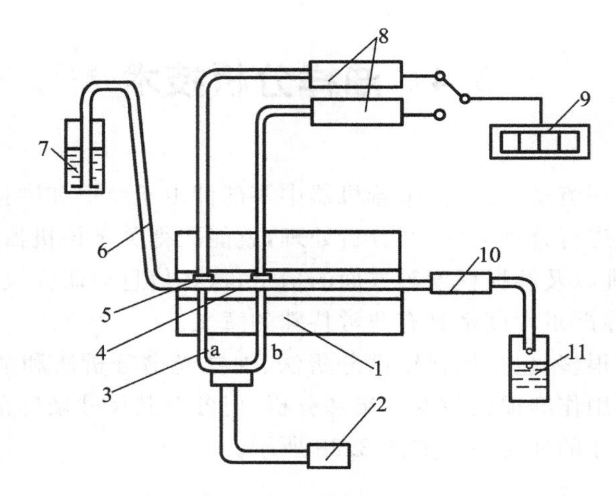

图 3.29　直读式铁谱仪结构示意图

1—磁场装置；2—光源；3—光通管；4—沉积管；5—光电传感器；
6—毛细管；7—油样；8—信息传感器；9—数字显示装置；10—废油；
a—第一束光；b—第二束光

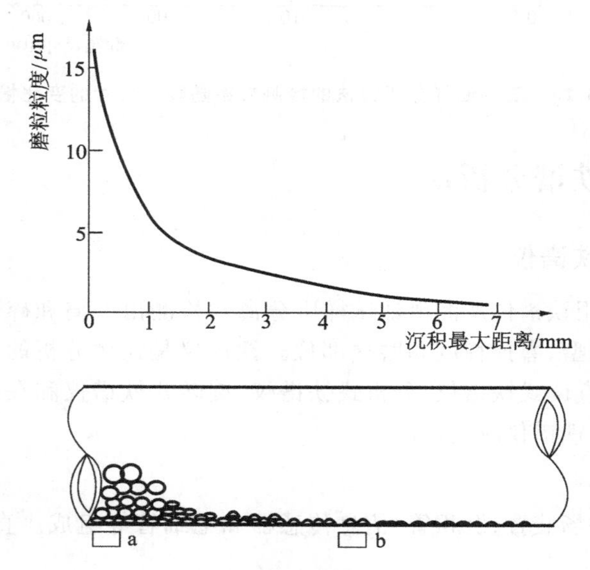

图 3.30　磨粒在沉积管内的排列

2. 分析式铁谱仪

分析式铁谱仪一般指包括制谱仪、光电读数器以及双色显微镜在内的成套测度系统。其中制谱仪的结构原理如图 3.31 所示。制谱仪的工作过程为：在压轮的作用下，毛细管的前部形成负压区，油样从试管中抽出，并流到玻璃基片上；在玻璃基片的下面有一个高强度、高梯度的磁铁，油样中的铁磁性颗粒随油样沿基片往下流的过程中，由于受重力、浮力以及磁力的综合作用而有规律地沉积在基片上，由于磁力线与油液的流动方向垂直，所以磨屑在基片上排列成与流动方向垂直的链状谱，如图 3.32 所示。

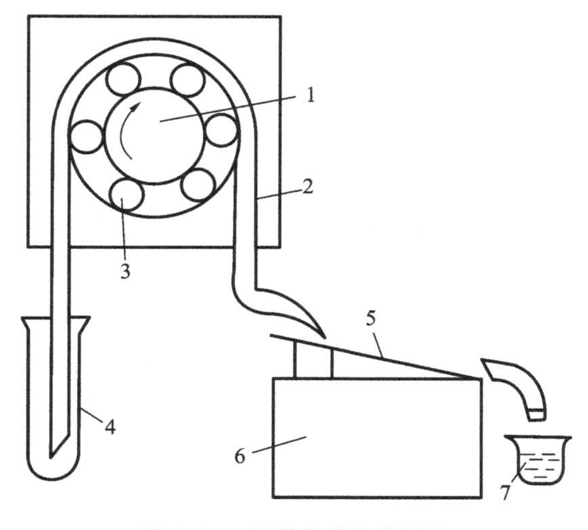

图 3.31 制谱仪的结构原理

1—微量泵；2—毛细胶管；3—压轮；4—油样试管；
5—玻璃基片；6—磁铁；7—接油杯

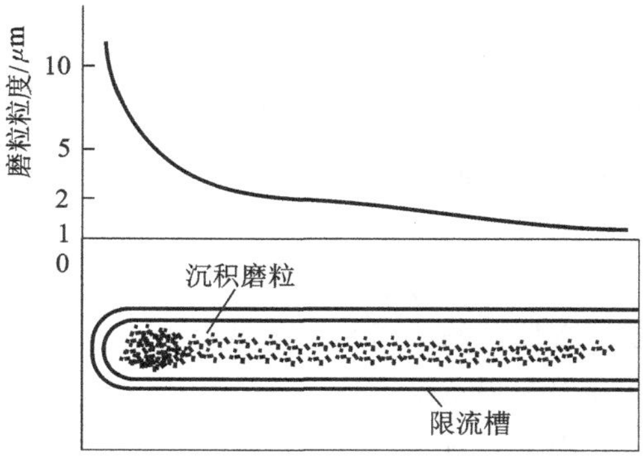

图 3.32 磨屑在基片上的沉积规律

当试管中的油样全部被抽出后，经固化和清洗后再小心地将玻璃基片从制谱仪上取出，到此即完成了谱片的制作过程。制作好的谱片可拿到双色显微镜或扫描电子显微镜(SEM)上进行形貌和成分的观察，还可将光密度读数器与双色显微镜相连进行光密度测量，以判断磨损程度。传统的光密度测试方法是：测得离出口 50 mm 和 55 mm 两处的光密度读数，分别作为小颗粒和大颗粒的读数，并以此为基础，对谱片进行各种定量计算。

二、铁谱分析的一般程序

铁谱分析由采样、制谱、观察与分析、结论四个基本环节组成。

1. 采样

采样是铁谱分析的第一步。由于设备是运转着的，润滑油中磨损微粒的尺寸分布及浓度变化是随机的，取油样的部位、时间及方法都会使所取油样的代表性受到影响，又由于铁谱仪光密度读数都在一定的范围内，磨粒过多或过少都会给铁谱读数带来一定的误差，因此正确抽取油样和正确处理油样尤为重要。

在运行中的设备中抽取油样时，可以在静止的油箱中取样，也可以在流动的油管中取样，这就是所谓的静态取样和动态取样。

在油箱中提取油样时，一般在停机后半小时内进行，取样深度在油箱高度的一半以下。

由于受油箱中润滑油的热对流作用和磨粒常被一层胶体物质所包围等因素的影响，小尺寸(1 μm)的磨粒一般悬浮在润滑油中，稍大尺寸(1 μm 以上 5 μm 以下)的磨粒也有相当一部分悬浮在润滑油中，只有大尺寸(10 μm)的磨粒才会较快地下沉。停机后半小时内，润滑油中磨粒来不及沉降，所取得的油样能反映机器运行磨损的实际情况。而停机时间过长，大部分磨粒沉积到油箱底部，润滑油中的磨粒就无法反映设备的实际磨损情况。

当在流动液体中提取油样时，一般将取油点设置在回油管上液体紊流状态处。在这样的部位，油中的磨粒刚刚脱落并分布均匀，最能反映设备的磨损状况。

为了使所取得的油样具有可比性，无论采用上述哪种采样方式，每次取样的位置和时间应当相对固定。

实际取油样时应当注意，取样间隔时间不是一成不变的，应根据机器摩擦副的特性、机器的使用情况以及用户对故障早期预报准确度的要求而定。一般而言，机器在新投入运行或刚经解体检修时，取样时间间隔应短，通常应隔几小时取样一次，以监测分析整个磨合过程；机器进入正常运转期，摩擦副的磨损状态稳定后，可适当延长取样间隔；此后当发现磨损发展很快时，应缩短取样时间间隔。

2. 制谱

制谱是铁谱分析的关键步骤之一。对于分析式铁谱仪而言，不仅要注意提高制谱的效率，更要注意提高制谱质量。应选择合适的稀释比例和流量，使得制出的谱片链状排列明显，且光密度读数在规定范围内。

3. 观察与分析

谱片制好后，接下来的任务就是对谱片进行观察与分析，包括定性分析与定量分析两个方面的内容。在定性分析方面，可用双色显微镜对磨屑形貌进行观测，也可用扫描电子显微镜对磨屑进行更细微的观察，通过观察和分析确定故障的部位，识别磨损的类型、磨损的严重程度和失效的机理等。在定量分析方面，主要是进行光密度读数，近年来也有人开始研究用计算机对磨屑进行图像处理，根据测量出来的磨粒覆盖面积，来确定大小磨粒的相对含量，从而对零件磨损程度进行量的判断。

4. 结论

根据分析结果做出状态监测或故障诊断结论。为保证结论的可靠性，应了解所监测的机器，综合考虑对机器的结构、材料、润滑及运转、保养、维修与失效历史等。

三、铁谱技术的运用

铁谱技术虽然是一门较“年轻”的技术，但是，它自从问世以来，得到了广泛的应用。无论在机械设备的状态监测与故障诊断方面，还是在新机器设计、润滑油性能评价等方面，铁谱技术都发挥着重要的作用。

铁谱技术在机械设备状态监测与故障诊断中的应用主要体现在四个方面。

(1)根据主要磨粒类型、形态、尺寸等特征，判定零件所处的磨损阶段，进而判断设备的寿命状况。

(2)根据所绘制的磨损曲线，判断设备的磨损情况。

(3)根据磨粒尺寸的相对关系，判断设备发生剧烈磨损的程度。

(4)根据磨粒的材料成分，确定磨粒来源，以判断设备磨损的具体部位。

例如，某化工厂对一个减速齿轮箱进行监测，在处理减速齿轮箱的油样时，用双色显微镜观察谱片的入口处，发现在大量的反射红色的微粒，多数微粒的大小为 8～30 μm，呈薄片状，表面没有氧化或擦伤。用扫描电子显微镜观察，磨屑表面十分光滑，经测试，其长宽比约为 2∶1，长度与厚度之比约为 10∶1，这与齿轮面疲劳的微粒特征相符，说明该齿轮已发生了不正常的磨损，开箱检查，证实齿面已严重磨损。

铁谱分析的优点是，具有较高的检测效率和较宽的磨屑尺寸检测范围(<100 μm)，可同时给出磨损机理、磨损部位以及磨损程度等方面的信息；缺点是，操作环节较多，监测周期较长，影

响因素复杂，检测与诊断的正确性取决于操作人员的经验与熟练程度。

3.4.2 油样光谱分析法

1. 光谱分析

光谱分析的工作原理是：油样中含有金属元素的原子在高压放电或高温火焰燃烧时，原子核外的电子吸收能量从低能级轨道跃迁到较高能级的轨道，但是这样的原子能量状态是不稳定的，电子会自动地从高能级轨道跃迁回原来所在能级，与此同时，以发射光子的形式把吸收的能量辐射出去，不同的元素的原子放出光的波长不同，称为特征波长，经过棱镜或光栅分光系统，将辐射线按一定波长顺序排列，所得到的谱图称为光谱，测量各特征波长的谱线和强度，就可测到某种元素存在与否及其含量多少，推断出产生这些元素的磨损的发生的部位及其严重程度，并依此对相应的零部件工作状态做出判断。

油液的光谱分析主要有三种方法，即原子吸收光谱测定法、原子发射击光谱测定法和 X 射线荧光光谱测定法。这里仅对原子吸收充谱测定法做简单介绍。

2. 原子吸收光谱测定法

原子吸收光谱测定法的原理如图 3.33 所示。原子吸收光谱测定法，又称火焰法，是将油样进行稀释，然后将其喷射到火焰上，使金属元素的原子裂化，变为原子蒸汽。另外，一个已调整好的光源(空心阴极灯)是由所要分析的元素制成的，当它点燃时，就发出该元素特征波长的光，使它的射线穿过火焰区，射线中的一部分光被相应的元素原子所吸收(例如空心阴极是由铁元素所组成，则该射线穿过火焰区后，一部光线就被火焰中具有铁元素的原子所吸收)，其吸收量正比于油样中该元素的浓度。透过火焰后的光线经过波长选择器(棱镜或光栅分光系统)将其他波长的发射线分离掉，而只让被测元素所具有的特征波长光线通过，然后由光电倍增管和放大电路组成的光电探测器，把光信号转变为电信号，并输入到读出装置。元素的浓度值经过标准样器标定后，根据吸收光度度的大小，就可以准确测定出油样中各种元素浓度值。

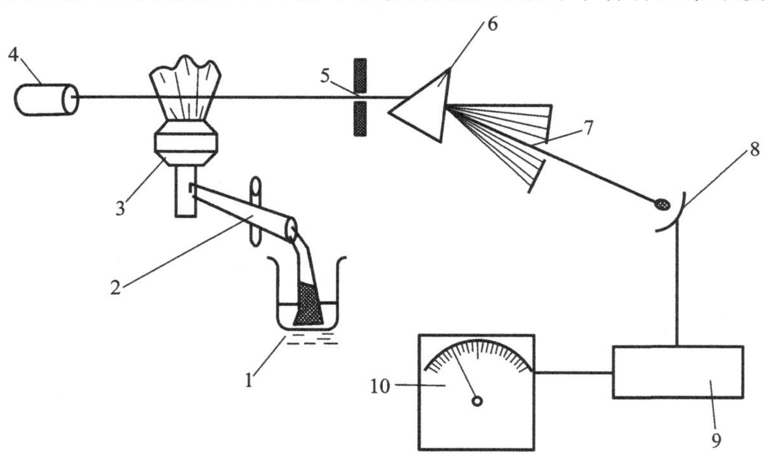

图 3.33 原子吸收光谱测定法的原理

1—样品油；2—喷雾器；3—喷灯；4—可调光源；5，7—缝隙；
6—棱镜或光栅分光系统；8—光电探测器；9—放大器；10—读出装置

原子吸收光谱测定法的优点是，分析灵敏度高，精确度高，不受周围环境干扰，适用范围广，取样量少；缺点是，测一个元素就要换一次灯，比较麻烦。

3.4.3 油样磁塞检测法

油样磁塞检测法是指将特制的磁性探头插入循环着的润滑系统的适当部位，磁性探头将流过它的润滑油中铁磁磨粒吸住，定期取下探头上的磨粒进行分析，根据磨粒量与过油量之比，就可以算出润滑油中所含磨粒的浓度。若用光学显微镜或电子显微镜对磨粒进行观察，就可以得到关于磨粒的形状、尺寸甚至成分的信息。根据这些信息，可以判断设备构件的磨损程度和磨损部位。油样磁塞检测法的优点是，简便易行，成本低，适用于磨粒尺寸大于 50 μm 的情形；缺点是，分析粗糙，小磨粒难吸附，非铁磁磨粒不能收集，探头需经常更换。

3.5 无损检测

无损检测是指对材料或工件实施一种不损害或不影响其未来使用性能或用途的检测手段，包括超声波检测、射线检测、磁粉检测、渗透检测、涡流检测及声发射检测等多种方法。在常规的无损检测方法中，超声波检测、射线检测使用最为广泛，所以，本节主要讨论超声波检测、射线检测方法。

3.5.1 超声波检测

一、超声波检测的基本原理

所谓超声波，是一种质点振动频率高于 20 kHz 的机械波，因其频率超过人耳所能听见的声频段(16 Hz～20 kHz)而得名。超声波检测最常用的频段为 0.5～10 MHz。超声波之所以被广泛地应用于无损检测，是因为：超声波是一种频率很高的毫米波，有很好的指向性和很强的穿透能力，超声波可在物体界面上或内部缺陷处发生反射、折射和绕射。超声波检测就是利用了超声波的这些特性，其基本原理为：用发射探头向被检物内部发射超声波，用接收探头接收从缺陷处反射回来(反射法)或穿过被检物后(穿透法)的超声波，并将其在显示仪表上显示出来，通过观察与分析反射波或透射波的时延与衰减情况，即可获得物体内部有无缺陷以及缺陷的位置、大小和性质等方面的信息。

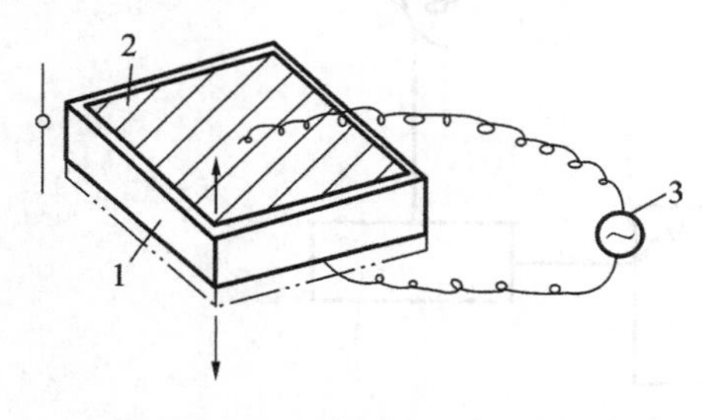

图 3.34 超声波的产生与接收

1—晶片；2—电极；3—高频电压

1. 超声波的产生与接收

如图 3.34 所示，超声波检测所用的超声波是在由压电材料(如石英、钛酸钡等)制成的晶片上施加高频电压后产生的。在晶片的上、下面镀有很薄的银层作为电极，在电极上加上高频电压后，晶片就在厚度方向上产生伸缩。这样电的振荡就转换为机械振动，并在介质中进行传播。

与此相反，高频振动（超声波）传到晶片上时，晶片发生振动，这时在晶片的两极就会产生频率与超声波的频率相同，强度与超声波的强度成正比的高频电压，这就是超声波的接收。

2. 超声波的种类

作为一种弹性波，超声波是靠弹性介质中的质点的不断运动进行传播的。质点振动方向与波传播方向相同的弹性波称为纵波，如图 3.35(a)所示。由于纵波中的质点疏密相间，所以纵波又称为疏密波。纵波可以在固体、气体和液体中传播。质点振动方向与波传播方向垂直的弹性波称作横波，如图 3.35(b)所示。横波只能在固体中传播。此外，还有在表面传播的表面波（见图 3.35(c)）和在薄板中传播的板波。表面波的质点运动兼有纵波和横波的特性，运动轨迹比较复杂。

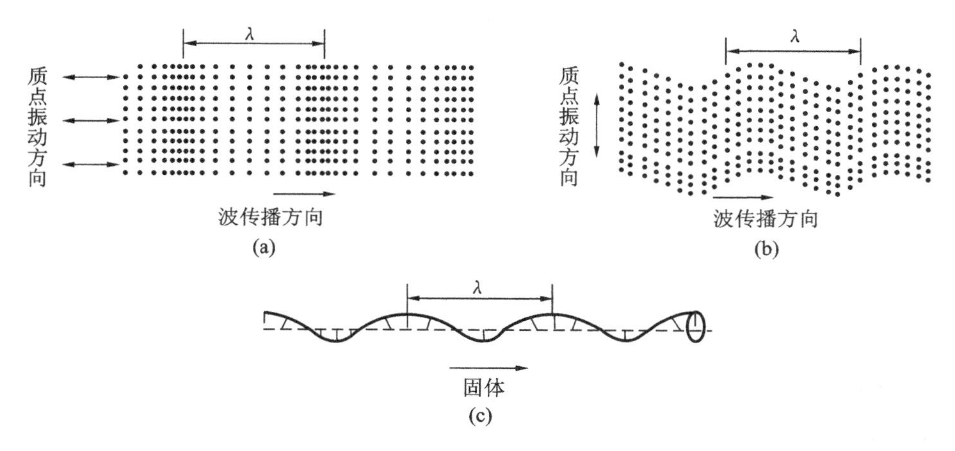

图 3.35 纵波、横波和表面波

3. 超声波的反射与穿透

当超声波传到缺陷处、被检物底面或者不同金属结合面处的不连续部分时，超声波会发生反射。不连续部分就是指正在传播超声波的介质与另一个不同介质相接触的界面。

(1)垂直入射的反射与穿透。当超声波垂直传到界面上时，一部分被反射，剩余部分穿透界面继续传播。这两个部分的比率取决于接触界面的两种介质的密度和在该介质中传播的速度。当钢中的超声波传到空气界面时，由于声波在空气和钢中传播的速度相差较大，且两者的密度也相差很大，因此超声波在界面上几乎全部被反射了。在钢与水的界面上，88%的超声波被反射，12%穿透出来。

因此，如果探头与被检物之间有空气存在，超声波不传播出去，只有在两者之间涂满了油或甘油等液体（耦合剂），超声波才能较好地传播出去。

(2)斜射时的反射与穿透。当超声波斜射传到界面上时，在界面上会产生反射和折射。假若介质为液体，反射波和折射波只有纵波。把斜探头接触钢件时，因为两者都是固体，所以反射波和折射波都存在纵波和横波。

4. 小物体上的超声波反射

当超声波碰到缺陷（即异物）或者空洞时，就会在缺陷（即异物）或者空洞处产生反射和散射。可是当这些缺陷（即异物）或空洞的尺寸小于波长的一半时，由于衍射的作用，超声波的传播就与缺陷（即异物）或空洞的是否存在没什么关系了。因此，在超声波探伤中，缺陷尺寸的检出极限为超声波波长的一半。

二、超声波检测设备

超声波检测设备通常指超声波检测仪和超声波探头，有时也将试块包括在内。

1. 超声波检测仪

超声波检测仪是超声波检测的主体设备，直接影响到检测结果的可靠性。

超声波检测仪的作用是，产生电振荡并加于探头，使之发射超声波，同时，还将探头送回的电信号进行滤波、检波和放大等，并以一定方式将检测结果显示出来，人们以此获得被检物内部有无缺陷以及缺陷的位置、大小和性质等方面的信息。

超声波检测仪种类繁多。超声波的分类如下。

(1)按超声波的连续性分类，超声波检测仪可分为脉冲波检测仪、连续波检测仪和调频波检测仪。

(2)按缺陷显示的方式分类，超声波检测仪可分为A型显示检测仪、B型显示检测仪和C型显示检测仪。

(3)按超声波的通道数分类，超声波检测仪可分为单通道检测仪和多通道检测仪。

2. 超声波探头

超声波探头实际上是一种实现机械能和电能互相转换的换能器。大多数超声波探头是利用压电效应制作的。超声波探头的功能是产生和接收超声波。

根据超声波波型的不同，超声波探头可分为纵波探头（又称直探头或平探头）、横波探头（斜探头）和表面探头等。根据检测方式，超声波探头可分为接触式探头和水浸式探头。

纵波探头用于发射和接收纵波，由保护膜、压电晶片、阻尼块、外壳等组成，其结构形式如图3.36所示。

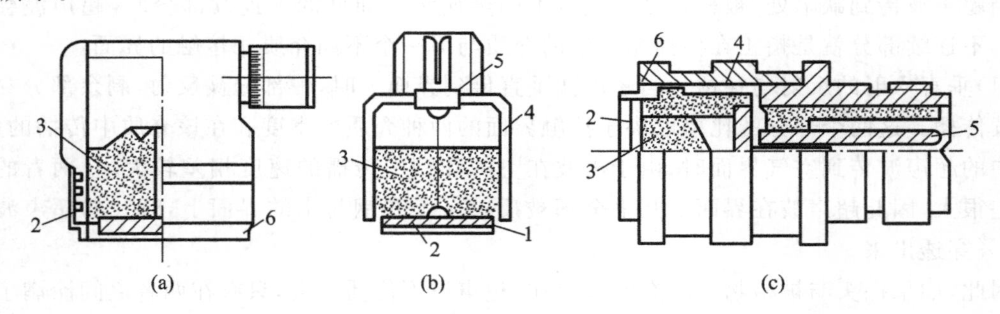

图3.36 纵波探头的结构形式

1—保护膜；2—压电晶片；3—阻尼块；4—外壳；5—电极；6—接地用金属环

横波探头是利用波形转换得到横波的，其结构形式如图3.37所示，它通常由压电晶片、声陷阱、透声楔等组成。由于在被检物中折射横波时，压电晶片产生的纵波要倾斜入射到工件表面上，因此晶片是倾斜放置的。由于有一部分声能在透声楔边界上反射后，经过探头内的多次反射，返回到晶片被接收，从而加大了发射脉冲的宽度，形成了固定干扰杂波，所以要设置声陷阱来吸收这些声能。可以用在透声楔某部位打孔、开槽、贴吸声材料等方法制作声陷阱。横波探头的晶片是粘贴在透声楔上的，晶片多制成方形，透声楔多用有机玻璃制成，为了使反射的声波不致返回到晶片上，因此，不同折射角的探头，透声楔的尺寸和形状应当不同。

横波探头的入射角和频率应通过理论计算确定。

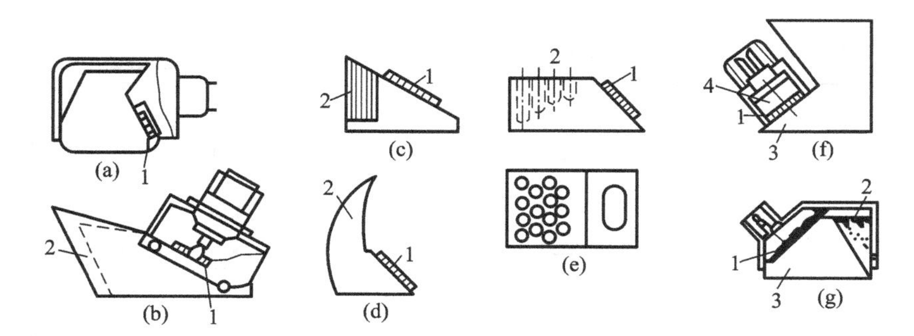

图 3.37 横波探头的结构形式

1—压电晶片；2—声陷阱；3—透声楔；4—阻力块

3. 试块

按一定用途设计制作的具有简单几何形状的人工反射体的试件称为试块。超声波检测中使用的试块常分为标准试块（STB 试块）和对比试块（RB 试块）两大类。

（1）标准试块。标准试块是由国际标准化组织等权威机构规定的试块，权威机构对标准试块的材质、形状、尺寸及表面状况等都做了统一的规定。我国的标准试块分为国家标准（GB）试块和行业标准试块两大类。标准试块主要用于测试和校验检测仪和探头的性能，也可用于调整探测范围和确定检测灵敏度。

（2）对比试块。对比试块也称参考试块，它是由各部门按某些具体检测对象规定的试块，如我国的 CSK-ⅡA 试块、CSK-ⅢA 试块等。对比试块主要用于调整探测范围、确定检测灵敏度、评价缺陷大小和对被检物进行评级判废等。

三、超声波检测技术

1. 脉冲反射法

脉冲反射法是用一定持续时间、一定频率发射的超声脉冲进行缺陷诊断的方法，其结果用示波器显示。

脉冲反射垂直检测诊断原理如图 3.38 所示。将探头置于被检面上，电脉冲激励的超声脉冲经耦合剂进入被检物，传播到被检物底面，如果被检物底面光滑，则脉冲反射回探头，声脉冲又变换回电脉冲，由仪器显示。

仪器显示屏上的时基线与激励脉冲是同步触发的，在时基线的始端出现“始波”T（见图 3.39），当探头接收到底面反射波时，时基线上出现“底波”B。时基线从 T 扫描到 B 的时间恰好为脉冲在被检物中的传播时间，据此可算出被检物厚度。如果被检物中有缺陷，反射“伤波”F 将显示在时基线上，故可利用 T、F、B 之间的距离关系判断缺陷的部位和大小。

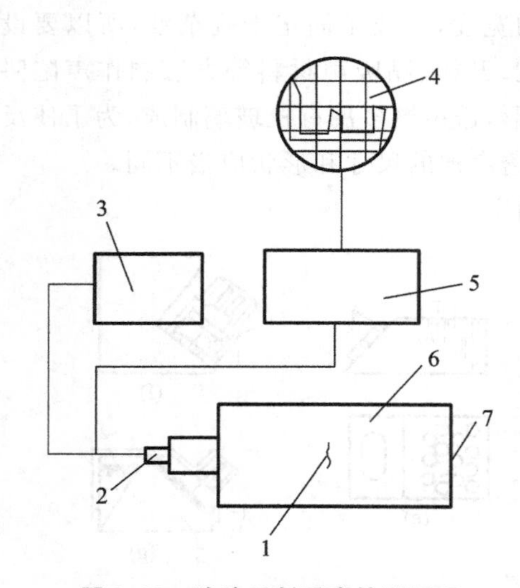

图 3.38 脉冲反射垂直检测原理

1—被检物缺陷；2—探头；3—振荡器；4—示波管；
5—接收器；6—被检物；7—被检物底面

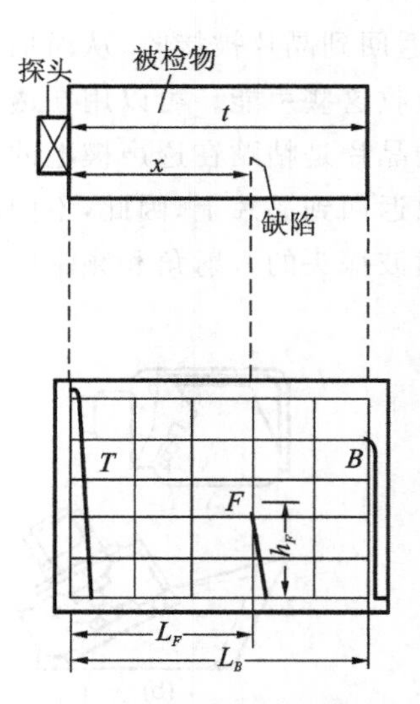

图 3.39 检测图形观察方法

设被检面到缺陷的距离为 x，被检物的厚度为 t，于是在示波管上可以显示出发射脉冲 T 到缺陷回波 F 处的长度 L_F，从 T 到底面回波 B 的长度 L_B。因为声速在被检物中传播是一个定值，因此可得下式：

$$\frac{x}{t}=\frac{L_F}{L_B} \tag{3.17}$$

由此式，就可以准确地求出缺陷位置。

缺陷回波的高度 h_F 是随缺陷的增大而增大的，所以可由 h_F 来估计缺陷的大小。当缺陷很大时，可移动探头，按显示的缺陷的范围求出缺陷的延伸尺寸。

2. 共振法

应用共振现象检测缺陷的方法称为共振法。探头把超声波辐射到被检物上后，通过连续调整发射频率，改变波长，当被检物的厚度为超声波半波长的整数倍时，入射波和反射波相互叠加便产生共振。在测得共振频率 f 和共振次数 n 后，可用下式计算被检物厚度 t：

$$t=n\frac{\lambda}{2}=\frac{nc}{2f} \tag{3.18}$$

式中：c——超声波在工件中的传播速度，km/s；

λ——波长，mm。

被检物中若存在较大的缺陷或厚度改变，共振现象将消失或引起共振点偏移。可用此现象诊断复合材料的胶合质量、板材点焊质量、均匀腐蚀量和板材内部夹层等缺陷。

3. 穿透法

穿透法检测采用两个探头，一个探头发射超声能量，另一个探头接收超声能量。透过被检物的超声能量的多少取决于零件内部的状态，如果被检物内部严重疏松或有气穴，大部分能量

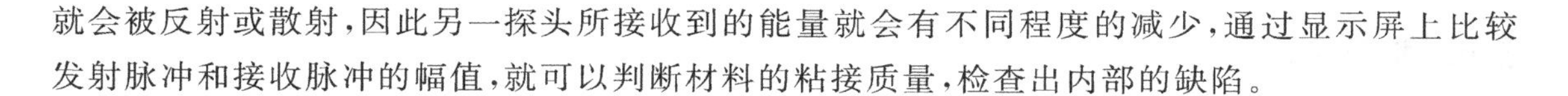

就会被反射或散射，因此另一探头所接收到的能量就会有不同程度的减少，通过显示屏上比较发射脉冲和接收脉冲的幅值，就可以判断材料的粘接质量，检查出内部的缺陷。

3.5.2 射线检测

1. 射线检测的基本原理

射线在穿过物质的过程中，由于散射和吸收的作用而使其强度降低，强度降低的程度取决于物体材料的种类、射线的种类及穿透距离，把强度均匀的射线照射到物体（如平板）上一个侧面，通过在物体的另一侧面检测射线在穿透物体后的强度（变化），就可以检测出物体表面或内部的缺陷的种类、大小和分布状况。

射线一般是指 X 射线、α 射线、β 射线、γ 射线、电子射线和中子射线等，但其中，X 射线、γ 射线和中子射线因易于穿透物体而在产品质量检测中被广泛应用，因此通常所说的射线检测指的就是 X 射线检测、γ 射线检测和中子射线检测。

2. 射线检测的操作过程

对射线穿过物质后的强度检测方法有直接照相法、间接照相法和透视法等多种。其中，对微小缺陷的检测以 X 射线、γ 射线的直接照相最为理想。其典型操作的简单过程如下。

把被检物安放在离 X 射线装置或 γ 射线装置 0.5～1 m 的地方（将被检物按射线穿透厚度为最小的方向放置），把胶片盒紧贴在被检物的背后，让 X 射线或 γ 射线照射适当的时间进行充分曝光，把曝光后的胶片在暗室中进行显影、定影、水洗和干燥。将干燥的底片放在显示屏的观察灯上观察，根据底片的黑度和图像来判断缺陷的种类、大小和数量，随后按通行的要求和标准对缺陷进行等级分类，这就是照相法射线检测的全过程。

3. 射线检测的特点、适用范围和注意事项

射线照相法是用于检测物体内部缺陷的无损检测方法，广泛用于船体、管道和其他结构的焊缝和铸件等方面。

对厚的被检物来说，可使用硬 X 射线或 γ 射线；对薄的被检物使用软 X 射线。射线穿透物质的最大厚度为：钢铁约 450 mm、铜约 350 mm、铝约 1200 mm。

对于气孔、夹渣和铸造孔洞等缺陷，在 X 射线透射方向有明显的厚度差别，即使很小的缺陷也能较容易地检查出来。对于如裂纹等虽有一定的投影面积但厚度很薄的一类缺陷，只有用与裂纹方向平行的 X 射线照时，才能检查出来。

观察一张透射底片能够直观地知道缺陷的二维形状大小及分布，并能估计缺陷的种类，但无法知道缺陷厚度以及与表面的距离等信息。要了解这些信息，就必须用不同照射方向的两张或更多张底片。

射线辐射对人体是有害的。X 射线在切断电源后就不再发生，而同位素射线（如 γ 射线）是源源不断地发生射线的。此外，射线不只是笔直地向前辐射，还可以反射与透射传播。X 射线装置是在几万乃至几十万伏高电压下工作的，虽有充分的绝缘，但也须注意防止意外的高压危险。

【思考与练习】

3.1 什么是机械故障诊断？

3.2 机械故障诊断根据所采用的技术手段的不同分哪几种？

3.3 热电偶法测温有何特点？哪种热电阻材料测量精确度最高？

3.4 什么是振动诊断、不平衡、不同轴？

3.5 什么是普朗克定律？

3.6 什么是超声波探头？它由哪些部分组成？

第 4 章
机械零件的修复技术

知识与技能

(1)掌握修复技术的选择、机械零件修复工艺规程的拟订。

(2)掌握常用修复技术的特点、方法及适应性。

(3)掌握机械修复的方法:修理尺寸法、局部换修法、镶装零件法、金属扣合法。

(4)了解焊接法:焊接、补焊、堆焊的特点、方法及适应性。

(5)了解电镀、电刷镀的特点、方法及适应性。

4.1 修复技术概述

4.1.1 机械零件修复的意义

失效的机械零件大部分是可以修复的，零件修复是机械设备修理的一个重要组成部分，是修理工作的基础。

零件修复技术是一门综合研究零件的损坏形式、修复方法及修后性能的学科。

应用各种修复技术，可使失效的机械零件得以继续使用，提高设备维修质量，缩短修理周期，降低修理成本，延长设备的使用寿命。尤其是对大型零件，加工周期长、精度要求高的零件，需要特殊材料或特种加工的零件来说，修复技术的意义更为突出。与更换零件相比，修复失效零件具有如下优点。

(1)节省制造时间。

(2)节约零件制造所需材料。

(3)可降低维修备件的消耗。

(4)可避免因其备件不足而停修。

(5)修复旧零件一般不需要大、精、专设备，牵涉人力少，易组织生产。

(6)利用新技术修复旧件可以提高零件的某些性能，延长使用寿命。

4.1.2 选择修复技术应考虑的因素

应根据具体条件和修复技术适应的范围合理选择修复技术和工艺。具体选择时应考虑如下因素。

1. 修复技术对零件材质的适应性

现有修复技术中，对材料的适应性有很大的局限性。选择时应首先考虑所选修复技术是否适应待修零件的材质。如：手工电弧焊适用于低碳钢、中碳钢、合金结构钢和不锈钢；埋弧电弧焊适用于低碳钢和中碳钢；镀铬适用于碳素结构钢、合金结构钢、不锈钢和灰铸铁；粘接适用于金属、非金属材质的零件连接；等等。各种修复技术对常用材料的适应性如表 4.1 所示。

表 4.1 各种修复技术对常用材料的适应性

序号	修复技术	低碳钢	中碳钢	高碳钢	合金结构钢	不锈钢	灰铸铁	铜合金	铝
1	镀铬	+	+	+	—	—	+		
2	镀铁	+	+	+	+	+	+		
3	气焊	+	+		+		—		
4	手工电弧堆焊	+	+	—	+	+	—		
5	埋弧堆焊	+	+						

续表

序号	修复技术	低碳钢	中碳钢	高碳钢	合金结构钢	不锈钢	灰铸铁	铜合金	铝
6	振动电弧堆焊	+	+	+	+	+	—		
7	钎焊	+	+	+	+	+	+	+	—
8	金属喷涂	+	+	+	+	+	+	+	+
9	粘补	+	+	+	+	+	+	+	+
10	塑性变形	+	+					+	+
11	金属扣合						+		

注:"+"表示修复效果好,"—"表示修复效果不好。

2. 各种修复技术所能达到的修补层厚度

不同的修复技术所能达到的修补层厚度各不相同,因此在选择修复技术时,应了解各种修复技术所能达到的修补层厚度,视零件的磨损程度合理选择。图 4.1 所示为几种主要修复技术能达到的修补层厚度。

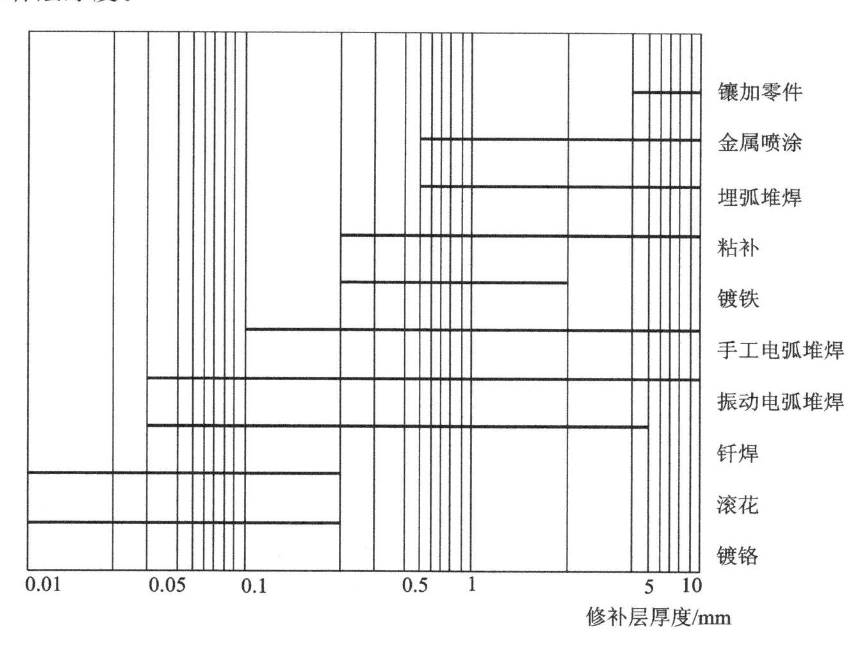

图 4.1 几种主要修复技术所能达到的修补层厚度

3. 零件结构对工艺选择的影响

对零件的损坏部位进行修复时,应综合分析零件的整体结构对该部位的限制。例如,用镶螺塞法修理螺纹孔及用镶套法修理孔时,应考虑孔壁厚度及与临近孔的距离对该孔的影响,否则或修复无法实施,或修复后零件强度不够而无法使用。

4. 零件修复后的力学性能

修补层的强度、硬度,修补层与零件的结合强度及零件修复后的强度变化等情况是衡量修理质量的重要依据，也是选择修复技术的依据。各种工艺在一般条件下所能达到的修补层强度相差很大。表 4.2 所示为几种修补层的力学性能。

选择修复技术时还要考虑如下问题：修补层硬度高，提高了耐磨性，但加工困难；修补层硬度低，磨损较快；修补层硬度不均匀，会使加工表面不光滑。机械零件表面的耐磨性除了与表面硬度有关外，还与金相组织、表面吸附润滑油的能力和两接触表面的磨合情况等有关。如多孔镀铬、多孔镀铁、金属喷涂等修复技术均可获得多孔隙的修补层，其吸储油能力强，改善了润滑条件，耐磨性和磨合性较好。镀铬使修补层有较高硬度，耐磨性好，但磨合性较差。对修补后可能发生液体及气体渗漏的零件，则要求修补层的密实性较好，不得产生砂眼、气孔、裂纹等。

表 4.2　几种修补层的力学性能

序号	修补技术	修补层本身的抗拉强度/MPa	修补层与 45 号钢的结合强度/MPa	零件修补后疲劳强度降低的百分数	硬　度
1	镀铬	400～600	300	25%～30%	600～1 000 HV
2	低温镀铁		450	25%～30%	45～65 HRC
3	焊条电弧堆焊	300～450	300～450	36%～40%	210～420 HBS
4	埋弧电弧堆焊	350～500	350～500	36%～40%	170～200 HBS
5	振动电弧堆焊	620	560	与 45 号钢相近	25～60 HRC
6	银钎焊（银的质量分数是 45%）	400	400		
7	铜钎焊	287	287		
8	锰青铜钎焊	350～450	350～450		217 HBS
9	金属喷涂	80～110	40～95	45%～50%	200～240 HBS
10	环氧树脂粘补		热粘 20～40 冷粘 10～20		80～120 HBS

5. 修复技术对零件精度的影响

对精度有要求的零件，修复时要考虑修复技术对其变形的影响。被修复零件预热或修复过程中温度较高，会使零件退火，淬火组织遭破坏，产生内应力，热变形增大，故修复后要进行加工整形或热处理等。如电气焊等修复技术，操作时机械零件会受到高温的影响，所以这些修复技术只适用于未淬火的零件、焊后有加工整形工序的零件和焊后进行热处理的零件。

另外，选择修复技术时还应考虑修复后零件的刚度，如刚度降低过多也会增加变形，影响精度。

6. 修复技术的选择要考虑生产的可行性和经济性

选择修复技术时，应考虑生产的可行性，结合企业维修设备实施的现有情况、技术水平合理选择。

选择修复技术时，要考虑经济性，应根据不同修复方法的修复成本、修复周期、修复后的使用周期和使用性能等多方面综合分析衡量修复技术的经济性，并与更换备件进行比较，力求经济合理。

选择修复技术时，应结合本单位实际条件从经济、质量、时间三方面综合分析比较，力争做到生产可行、工艺合理、经济合算。

4.1.3 机械零件常用修复技术及修复技术的选择

常用的修复技术按其所采用的工艺手段分为机械修复法、焊接修复法、电镀修复法、喷涂修复法及粘接修复法等。机械零件的修复技术应根据具体的情况，考虑上述各个因素合理选择。典型零件和表面的修复技术选择如表 4.3 所示。

表 4.3 典型零件和表面的修复技术选择

零件名称	磨损部位	修理方法	
		达到标称尺寸	达到修理尺寸
轴	滑动轴承的轴颈和外圆柱面	镀铬、镀铁、金属喷涂、堆焊并加工至标称尺寸	车削或磨削，提高几何形状精度
	滚动轴承的轴颈和过盈配合配合面	镀铬、镀铁、化学镀铜	
	轴上键槽	堆焊修理键槽、转位新铣键槽	键槽加宽，不大于原宽度的 1/7，重新配键
	轴上螺纹	堆焊、重车螺纹	车成小一级螺纹
	外圆锥面		磨到较小尺寸
孔	孔径	镶套、堆焊、电镀、粘补	镗孔
	圆锥孔	镗孔后镶套	刮削或磨削修整形状
齿轮	轮齿	①利用花键孔，镶新轮圈插齿；②齿轮局部断裂，堆焊加工成形	大齿轮加工成负变位齿轮
	孔径	镶套、堆焊、镀铬、镀铁、镀镍	磨孔配轴
导轨滑板	滑动面研伤	粘补镶面后加工	电弧冷补焊、钎焊、粘补、刮削、磨削
拨叉	侧面磨损	铜焊、堆焊后加工	

4.1.4 机械零件修复工艺规程的拟订

为保证机械零件修复质量，提高生产率和降低成本，在修理机械零件前拟订机械零件修复工艺规程。拟订机械零件修复工艺规程的主要依据是零件的工作状况和技术要求、企业设备状况、修复人员的修理技术水平和检验试验水平等。

1. 拟订机械零件修复工艺时应注意的问题

(1)修复待修复的表面时,要注意保护不修复表面的精度和使材料力学性能不受影响。

(2)注意修复技术对零件变形的影响。安排工序时应将产生较大变形的工序安排在前面,并增加校正工序,将精度要求高的工序尽量安排在后面。

(3)零件修复加工时需预先修复定位基准或给出新的定位基准。

(4)有些修复技术可能导致机械零件产生微细裂纹,应注意安排提高疲劳强度的工艺措施和采取必要的探伤检验等手段。

(5)修复高速运动的机械零件,应考虑安排平衡工序。

2. 编制机械零件修复工艺规程的过程

(1)熟悉零件的材料及其力学性能、工作情况和技术要求,了解损伤部位、损伤性质和损伤程度,了解企业设备状况,明确修复批量。

(2)确定零件修复技术、方法,分析零件修复中的主要问题,并拟订相应措施,安排修复技术的工序,提出各工序的技术要求、规范。

4.2 机械修复技术

利用机械连接、切削加工和机械变形等各种机械方法,使失效的机械零件恢复其原有功能,称为机械修复技术或机械修复法,常用的机械修复法有钳工机械加工法、修理尺寸法、镶装零件法、金属扣合法等。

4.2.1 钳工机械加工法

钳工机械加工法是零件修复常用的基本的方法。钳工机械加工法不仅可以独立地直接修复零件,而且可以是在焊、涂、镀等方法的准备或最后加工达到精度的工序。

钳工机械加工法有钳工修补、车削、铣削、磨削、铰削、珩磨、研磨、刮削等。

4.2.2 修理尺寸法

相配合零件的配合表面磨损后,加大了尺寸误差和形状误差。对相配合的主要零件,不再按原来的尺寸设计,而按修理的尺寸,采用切削加工的方法使其达到形状和表面粗糙度的要求,与其相配合的零件按新尺寸配作,保证原有配合性质不变,这种修复方法称为修理尺寸法。重新获得的尺寸称为修理尺寸。

确定修理尺寸时,应首先考虑零件结构的可能性,然后考虑切削加工余量。对轴颈尺寸减小量,一般规定不超过原设计尺寸的10%。轴上的键槽磨损后,可根据实际情况放大一级尺寸使用。

为保证修理尺寸时的加工质量,应仔细分析原始加工工艺,以便选择合理、可行的定位基准,选择适宜的刀具和切削余量。

4.2.3 局部修换法

某些零件在使用过程中，只有某些局部磨损严重，而其他部分尚好，在这种情况下，可将磨损严重的部位切除，重新制造这部分，然后用机械连接、焊接或粘接等方法固定在原来的零件上，使原来的连接得以恢复，这种修复方法称为局部修换法。

对齿类零件，尤其对精度不高的大中型齿轮，若出现一个或几个轮齿损坏或断裂，可先将坏齿切割掉，然后在原处用机加工或钳工方法加工出燕尾槽并镶配新的轮齿，端面用紧定螺钉或通过点焊固定。若轮齿损坏较多，尤其是多联齿轮齿部损坏或结构复杂的齿圈损坏，可将损坏的齿圈退火车掉，再配以新齿圈，用键或通过过盈配合连接，新齿圈可预先加工也可装后再加工齿。

有些零件也可采用掉头、转向的方法使其满足使用要求。例如：丝杠的螺纹局部磨损后，可掉头使用；承受单向力的齿轮磨损后，可翻转安装，利用未磨损的面继续工作；轴、孔中的键槽损坏后，在满足强度要求的情况下，可转位后重新加工键槽继续使用。通过掉头继续使用的零件必须构造对称或经简单加工即可满足使用要求。

4.2.4 镶装零件法

配合零件磨损后，在结构和强度允许的条件下，镶装一个零件补偿磨损，恢复原有零件精度的方法称为镶装零件法。常用的镶装零件法有车轴或扩孔镶套、加垫和机械夹固的方法。

箱体上的孔磨损后，可将孔镗大镶套，套与孔的配合应有适当过盈，也可再用螺钉紧固（见图 4.2）。套的内孔可按配合要求事先加工好，也可镶入后再镗削至要求尺寸。对损坏的螺孔，也可采用此法修复，即将损坏的螺孔扩大后，镶入螺塞，然后在螺塞上加工出螺孔（螺孔也可在螺塞上预先加工）。

较大的铸件产生裂纹和一般中小型零件断裂后，可在其裂纹处镶加补强板，用螺钉或铆钉等将补强板与零件连接起来，如图 4.3 所示。对于脆性材料，应在裂纹端头钻 $\phi3 \sim \phi6$ 的止裂孔。此法操作简单，适用面广。

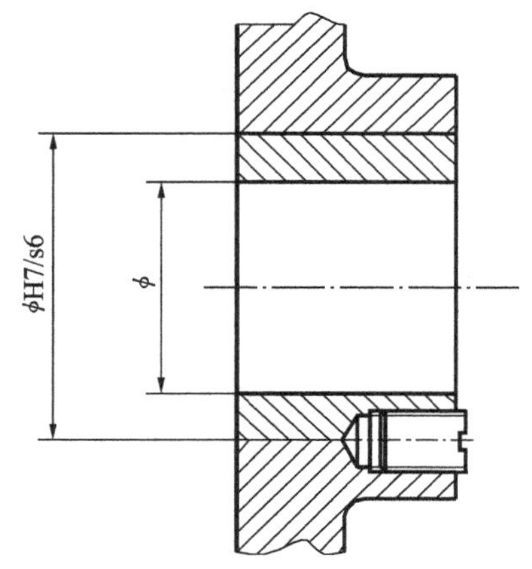

图 4.2 扩孔镶套螺纹紧固

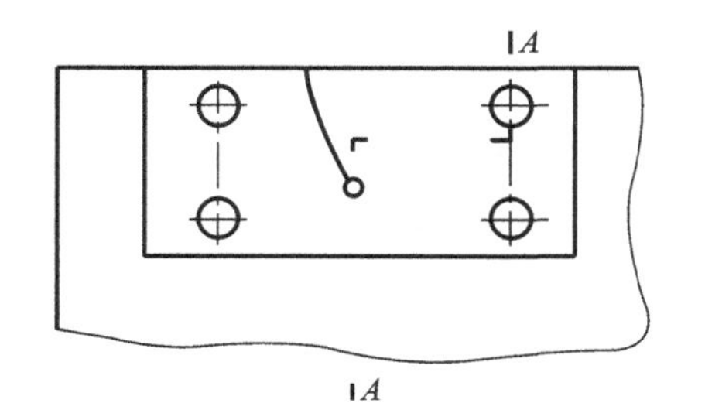

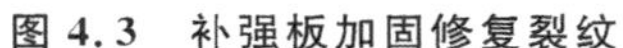

图 4.3 补强板加固修复裂纹

4.2.5 金属扣合法

金属扣合法是借助高强度合金材料制成的扣合连接件（波形键），在槽内产生塑性变形或膨胀冷缩来完成扣合作用，以使裂纹或断裂部位重新连接成一个整体。该方法适用于不易焊补的钢件和不允许有较大变形的铸件，以及有色金属件，尤其是对大型铸件的裂纹或折断面，该法的修复效果更为突出。

金属扣合法的特点是：修复后的零件具有足够的强度和良好的密封性；修复的整个过程在常温下进行，不会产生热变形；波形槽分散排列，波形键分层装入，逐片铆击，不产生应力集中，操作简便，使用的设备和工具简单，便于就地修理。该方法的局限性是不适于修复厚度在 8 mm 以下的铸件及振动剧烈的工件，修复技术的效率低。

1. 强固扣合法

强固扣合法是先在垂直于裂纹方向或折断面的方向上，按要求加工出具有一定形状和尺寸的波形槽，然后将形状、尺寸与波形槽相吻合的用高强度合金材料制成的波形键镶入槽中，在常温下铆击键部，使之产生塑性变形而充满整个槽腔，利用波形键的凸缘与波形槽扣合，将开裂的两部分牢固地连接成一体，如图 4.4 所示。此法适用于修复壁厚为 8～40 mm 的一般强度要求的薄壁机件。

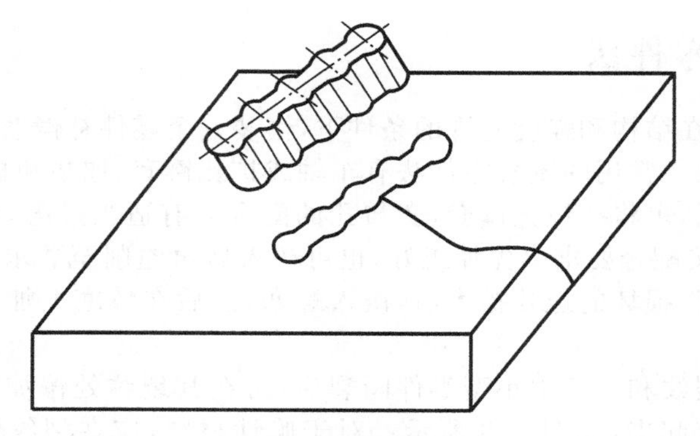

图 4.4　强固扣合法

波形键的形状如图 4.5 所示。其主要尺寸有凸缘直径 d、颈部宽度 b、间距 L 和厚度 δ。通常以尺寸 b 作为基本尺寸来确定其他尺寸。一般颈部宽度取 b=3～6 mm，一般有

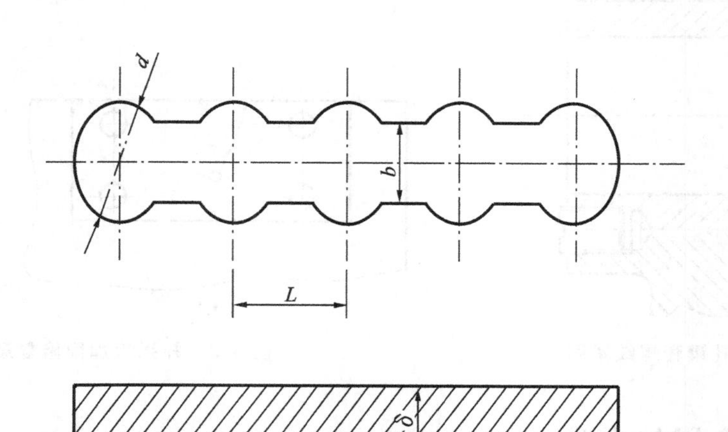

图 4.5　波形键的形状

$$d=(1.2\sim1.6)b \tag{4.1}$$

$$L=(2\sim2.2)b \tag{4.2}$$

$$\delta\leqslant b \tag{4.3}$$

波形键凸缘个数常取 5、7、9。波形键的材料有 1Cr18Ni9、1Cr18Ni9Ti 和膨胀系数与铸铁相近的 Ni36 等。波形键材料的力学性能如表 4.4 所示。波形键的加工工艺是在压力机上用模具将坯料两侧波形冷压成型、刨平两平面后热处理，硬度达 140 HBS。

表 4.4　波形键材料的力学性能

钢　　号	热　处　理		力学性能(不小于)				
	淬火温度/℃	冷却剂	抗拉强度 σ_b/MPa	屈服点 σ_s /MPa	伸长率 δ	收缩率 ψ	硬度/HBS
1Cr18Ni9	1 100～1 150	水	500	200	45%	50%	150～170
1Cr18Ni9Ti	950～1 050	水	500	200	40%	55%	145～170
Ni36			480	280	30%～45%		140～160

2. 强密(缀缝栓-波形键)扣合法

对有密封要求的修复件，如高压气缸和高压容器等防渗漏零件，应采用强密扣合法进行修复。这种方法是用强固扣合法将产生裂纹或折断面的零件连接成一个牢固的整体，然后按一定的顺序在断裂线的全长上加工出缀缝栓孔，装入涂有胶粘剂的螺钉，形成缀缝栓。注意：应使相邻的两缀缝件相割，即后一个缀缝栓孔应略切入上一个已装好的波形键或缀缝栓，以保证裂纹全部由缀缝栓填充，形成一条密封的金属隔离带，起到防渗漏作用，如图 4.6 所示。

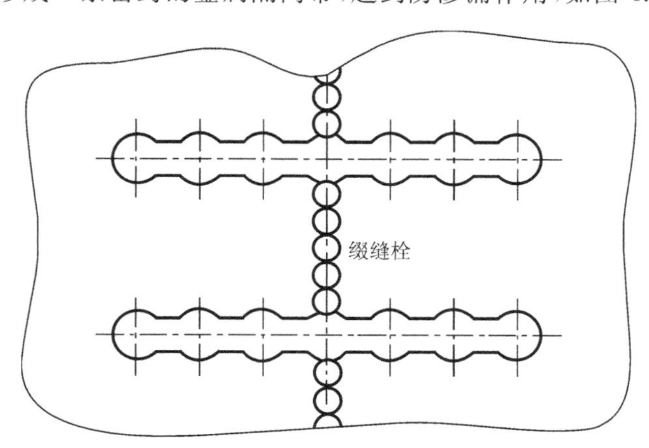

图 4.6　强密扣合法

对于承受较低压力的断裂件，采用螺栓形缀缝栓，其直径可参照波形键凸缘尺寸 d 选取 M3～M8 mm，旋入深度为波形槽深度 T。旋入前将螺栓涂以环氧树脂或无机胶粘剂，逐件旋入并拧紧后，将凸出部分铲掉打平。

对于承受较高压力，密封性要求较高的机件，采用圆柱形缀缝栓，其直径参照凸缘尺寸 d 选取 M3～M8 mm，其厚度为波形键厚度 δ。与机件的连接和波形键相同，分片装入逐片铆紧。

缀缝栓直径和个数选取时要考虑两波形键之间的距离，以保证缀缝栓能密布于裂纹全长上，且各缀缝栓之间要彼此重叠 0.5～1.5 mm。缀缝栓的材料与波形键相同。对要求不高的工件，可用标准螺钉、低碳钢、纯铜等代替。

3. 优级扣合法

对承受高载荷的厚壁机件，采用波形键扣合，其修复质量得不到保证，需采用优级扣合法。其方法是，在垂直于裂纹或折断面的修复区上加工出具有一定形状的空穴，然后将形状尺寸与之相同的加强件镶入其中，在机件与加强件的结合线上拧入缀缝栓，使加强件与机件得以牢固连接，以使载荷分布到更大的面积上。此法适用于承受高载荷且壁厚大于 40 mm 的机件。缀缝栓中心布置在结合线上，使缀缝栓一半嵌入加强件，另一半嵌入机件，相邻两缀缝栓彼此重叠 0.5～1.5 mm，如图 4.7 所示。

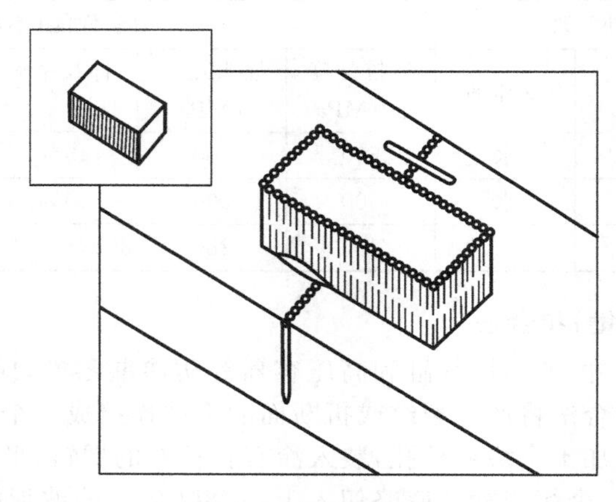

图 4.7　优级扣合法

缀缝栓材料与波形键材料相同，其尺寸可参照波形键凸缘 d 及波形槽深度 T。加强块可根据载荷性质、大小、方向设计成楔形，如图 4.8(a)所示，用以修复钢件，以便于拉紧。图4.8(b)所示为矩形加强件，用于承受冲击载荷，靠近裂纹处不加缀缝栓固定，以保持一定的弹性。图 4.8(c)所示为 X 形加强件，它有利于扣合时拉紧裂纹。图 4.8(d)为十字形加强件，用于承受多方向载荷。

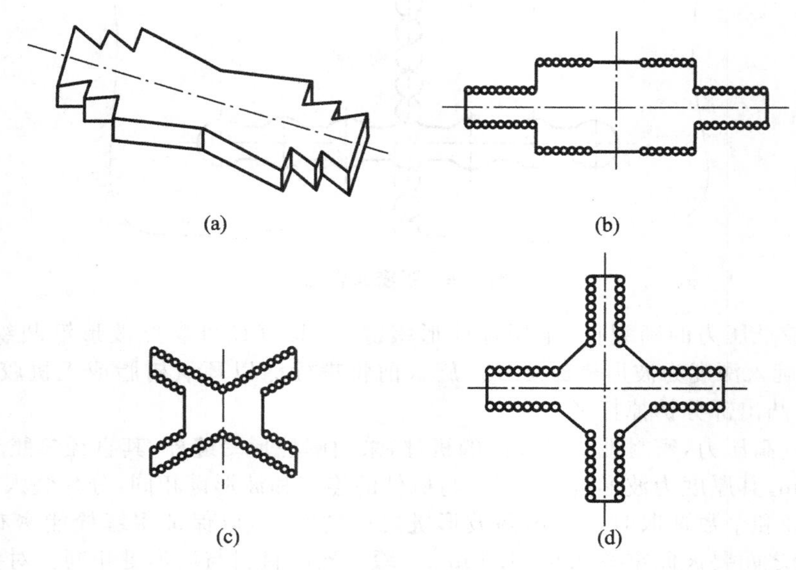

图 4.8　加强件

4. 热扣合法

热扣合法利用金属热胀冷缩的原理，将一定形状的扣合件经加热后扣入已在机件裂纹处加工好的形状尺寸与扣合件的相同的凹槽中，扣合件冷却后收缩将裂纹箍紧，从而达到修复的目的。

修复大型飞轮、齿轮和重型设备机身的裂纹及折断面可使用热扣合法。根据零件损坏的具体情况设计热扣合件。图 4.9(a)所示为圆杯状热扣合件，适用于轮廓部分有损坏的零件。图 4.9(b)所示为工字形热扣合件，适用于机件壁的裂纹或断裂。热扣合件的加热温度和过盈量可通过计算得到。

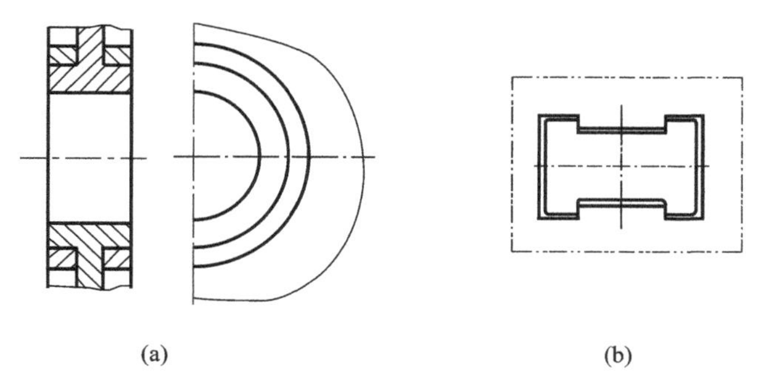

图 4.9 热扣合件

5. 金属扣合法的优点

(1)保证修复件具有足够的强度和良好的密封性。

(2)现场施工，设备简单。

(3)无热变形和热应力。

(4)波形键和波形槽制造较麻烦，不宜用于薄壁件。

4.3 电镀、电刷镀、热喷涂修复技术

4.3.1 电镀

电镀是利用电解使工件表面形成一层均匀致密、结合力强的金属沉积层的过程。

一、电镀的特点

镀层能形成装饰，能用于恢复磨损零件的尺寸，还能用于改善零件表面的性质，如提高原有的表面硬度、耐磨性、耐蚀性及表面导电性，改善润滑条件等。电镀过程是在低温(15～105 ℃)下进行的，基体金属性质不受影响，原有的热处理状况不会改变，零件也不会因受热而变形，并且电镀层与基体金属又具有较高的结合强度。因此，电镀是零件修复的一种很有效的方法。但是，电镀层的机械性能随镀层的加厚在不同程度上有所下降，修理过程时间较长，价格较高，所以，电镀通常仅适用于修补镀层较薄的零件。

二、镀铬

(一)镀铬层的性质

(1)镀铬层硬度可达60～100 HV,比渗碳钢硬度要高30%左右,并且镀铬层能在各种工作温度范围内保持其硬度。

(2)镀铬层具有较小的滑动摩擦系数,如铬和轴承合金为0.13,铬和钢为0.16,而钢与钢之间的滑动摩擦系数为0.2。因此,镀铬层具有较高的耐磨性。

(3)镀铬层在化学和高温作用下有良好的氧化稳定性,能够抵抗碱、酸和大气作用,只有在电流作用下的碱和加热的浓硫酸,才能使镀铬层破坏,故镀铬层有良好的耐蚀性和耐热性。

(4)镀铬层和基体金属有很强的结合力,结合强度接近于基体材料自身的结合强度。

(5)镀铬层的内应力很小,不产生变形。镀层呈微蓝的银白色,外表美观,不易失去光泽。

(6)多孔镀铬可在镀层表面产生均匀的点状和网状沟纹,能够储存润滑油,改善零件的润滑性能。

(7)镀铬不能修复磨损量较大的零件,镀层的厚度不能超过0.3 mm,否则容易脱落,镀层具有一定的脆性。

(8)镀铬工艺过程复杂,要求严格,所使用的电解液价格贵,耗量大。

(二)镀铬层的类型和用途

镀铬时根据不同的电解条件可得到不同力学性能的镀层,如表4.5所示。

表4.5 镀铬层的力学性能

铬镀层的类别	电镀工艺条件	镀层的物理力学性能
无光泽硬铬镀层	电解液温度低,电流密度较高	硬度高、脆性大、结晶组织粗大,有稠密的网状裂纹,表面呈暗灰色
光泽铬镀层	中等的电解液温度和电流密度	脆性小,较高的硬度(800～1 200 HV),结晶组织细致,有网状裂纹,表面光亮
乳白色铬镀层	较高的电解液温度和较低的电流密度	孔隙率小,硬度低(400～700 HV)、脆性小,而韧性好,能承受较大的变形而不致剥落,表面呈烟雾状的乳白色,经抛光后可获得镜面般的光泽

镀铬层按用途分为以下类型。

(1)防护装饰铬层。防护装饰铬层用于表面装饰,其光泽在大气中经久不衰。

(2)硬铬层。硬铬层具有很高的硬度和耐磨性,可提高零件的耐磨性,延长使用寿命,常用于气缸、模具、量具、轴、滚筒等耐磨零件,也用于修复磨损件。

(3)乳白铬层。乳白铬层硬度稍低,结晶细致,网纹较少,因此韧性较好,呈乳白色,主要用于各种量具,适用于受冲击载荷零件的尺寸恢复和表面装饰。

(4)多孔铬层。多孔铬层表面有无数网状沟纹和点状孔隙,能吸附一定量的润滑油,故具有良好的润滑性,用于主轴、镗杆、活塞环、气缸套等摩擦件的镀覆。

(5)黑铬层。黑铬层的黑色外观具有特殊的装饰效果,能吸收光能和热能,硬度和耐磨性较低，主要用于照相器材、光学仪器等。

(三)镀铬的一般工艺

1. 镀前准备

(1)镀前加工。去除零件表面缺陷及锐边尖角，恢复零件正确的几何外形，达到所需的粗糙度(Ra 值小于 1.6 μm)；磨削工件，磨削量尽量小，使镀后零件尺寸恢复到工作尺寸。

(2)绝缘处理。不需要电镀的表面要做绝缘处理，通常先刷绝缘清漆，再包扎乙烯塑料带，工件孔要用铅堵牢。

(3)镀前清洗。为使镀层与零件有良好的结合强度，镀前必须用有机溶剂苯、丙酮或碱溶液将零件表面的油脂、氧化皮、锈迹、切削液等去除，然后用弱酸腐蚀，使零件表面活化，一般使用浓度为 10%～15%的硫酸溶液腐蚀 0.5～1 min，以清除零件表面的氧化层，生成钝化膜。弱酸腐蚀在镀槽中反接电极进行，称为阳极侵蚀处理或阳极刻蚀。腐蚀时电流密度为 30～35 A/dm^2，时间为 1～4 min，镀层越厚，阳极侵蚀处理时间应越长。

2. 镀液的选择

修复磨损零件经常使用的镀液成分为铬酐(CrO_3)150～250 g/L，硫酸 1～2.5 g/L，三价铬 2～5 g/L。其工作温度为 55～60 ℃，电流密度为 15～50 A/dm^2。

3. 电镀

以铅或铅锑合金为阳极，将作为阴极的工件及挂具吊入镀槽内，不通电浸 0.5～4 min。溶解钝化膜以露出活化表面，然后通电电镀。根据镀铬层的要求选定电镀规范，控制电镀时间。

4. 镀后加工及处理

镀后检查镀层质量，尺寸不合格可补镀，若镀层有气泡、剥落等缺陷可用酸洗或阳极电解法退镀，重新电镀。镀后用热水充分清洗并且干燥，磨削加工至要求。若镀层较薄可直接镀到尺寸。对镀层厚度大于 0.1 mm 的重要零件，应进行镀后热处理，以消除氢脆，提高镀层韧性和结合强度。热处理一般在矿物油或空气中进行，温度为 150～250 ℃，时间为 1～5 h。

三、镀铁

(一)镀铁层的性质

镀铁层的最大厚度可达 5 mm，硬度为 180～220 HB，经过热处理可达 600 HB，镀铁与镀铬配合应用，先镀铁后镀铬(即铁为铬的底层)，可弥补镀铬层厚度小的不足，镀铁工艺中所用电解液原料为铁屑和盐酸，经济而易得，镀铁速度比镀铬快 10 倍以上，所以其应用前景非常广阔。在镀铁的电解液中加入糖和甘油等附加物，可使镀层增碳 1%左右，能够显著地提高机械性能，这一工艺措施称为镀铁层的“钢化”，钢化对提高镀铁层的质量有着很重要的意义。

(二)低温镀铁工艺

常用的修复性镀铁方法是不对称交流-直流低温镀铁。不对称交流是指将对称交流电通过一定手段，使两个半波不相等，通电后较大的半波使工件呈阴极极性，镀上一层金属，较小的另一半波使工件呈阳极极性，只把一部分镀层电解掉(若为两个相等的半波，镀层甚至基体金属将被电解掉)。

1. 不对称交流-直流低温镀铁的特点

(1)由于在开始电镀的前10～20 min里，采用的是不对称交流电，镀层的颗粒较均匀，表面较平滑，因此内应力比同等电流密度下的直流电镀层小，结合强度高。

(2)在较低温度下即可进行电镀，不需要特殊的加热设备。酸蒸发慢，镀液pH酸碱度变化小，镀层质量易保证。

(3)由于电镀是在较低温度下用较大电流密度进行的，因而有利于提高镀层结合强度(200 MPa以上)、硬度(最高可达60 HRC)、耐磨性和沉积速度。

(4)镀铁原料比镀铬原料便宜，镀层厚度可达2 mm，电流利用率高，简便易行，但需特殊电源。

2. 不对称交流-直流低温镀铁的应用

由于镀铁层结合强度高、硬度高、储油性能好，具有优良的耐磨性，可用于修复在有润滑的一般机械磨损条件下工作的间隙配合副的磨损表面，修复过盈配合副的磨损表面，补偿零件加工尺寸的超差。另外，当零件磨损量较大又需要耐腐蚀时，可用镀铁层作底层或中层，补偿磨损的尺寸，然后再镀防腐性好的镀层。

由于镀铁层的热稳定性差，加热到600 ℃，冷却后硬度下降，所以镀铁层不宜用于修复在高温、腐蚀环境，承受较大冲击载荷、干摩擦或磨料磨损的零件。

3. 不对称交流-直流低温镀铁工艺

(1)镀前预处理。镀前预处理主要包括工件检查、除油、除锈、绝缘、装挂及表面活化处理。镀铁的绝缘要求较高，稍有疏忽，就会因漏电长出毛刺，使沉积速度大大降低。表面活化处理是清除工件表面的氧化膜，提高镀层的结合强度。表面活化的方法有阳极刻蚀、盐酸浸湿和交流活化等。

(2)镀铁。不对称交流-直流低温镀铁工艺分起镀、过渡镀和直流镀三个阶段。

起镀：为减小镀层的内应力，确保具有足够的结合强度，退去钝化膜后，用不对称交流电起镀。

过渡镀：使镀层内应力及硬度能均匀地逐渐增加，并为转换为直流镀做好准备。

直流镀：过渡阶段完成后，转换成直流镀，将电流调到选定值，直流镀至镀层达到所需厚度。

镀铁时，镀前准备和镀后处理均相同于镀铬。

镀铁工艺规范：电解液常选用质量浓度为350～450 g/L的硫酸亚铁，pH酸碱度为1.5～2，温度为28～35 ℃，起镀有效电流密度1.5～2.5 A/dm^2，直流电流密度为20～35 A/dm^2。

四、其他镀层简介

1. 镀镍层

镍具有很高的化学稳定性，在常温下能防止水、大气、碱的侵蚀，所以镀镍的主要目的是防腐和装饰。镍镀层根据用途可分为暗镍镀层、光亮镍镀层、高应力镍镀层、黑镍镀层等。镀镍层的硬度因工艺不同可为150～500 HV。暗镍镀层硬度为200 HV左右，而光亮镍镀层硬度可接近500 HV，所以，光亮镍镀层可用于磨损、腐蚀零件的修复。

镀光亮镍时，镀件的镀前准备和镀后清洗可参考镀铬。电镀液主要成分为：硫酸镍300～350 g/L、氯化镍40～50 g/L、硼酸40～50 g/L、十二烷基硫酸钠0.1～0.2 g/L。为提高硬度，可添加适量的含硫有机化合物。温度为50～55 ℃，pH酸碱度取3.8～4.4，电流密度为2～10 A/dm^2。阳极为电解镍或铸造镍。

2. 镀铜层

镀铜层紧密细致，与工件基体金属结合牢固，具有较高的导电性和良好的抛光性，因此，常用于改善零件的导电性、作电镀层的底层和钢铁零件防止渗碳部分的保护层及修补磨损铜轴瓦。但由于铜在空气中易氧化，在潮湿的空气中与二氧化碳、水和氧气作用生成绿色的碱式碳酸铜和氧化铜粉末，与空气中的硫作用生成深褐色的硫化铜，因此，不能用作防护性镀层。

3. 镀锌层

镀锌层在干燥的空气中较安定，不易变色。在水中及潮湿的空气中，镀锌层表面形成碳酸盐（$ZnCO_3$）或氧化物（ZnO）的白色膜层，具有保护性。锌在常温下较脆，当加热温度至 100～150 ℃时，具有较好的塑性，但当加热到 250 ℃时又变脆，可碾成粉末，温度再高时则成为粉末状的氧化锌，因此锌不能承受 250 ℃以上的温度。锌为两性金属，在酸、碱及硫化物中均易腐蚀。氧化锌与酸和碱都能发生反应而生成盐和水。镀锌层质量容易保证，成本较低，是钢铁零件在大气条件下的良好防锈层，得到了广泛的应用，但不宜作摩擦零件的镀层。

4.3.2 电刷镀

电刷镀是适应生产需要而出现的在工件表面快速电沉积金属的技术，其本质是电镀。它有设备简单轻便，无须镀槽、挂具，可进行现场修复，工艺灵活，镀层沉积速度快，镀层纯度高，结晶致密，氢脆性低，结合强度高，可有效控制镀层厚度，镀层种类多，适应材料广，污染小等优点，适用于不易现场解体、拆卸费用较高、拆卸后停机损失较大的大型机件和复杂、精密零件的修复工作。但对于耐磨镀层，由于镀液价格比槽镀电解液价格高，电刷镀费用仍比槽镀费用高。

一、电刷镀工作原理

电刷镀采用专用的直流电源，电源正极接镀笔作为阳极，负极接工件作为阴极，如图 4.10 所示。刷镀时，使浸满镀液的镀笔以一定的速度和压力在工件表面上移动，在镀笔与工件接触部位，镀液中的金属离子在电场力的作用下扩散到工件表面被还原成金属原子，并沉积结晶形成镀层，随着刷镀时间的延长，沉积层逐渐增厚，直至达到所要求的镀层厚度。

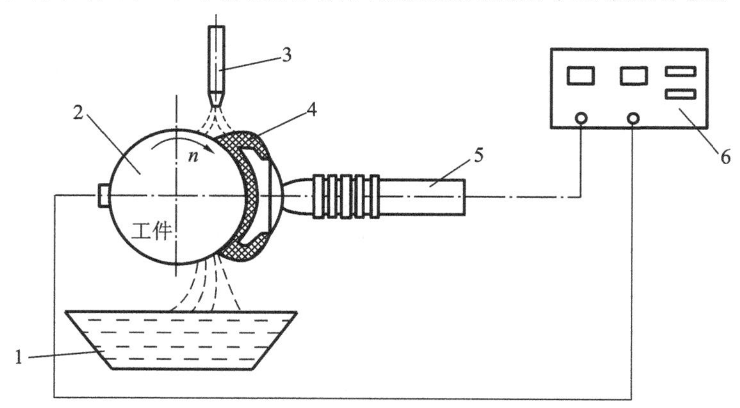

图 4.10　电刷镀工作原理示意图

1—溶液；2—工件；3—注液管；4—阳极包；5—镀笔；6—电源

二、电刷镀设备

1. 电源

电源用于供给无级调节的直流电，输出电压为 0～30 V。常把电流和电压分等级配套使用，如 15 A－20 V、30 A－30 V、60 A－35 V、100 A－40 V 等。

2. 镀笔

镀笔由导电手柄和阳极组成。导电手柄包括导电杆、散热器、绝缘手柄等。阳极由高纯石墨块制成，石墨块表面包裹一层脱脂棉。为适应工件的不同形状，阳极常用的形状有月牙形、方条形、平板形、圆棒形、圆柱形及半圆形。当阳极尺寸很小时，由于石墨容易折断，可用铂铱合金作阳极。

3. 辅助工具和材料

辅助工具包括用以夹持工件，并能按一定转速旋转的机械和供、集液装置。

辅助材料包括医用脱脂棉、涤棉套、塑料盘、绝缘胶带、绝缘漆、油石、刮刀等。

三、电刷镀液

电刷镀液按用途可分为镀前表面处理溶液、刷镀液、钝化液和退镀液四大类。

1. 镀前表面处理溶液

镀前工件表面的预处理决定着镀层与基体的结合强度。因此，用于表面预处理的镀前表面处理溶液主要包括电解除油的电净液和对表面进行电解刻蚀的活化液。

2. 刷镀液

刷镀液与槽镀液相比具有很明显的优点：金属离子质量浓度高、沉积速度快；不采用简单的无机盐混合液，而是采用有机络合物的水溶液，金属络化物在水中溶解度大，且有很好的稳定性。除金、银刷镀液外，刷镀液中不含氰化物，为无毒或低毒液体，使用温度范围宽。

常用的刷镀液如表 4.6 所示。

表 4.6　常用的刷镀液

刷镀液名称	主要特点	主要用途	工艺参数		
			工作电压/V	镀笔对工件相对速度/(m/min)	耗电系数/(Ah · dm^{-2} · μm^{-1})
特殊镍	深绿色，pH 酸碱度小于 2.0 (26 ℃)，与多数金属结合良好，镀层致密，耐磨性好	用于铬、不锈钢、铜、铝等零件的过渡层，也可于耐磨表面层	10～18	5～10	0.744
快速镍	蓝绿色，pH 酸碱度为 7.5，沉积速度快，镀层有一定孔隙，耐磨性良好	用于零件表面工作层，适用于铸铁件镀底层	8～14	6～12	0.104

续表

刷镀液名称	主要特点	主要用途	工艺参数		
			工作电压/V	镀笔对工件相对速度/(m/min)	耗电系数/(Ah·dm^{-2}·μm^{-1})
低应力镍	深绿色,pH酸碱度为3～4,预热到50 ℃刷镀,镀层致密,应力低	专用于组合镀层的夹心层,改善应力状态,不宜用于耐磨层	10～16	6～10	0.214
镍-钨	深绿色,pH酸碱度为2～3,镀层较致密,平均硬度高,耐磨性好,有一定耐热性	用于耐磨工作层,但不能沉积过厚,一般0.03～0.07 mm	10～15	4～12	0.214
铁合金(Ⅱ)	pH酸碱度为3.4～3.6,硬度高,耐磨性高于淬火45号钢,与金属基体结合良好	主要用于修复零件表面尺寸,强化表面,提高耐磨性	5～15	25～30	0.09
碱性铜	紫色,pH酸碱度为9～10,沉积速度快,腐蚀小,镀层致密,在铝、钢、铁等金属上具有良好的结合强度	用于快速恢复尺寸,填充沟槽,特别适用于在铝、铸铁、锌等难镀件上刷镀	8～14	6～12	0.079

3. 钝化液

钝化液用于刷镀锌、镉层后的钝化处理,生成能提高表面耐蚀性的钝态氧化膜。常用的钝化液有铬酸钝化液、硫酸盐钝化液及磷酸盐钝化液等。

4. 退镀液

退镀液用于除去镀件不合格镀层或损坏的镀层。使用退镀液时,应注意对基体的腐蚀问题。

四、电刷镀工艺过程

1. 镀前准备

工件表面去掉飞边毛刺,去除油污锈蚀,剔除疲劳层,机加工修正工件几何形状,表面粗糙度 Ra 小于或等于1.6 μm。

2. 表面电净处理

用电净液清除表面的油污,刷镀笔接正极,工件接负极,电源电压为10～15 V,电净时间应尽量短,以减少工件渗氢,之后用清水冲洗,应无油迹和污物。

3. 非镀部位保护

对刷镀区的非镀部位,用绝缘材料覆盖、镶堵。

4. 表面活化(刻蚀)处理

用适宜的活化液对工件表面进行活化处理,去除氧化膜,提高镀层结合力,之后用清水彻底冲净。

5. 表面过渡处理

刷镀过渡层的作用是改善基体金属的可镀性和提高工作镀层的稳定性。常用过渡层液体有特殊镍溶液和碱铜溶液，特殊镍溶液（SDY101）用于一般金属材料作底层，厚度为0.002 mm，碱铜溶液（SDY403）常用于在铸钢、铸铁、锡和铝等材料上作底层镀层，厚度为0.01～0.05 mm。

6. 刷镀工作层

用选定的刷镀液刷镀工作层至所需厚度，刷镀同一种镀层连续刷镀厚度不能过大，单一刷镀层一次连续刷镀的安全厚度如表4.7所示。当需要刷镀较厚的镀层时，可采用多种性能的镀层交替刷镀，但最外一层必须是所选的工作镀层。

表4.7　单一刷镀一次连续刷镀的安全厚度　单位：mm

刷镀液种类	特殊镍	快速镍	低应力镍	半光亮镍	镍-钨合金	镍-钨(D)合金	镍-钴合金	钴-钨合金	铁合金	铁	铬	碱铜	高速酸铜	锌	低氢脆镉
镀层单边厚度	0.001～0.002	0.2	0.13	0.13	0.13	0.13	0.05	0.005	0.2	0.4	0.025	0.13	0.13	0.13	0.13

7. 镀后处理

去除工件上的绝缘材料及塞、堵，清洗残留镀液并干燥，检查镀层质量和镀层厚度，若不再加工，涂防锈油。

五、电刷镀在维修中的应用

(1)修复零件磨损表面，恢复尺寸及几何形状，使零件表面具有耐磨性。

(2)修复有划伤、凹坑、斑蚀、孔洞的零件表面。

(3)修补槽镀产品上的缺陷，补救贵重零件的加工超差。

(4)修复印刷电路板、电触点、电子元件等。

(5)修复盲孔及深孔零件的缺陷。

(6)改善零件表面的性能，如改善零件的钎焊性、局部防渗碳性、防渗氮性、防氧化性；做其他工艺的过渡层以提高结合强度，减小零件表面的摩擦因数等。

(7)修补生产塑料、橡胶、玻璃制品等的模具。

4.3.3　热喷涂

热喷涂是指将粉末状的喷涂材料高温熔化，通过高速气流使其雾化并喷射到零件表面，从而形成喷涂层的一种金属表面处理技术。

一、热喷涂的特点和分类

热喷涂的工艺特点如下。

(1)适应性强，喷涂材料广。几乎各种能加热到熔化或半熔化状态的材料，如陶瓷、塑料、氧化物、碳化物、硅化物、氮化物、有机树脂等均可制成粉末或丝状喷成涂层。工件可为金属，也可为非金属。热喷涂层厚度一般为 0.25～0.75 mm，必要时可达 10 mm。

(2)喷涂时工件温度较低，不易引起变形及相变。

(3)可修复工件磨损、缺陷，也可使工件表面获得耐磨、耐蚀、隔热、导电、绝缘、密封、润滑等特殊性能。

(4)设备较简单，移动方便，工艺简便，适于现场修复，成本低、周期短。

热喷涂的缺点是：涂层结合强度不高，为 300～400 MPa；喷涂时雾点分散，材料附着率低，损失较严重；喷涂时工件表面需粗糙化处理，会降低工件的强度；喷涂层为多孔组织，易存油，有利于润滑，但不利于防腐蚀。

热喷涂根据热源性质分为电弧喷涂、火焰喷涂、等离子弧喷涂等。

二、氧-乙炔焰金属粉末喷涂

1. 氧-乙炔焰金属粉末喷涂基本原理

该技术是以氧-乙炔焰为热源，以金属合金粉末为涂层材料的热喷涂技术。粉末材料由于高速气体的带动，在喷嘴出口处被氧-乙炔焰加热至熔化或接近熔化的高塑性状态后，高速喷射撞击到经预处理的工件表面，沉积成为涂层。氧-乙炔焰金属粉末喷涂原理如图 4.11 所示。

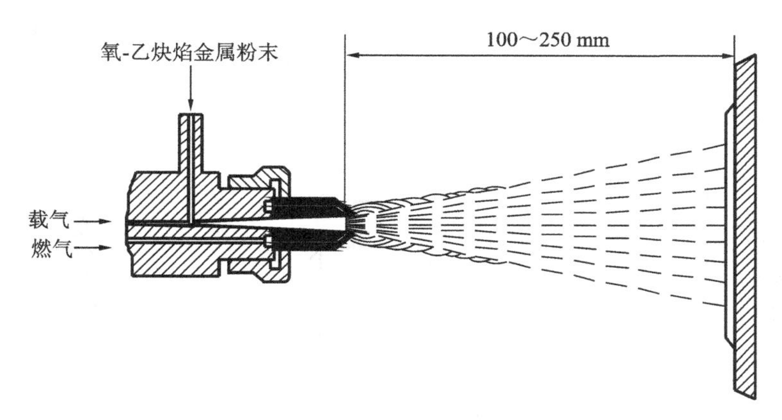

图 4.11　氧-乙炔火焰金属粉末喷涂原理图

2. 氧-乙炔焰金属粉末喷涂工艺

1)喷前预处理

清除待喷表面及邻近区域的油污锈斑等，去除待喷表面的疲劳层、腐蚀层、淬火层、渗氮渗碳层、涂镀层，修正磨损表面几何形状，表面粗糙度达到 *Ra* 12.5～6.3 μm。

2)喷涂过渡层

为加强涂层的结合力，常选用镍铝复合粉末作为过渡层，粉末粒度选用 0.08～0.60 mm，火焰采用中性焰，喷涂距离为 180～200 mm，工件旋转的线速度为 6～30 m/min，喷枪移动速度为 3～5 mm/r，涂层厚度为 0.1～0.15 mm。

3)喷涂工作层

过渡层喷涂完后立即喷涂工作层，以防过渡层氧化和污染。工作层粉末根据工作表面要求选择。粉末的热膨胀系数尽可能与工件的接近，以免产生较大的收缩应力。粉末的熔点要低，流动性要好，球形要好，粒度要均匀。具有耐磨性的涂层可选用成本较低的铁基合金粉末。具有耐磨耐腐蚀等综合性能的涂层可选用钴包碳化钨粉末。

粉末粒度选用 0.08～0.71 mm，火焰为中性焰，喷涂距离为 150～200 mm，工件旋转的线速度为 20～30 m/min，喷枪移动速度为 3～7 mm/r。工作层要分层喷涂，每道涂层厚度为 0.1～0.15 mm。工作层总厚度不超过 1 mm。喷涂时工件温度不超过 250 ℃，可用间歇喷涂的方法控制温度。

4)喷涂后处理

喷涂完毕，应自然冷却。由于大多数喷涂工艺所获得的涂层是有孔隙的，为防止涂层磨削加工时的磨粒污染涂层中的孔眼，对需要进行磨削加工的涂层应在喷涂完毕后立即用石蜡封孔。

三、电弧喷涂

1. 电弧喷涂的原理

电弧喷涂是以电弧为热源，将熔化了的金属丝用高速气流雾化并喷到工件表面而形成涂层的热喷涂工艺，如图 4.12 所示。用于熔化金属的电弧产生于两根连续送进的金属丝之间，金属丝通过导电嘴与电弧喷涂电源相连，压缩空气从喷嘴喷出，将熔化的金属雾化成细滴喷向工件表面而形成涂层，涂层厚度一般为 0.5～5 mm。涂层可制成耐磨、防腐、假合金涂层。常用的喷涂材料有碳钢、不锈钢、铝、铜、锌等金属及合金。

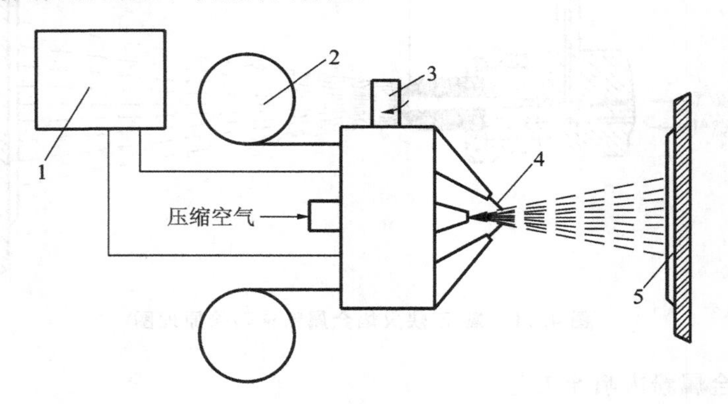

图 4.12　电弧喷涂示意图

1—电源；2—金属丝盘；3—送丝动力；4—金属丝；5—涂层；

2. 电弧喷涂的特点

(1)生产率高。其生产率正比于电弧的电流值。

(2)结合强度高。由于电弧喷涂的粒子尺寸较大、有较大的动能，且电弧温度可高达 5 000 ℃，热能高，部分高动能、高热能粒子会与基体发生焊合现象，提高了结合强度。

(3)可获得“假合金”。采用两种不同性能的金属丝时，两种金属粒子紧密结合，具有这两种组成金属的性能。如铜-钢假合金刹车盘兼具高导热性和良好的耐磨性。

电弧喷涂的缺点是，涂层的组织较粗，工件温升高。

3. 电弧喷涂的设备

电弧喷涂的设备主要由电源、喷枪、控制箱、供丝装置、供气系统等组成。

4. 电弧喷涂工艺

(1)清理。除净喷涂表面的油脂、疲劳层和氧化物，可用汽油、浓碱水、三氯甲烷等清洗。铸铁件需烘烤除油，大型工件可选择喷砂处理。

(2)表面处理。将待喷表面凹切、粗糙化或栽丝，以加强涂层结合强度，待喷表面的棱角应圆滑过渡。表面粗糙化用喷砂、开槽、滚花、毛车螺纹等方法，粗糙化以粗糙度为 *Ra* 12.5～6.3 μm为宜。

(3)非喷涂部位屏蔽保护。可用耐热胶带及化合物等保护，也可用机械法保护。

(4)喷涂参数选择。喷涂时选择空气压力为 0.55～0.6 MPa，电压为 24～30 V，喷涂距离为 180～200 mm。一般选用含碳量高且收缩率小的 80 或 90 高碳钢丝，直径为 1.6～1.8 mm，两喷涂丝之间的夹角为 35°～60°。对直径为 70～100 mm 的工件，喷涂时工件旋转速度为 7～12 m/min，喷枪轴向移动量为 5～10 mm/r。喷涂过程中工件温度宜保持在 70～80 ℃，最高不得超过 150 ℃。

(5)喷涂操作。喷涂一般工件时，应先从工件两端开始喷涂，然后由一端向另一端往复喷涂。喷涂大中型工件时宜向一个方向移动喷枪。对较厚喷涂层，若一次喷涂，易使涂层应力增加而碎裂，应采取间歇喷涂法分层喷涂。

(6)喷后处理。喷涂完毕，工件自然冷却。若有防腐要求，需进行封孔处理。

四、热喷涂修复实例

T68 镗床主轴两端轴承部位加工超差，用氧-乙炔焰金属粉末喷涂法修复。喷涂工艺如下。

(1)利用原加工空心轴的堵头，将轴两端夹持，两堵头用螺杆拉住。该件特点是精度高、空心薄壁、细而长，因而用堵头夹持时，应考虑受热膨胀而留有游隙，以防变形。然后在车床上用顶尖定位，安装找正。

(2)表面清理擦净后，粗糙化处理，火焰预热至 80 ℃。

(3)用 Al/Ni(F511)喷 0.1～0.15 mm 厚的打底层；用 F113 喷工作层至要求厚度。要求是不得变形，采取低温喷涂措施，使喷涂温度低于 80 ℃，受热要尽量均匀。

(4)旋转空冷至室温。

(5)用 YW 型刀片车削至符合要求，用绿色碳化硅砂轮磨削至符合要求。

4.4 焊修修复技术

焊接工艺用于修理工作时称为焊修。目前焊修主要用于补焊各种裂纹及损伤，焊接各种折断零件和修复磨损零件。利用焊接方法赋予零件以耐磨、耐蚀的堆焊层或进行必要的修补是焊修的主要内容。焊修的原理与传统的焊接虽没有本质的区别，但它焊接的是失效后的机械零件，因此要根据不同的对象来选定不同的焊接工艺，同时还应考虑零件本身焊修的经济性、修复后的使用性能等。焊修一种广泛使用的修复方法，它具有如下特点：

(1)适用性较广。大部分金属零件都可以用焊修法修复。焊接设备简单，工艺较成熟且简单。

(2)结合强度高。焊修不但可修复尺寸，赋予零件表面以耐磨、耐蚀等特殊性能的堆焊层，还可以焊补裂纹及断裂、修补局部损伤等。

(3)不受零件尺寸、修复场地的限制，成本低、效率高，灵活性大。

(4)焊接温度高，易引起金相组织变化并产生应力及变形，不易修复精度较高、细长及较薄的零件，同时易产生气孔、夹渣、裂纹等焊接缺陷。

4.4.1 焊修概述

一、焊修工艺的特点

焊接工艺在机械制造中的对象是原材料和半成品，而在修理中焊接的对象是制成品。与机械制造中的焊接工艺相比较，焊修工艺具有以下三个特点。

1. 焊修时容易引起零件的变形或损坏

焊接时零件仅局部受热，零件各部分的温度变化很不均匀，因而不同部位会产生不同程度的膨胀，距离焊缝越近的金属在焊接高温的作用下膨胀越大，而距离焊缝越远的金属由于温度较低，其膨胀就小。

焊接时零件受热不均匀，导致焊修后零件产生内应力。零件由于焊接时受热膨胀和冷却收缩产生的内应力称为热应力，而焊接后的内应力叫作残余内应力。

此外，焊接内应力对零件的疲劳强度也是不利的。

2. 需要保证焊修后零件的技术要求

机械零件的种类很多，所受载荷和工作条件各不相同，因此对各种零件机械性能的要求也不同。因此，在焊修零件前必须事先了解该零件的材料、工作条件、机械性能和热处理等方面的技术要求，以便在焊修时采取措施，获得较好的效果。

例如，为了保证零件表面具有一定的硬度，可以从焊条的选择上解决，对轴、齿轮、链轮等传动零件选择低硬度堆焊焊条或中等硬度堆焊焊条；为了保证 25、30、40、45 号等优质中碳钢的零件或厚板结构，应选用结 506、结 507、结 606 或结 607 等焊条，并做好焊修前的准备工作，如焊缝的尺寸形状选择，堆焊区的清洁处理以及附加加强筋等措施；对于材料强度较低的焊接结构，可选用价廉的药皮类型为酸性的焊条；对于工作中受振动、冲击载荷的重要焊接结构，可选用强度、冲击韧性和延伸率较高的碱性低氢型药皮的焊条；对有热处理要求的零件，必要时需在焊修后重新对零件进行热处理。

3. 焊修前应考虑到零件焊修后的加工问题

经过焊修后的零件，有的需要经机械加工后才能达到应有的尺寸、几何形状和表面粗糙度的要求，因此，在焊修前一定要考虑焊修后零件是否能够进行机械加工，这直接影响着焊修工艺的选择。

例如，灰口铸铁在焊补区冷却速度比铸造时快得多，焊缝内碳、硅等石墨化元素烧损，熔池金属内碳、硅浓度不足影响石墨的析出形成白口，硬度高，不能进行机械加工。为此，可在焊前对零件预热，使焊修时冷却速度减慢，使石墨充分析出。此外，选用焊芯为低碳钢、镍基和铜基等焊条，可有效地防止焊区白口化。

低碳钢零件本来具有良好的可焊性，焊修后不需要进行任何处理即可进行机械加工。但在冬季气温低的条件下焊修时，由于冷却速度快，焊缝组织结晶成为马氏体，给机械加工造成困难，为此，应该采取焊前预热、焊接时缓冷或焊后回火等措施。

二、零件焊修的准备工作

为了减小零件的内应力和变形，保证零件焊修质量，零件焊修前做好如下准备工作。

(1)考虑最有效的焊接位置，以最小的焊接量达到最大的效果。

(2)为了减少机加工的工作量，手工电弧焊尽可能不用或少用坡口。一般坡口角度为60°～90°。未穿透裂缝槽深需超过裂缝深度2～3 mm，底部应铲成半圆形。穿透裂缝焊接部位板厚在6 mm以下时，可不用坡口。

(3)圆柱形零件对接焊接时，对接处的斜边最好不要做成圆锥形，而做成铲状或楔形，这样零件在受扭转时能保持较高的强度。

(4)铸铁零件产生裂缝时，为防止焊修时裂缝继续扩展，焊接前应当预先在裂缝的起始端钻出直径较零件厚度大的通孔，然后从孔处开始焊接。焊缝补焊好后，再补钻孔。

(5)补焊铸钢件上的缩孔时，要仔细清除孔底和孔壁的油污及其杂物，去除金属尖角，以保证焊接质量。如果用手工修凿有困难，应该用气焊焊炬烧熔缩孔内的杂物。

三、减小内应力的方法

在焊接过程中，当焊接件处于可以自由伸缩的状态下时，位置和形态的变化不受任何约束，焊接过程中受热时，可以自由膨胀而使内应力很小。如果焊接过程中的膨胀与收缩受到限制，则将产生残余内应力，由于残余内应力的存在，零件在工作中又会造成新的变形。因此，焊修过程中，应该首先考虑尽量减小零件内应力。

焊修过程中，实际上是没有任何方法能够完全消除内应力的，以下的方法只能在不同程度上减小内应力。

1. 预热和缓冷

将焊接件在焊修前预先加热到100～450 ℃，目的是防止零件在焊接过程中急剧冷却，并且减小零件焊修部分与基体部分的温度差，使这两部分的膨胀量趋于接近，从而减小内应力。特别是在气温较低的环境下焊接，焊前预热更为必要。对于小焊件，可以整体预热；对于大的焊件，可以局部预热，预热范围为焊缝周围40～70 mm的区域。当技术要求严格时，焊修后可进行高温回火。

2. 锤打或锻冶

当焊修较长的裂缝或较长的堆焊层，需要从一端连续焊到另一端时，趁着焊缝或堆焊层在赤热的状态下用手锤敲打，这样可以减小焊缝的收缩量，抵消变形量和减小内应力。锤打时，以焊缝金属温度在800 ℃时效果为最好。若温度降低，锤打力也应该随之减小。当温度下降至300 ℃左右时，不允许锤打，以免产生裂纹。

锻冶法原理与锤打法相同，不同的是需要把焊件全部加热后再敲打焊缝或堆焊层。

3. 加热减应区法

焊修铸铁工件的裂纹时，选择工件的适当部位进行加热使之伸长，然后对损坏处焊补，焊后同时冷却，焊接应力会大大减小，从而避免裂纹的发生。这种方法叫作加热减应区法。

四、减小和防止变形的方法

焊修时，如果工件内应力小，一般来说变形量会相应减小。但是，当对工件变形量有较高要求时，则应当将控制变形量放在首位，焊修中可采取适当方法首先减小和防止其变形，焊修后再采取措施减小残余内应力。

1. 焊修中零件的变形类型

(1)纵向和横向变形。沿焊缝纵向产生的变形称为纵向变形，垂直于纵向的变形称为横向变形。纵向变形可引起两焊件在相对方向互相搭叠，横向变形可使两焊件在焊缝处翘曲。

(2)弯曲变形。弯曲变形是由对工件中心线不对称的纵向塑性变形引起的，其变形程度随焊接时间的加长而加大。

(3)角变形。角变形是由横向收缩引起的对角翘曲。

2. 减小和防止工件变形的方法

(1)预加反变形法。根据工件的金属性质，预先凭经验估计出焊修后发生变形的方向和变形量，在焊修前将工件用机械的方法进行预变形，使焊后的变形恰好与预变形抵消。

(2)夹固法。用刚性较大的夹具紧固工件强制阻止其变形。由于此法的残余内应力较大，因此，此法主要应用于具有良好可塑性的低碳钢薄板焊接。

(3)水冷法。利用冷水从工件的背面喷射，以减低工件基体金属温度，减小受热膨胀的影响来防止变形。也可将工件浸在冷水槽中并露出焊修部分进行焊接。

(4)焊接规范的选择。焊接规范包括焊件表面清理情况、焊接位置、焊条类型与牌号、焊条直径、厚件的焊接层数、电源种类与焊接电流等因素。前三个因素和电源种类根据工件实际情况比较容易确定，其余因素处理得是否恰当和合理，对工件内应力和变形的影响较大，并且直接影响生产效率。

(1)焊条直径的选择。为了加快焊接速度，应尽可能选用大直径焊条，但直径过大又容易烧穿钢板或零件，合理的焊条直径与工件厚度有关焊条直径的选择为表 4.8 所示。

表 4.8　焊条直径的选择

单位：mm

零件厚度	<2	2～4	4～6	6～8	>8
焊条直径	<2	3.2	4～5	6	6～8

(2)焊接层数的决定。实际工作中，每一层的厚度等于焊条直径的 0.8～1.2 倍时效果较好。

(3)焊接电流大小的确定。焊修时，随着选用的电流强度的增加，焊件的变形相应增加。合理的电流强度按下面经验公式计算：

$$I=Kd \qquad (4.4)$$

式中：I——电流强度，A；

d——条直径,mm;

K——经验系数,A/mm,可参考表 4.9 选取。

表 4.9 焊条直径与 K 值的关系

焊条直径 d/mm	2～2.5	3.2	4～6
系数 K/mm	20～30	30～40	40～50

(4)其他因素的影响。条件允许时,应尽量采用快速和多层焊接类型,各层间隔时间越短,变形量越小。

进行对接长缝焊接时,可采用分段焊,把整个焊缝分为长度为 150～350 mm 的焊段,然后分段焊接,每一段都朝着与施焊总方向相反的方向施焊,即采用逆向焊接法。

进行焊前装配时,应当每隔 400～500 mm 焊一段 30～40 mm 的定位短焊缝,以免工件受热后引起变形。

不同结构的零件的焊接顺序,对变形也有一定的影响。如对于柱形板结构,应先焊纵向(轴向)焊缝,然后焊接环形焊缝,否则会引起中部凸起变形,若一些小块钢板要组成较大的钢板,应先进行横向焊缝组成条状,再焊各板条间纵向焊缝。此外,对于结构上的焊缝,应该使被连接的两个部件之间的焊缝在最后焊成。

4.4.2 堆焊

堆焊的主要目的是,在零件表面熔敷一层金属,堆焊可以修复磨损的零件表面,恢复尺寸、形状,改善零件表面的耐磨、耐蚀等性能,堆焊修复技术在各行业应用广泛。

一、堆焊方法

常用的堆焊方法及特点如表 4.10 所示。

表 4.10 常用的堆焊方法及特点

堆焊方法	材料与设备	特点	注意事项
焊条电弧堆焊	使用堆焊焊条。设备有焊条电弧焊机、焊钳及辅助工具	用于小型或复杂形状零件的堆焊修复和现场修复,机动灵活,成本低	采用小电流,快速焊,窄缝焊,摆动小,防止产生裂纹。焊前预热、焊后缓冷,防止产生缺陷
埋弧堆焊	使用焊丝和焊剂。设备为埋弧堆焊机,具有送丝机构,焊丝随焊机拖板沿工件轴向移动	用于具有大平面和简单圆形表面零件的堆焊修复,具有焊缝光洁、结合强度高、修复层性能好、高效、应用广泛等优点	分为单丝、双丝、带极埋弧堆焊。单丝埋弧堆焊质量稳定,生产率不理想。带极埋弧堆焊熔深浅,熔敷率高,堆焊层外形美观
振动电弧堆焊	工件连续旋转。焊丝等速送进,并按一定频率和振幅振动。焊丝与工件间有脉冲电弧放电	用于曲轴承受交变载荷零件的修复,熔深浅,堆焊层薄而均匀,耐磨性好,工件受热影响小	容易产生气孔、裂纹,表面硬度不均

续表

堆焊方法	材料与设备	特点	注意事项
等离子弧堆焊	使用合金粉末或焊丝为充填金属。设备成本高	温度高，热量集中，稀释率低，熔敷率高，堆焊零件变形小，外形美观，易于实现机械化和自动化	分为填丝法和粉末法两种。堆焊时噪声大，紫外线辐射强烈并产生臭氧，应注意劳动保护
氧-乙炔焰堆焊	使用焊丝和焊剂，常用合金铸铁及镍基、铜基的实心焊丝。设备包括乙炔瓶、氧气瓶、减压器、焊炬和辅助工具	成本低，操作较复杂，修复批量不大的零件，火焰温度较低，稀释率小，单层堆焊厚度可小于1.0 mm，堆焊层表面光滑	堆焊时可采用熔剂，熔深越浅越好，尽量采用小号焊炬和焊嘴

二、焊条电弧堆焊

焊条电弧堆焊是指利用焊条电弧焊的方法在零件表面熔敷一层金属。它具有设备简单、工艺灵活、不受焊接位置及表面形状的限制、结合强度高、堆焊层厚度大等优点，是一种最常用的焊接修复方法。

1. 焊条电弧堆焊的原理及设备

焊条电弧堆焊是将金属焊条和零件分别接到焊接电源两极，通过电极放电引燃电弧，使焊条和基体金属熔化，在零件缺陷处形成一层金属熔敷层的维修方法。

焊条电弧焊的设备包括焊条电弧焊机、焊钳及辅助工具。焊机按电源性质分为交流焊机和直流焊机两种。直流焊机有直流弧焊发电机和硅整流式直流弧焊机。用交流焊机或用直流焊机进行焊接，对焊接质量和生产率并无多大影响。一般应尽量选用交流焊机。当采用低氢型焊条或焊接热敏性大的合金钢时，选用直流焊机。野外作业时选用由内燃机拖动的直流弧焊发电机。

2. 堆焊焊条

选择堆焊焊条前要了解零件的材料、力学性能、热处理状态、堆焊部位的工作条件及技术要求。通常根据磨损面的硬度要求选用相同硬度的堆焊焊条。堆焊耐热钢、不锈钢和高锰钢时，选用与基体金属化学成分相近的焊条，以保证焊缝或堆焊层与基体金属有相同的性能。堆焊形状复杂、厚度大、刚度大或对焊件有较高的冲击韧度及伸长率要求时，应选用抗裂性能好的碱性低氢型焊条。在保证上述条件下，还应考虑经济性好、有害气体少、焊接工艺性好等。

为了满足零件性能方面的要求，堆焊修复首先要选用合适的堆焊层合金，选择时可以结合零件的失效形式，选择焊接性能好、成本低的堆焊合金焊条。常用堆焊合金的主要特点及用途如表 4.11 所示。

表 4.11 常用堆焊合金的主要特点及用途

堆焊合金类型	合金系统	堆焊层硬度/HRC	焊条举例	特点及用途举例
低碳合金钢	1Mn3Si 2Mn4Si 2Cr1.5Mo	≥22 ≥30 ≥22	堆107 堆127 堆112	韧性好，有一定的耐磨性，易加工、价廉，多用于常温下金属间的磨损件，如火车轮缘、齿轮、轴等
中碳低合金钢	3Cr2Mo 4Cr2Mo 4Mn4Si 5Cr3Mo2	≥30 ≥30 ≥40 ≥50	堆132 堆172 堆167 堆212	抗压强度良好，适于堆焊受中等冲击的磨损件，如齿轮、轴、冷冲模等
高碳低合金钢	7Cr3Mn2Si	≥50	堆207	耐低应力磨料磨损性能较好，用于堆焊推土机刀片、搅拌机轴等
热作模具钢	5CrMo 3Cr2W8 5W9Cr5Mo2V	≥45 ≥48 ≥55	堆397 堆337 堆332	热硬性和高温耐磨性较好，主要用于堆焊热加工模具
不锈耐蚀钢	1Cr13 2Cr13 3Cr13	≥40 ≥45 40～90	堆507 堆517	耐磨、耐腐蚀和气蚀，主要用于耐磨和耐腐蚀零件的堆焊，如阀座、水轮机叶片耐气蚀层
冷作模具钢	Cr12	≥50	堆377	主要用于冷冲模等零件的堆焊
奥氏体高锰钢、铬锰钢	Mn13 Mn13Mo2 2Mn12Cr13	≥180(HBS) ≥180(HBS) ≥20	堆256 堆266 堆276	兼有抗强冲击、耐腐蚀、耐高温的特点，可以用于堆焊道岔、挖掘机斗齿、水轮机叶片等
奥氏体镍铬钢	Cr18Ni8Mn3Mo3 Cr18Ni8Si5 Cr18Ni8Si7	≥170 270～320 (HBS)	堆547 堆557	耐腐蚀、抗氧化、热强度等性能良好，用于化工石油部门耐腐蚀、耐热零件，如高、中压阀门的密封面堆焊，也可用于水轮机叶片抗气蚀层、开坯轧辊的堆焊
高速钢	W18Cr4V	60～65	堆307	热硬性和耐磨性很高，主要用于堆焊各种刀具
马氏体合金铸铁	W8B Cr4Mo4 Cr5W13	≥50 ≥55 ≥60	堆678 堆607 堆698	有很好的抗高应力和低应力磨料磨损性能及良好的抗压强度，常用于堆焊混凝土搅拌机、混砂机、犁铧等磨损件
高铬合金铸铁	Cr30Ni7 Cr30 Cr28Ni4Si4 Cr30Co5Si2B	≥40 ≥45 ≥48 ≥58	堆567 堆646 堆667 堆687	有很高的抗低应力磨料磨损和耐热、耐蚀性能，常用于铲斗齿、泵套、高温锅炉的设备的密封面堆焊

续表

堆焊合金类型	合金系统	堆焊层硬度/HRC	焊条举例	特点及用途举例
碳化钨合金	W45MnSi4 W60	≥60 ≥60	堆707 堆717	抗磨料磨损性能很高，且有一定耐热性，适于堆焊强烈磨料磨损条件下工作的零件，如石油钻井钻头、推土机刀刃、犁铧等
钴基合金	Co基Cr30W5 Co基Cr30W8 Co基Cr30W12	≥40 ≥44 ≥50	堆802 堆812 堆822	有很高的热硬性，抗磨料磨损、金属间磨损、耐蚀性、抗氧化、抗热疲劳等性能均好，主要用于高温高压阀门、热剪切刀刃、热锻模等的堆焊，成本高

3. 堆焊规范的选择

钢的焊接性根据其对裂纹的敏感程度，可用碳当量粗略估算。

$$\text{碳当量}(\%)=\omega(\text{C})\%+\frac{1}{6}\omega(\text{Mn})\%+\frac{1}{5}\omega(\text{Cr}+\text{Mo}+\text{V})\%+\frac{1}{15}\omega(\text{Ni}+\text{Cu})\%$$

碳当量不大于0.45%的钢材，堆焊时不必采取特殊措施。当碳当量大于0.45%时，则需采取预热、保温缓冷，选用低氢型焊条等措施。

(1)工件的预热。对易出现焊接裂纹、气孔、变形等缺陷的零件，在焊前预热可有效地防止这些缺陷的产生。为不改变零件的性能，选择预热温度以不超过零件的回火温度为原则。当零件的碳当量为0.5%时，预热温度在150 ℃左右；碳当量为0.6%时，预热温度在200 ℃左右；碳当量为0.7%时，预热温度在250 ℃左右；碳当量为0.8%时，预热温度在300 ℃左右。即使是较低的100～150 ℃预热温度，对克服缺陷也能取得显著效果。

(2)裂纹部位的预加工。为防止裂纹的扩展，在堆焊前，裂纹两端钻止裂孔，裂纹部位开坡口，坡口为裂纹全长和全深，以防裂纹再度发生，保证焊缝与基体良好结合。

(3)焊条直径的选择。用堆焊方法恢复零件的尺寸时，应根据所需堆焊层的厚度选择焊条直径，可参照表4.12选取。

焊条在使用前应在200～300 ℃温度中保温1小时，烘干以减少堆焊层的气孔。如果是立焊或仰焊，熔池不易保持，所选用的焊条直径应比平焊时小，以减小由于焊接熔池体积大、熔池铁水下淌的倾向。

(4)焊接电流的选择。可参考公式4.6选取焊接电流。

$$I=10d^2 \tag{4.6}$$

式中，焊条直径 d 的单径为mm，电流的单位为A。

表4.12 堆焊焊条的性能及用途

国标牌号	焊条类型	药皮类型	熔敷金属	堆焊层硬度/HRC	焊接电流	主要用途
D107 D112	锰硅 铬钼	低氢 钛钙	10Mn3Si 20Cr1.5Mo	≥22 ≥22	直流 交直流	常温低硬度堆焊，修复低碳、中碳低合金钢磨损件

续表

国标牌号	焊条类型	药皮类型	熔敷金属	堆焊层硬度/HRC	焊接电流	主要用途
D127 D132	锰硅 铬钼	低氢 钛钙	15Mn4Si 30Cr2Mo	≥30 ≥30	直流 交直流	常温中硬度堆焊
D167 Dl72	锰硅 铬钼	低氢 钛钙	40Mn4Si 40Cr2Mo	≥40 ≥40	直流 交直流	常温高硬度堆焊
D207 D212	铬锰硅 铬钼	低氢 钛钙	70Mn2Cr3Si 50Cr3Mo2	≥50 ≥50	直流 交直流	堆焊常温高硬度耐磨件,如工程机械、矿山机械受摩擦的滚轮挖斗
D256 D266	高锰 高锰	低氢 低氢	Mn13 Mn13Mo2	≥180 HB ≥180 HB	直流 直流	堆焊工程机械、矿山机械的高锰钢零件
D642 D687	高铬 铸铁	钛钙 低氢	C3Cr30 C3Cr30Co5B	≥48 ≥58	交直流 直流	堆焊常温和高温耐磨、耐腐蚀零件
D707 D717	碳化钨	低氢	C2W45MnSi4 CW60	≥60 ≥60	直流	堆焊严重磨损的机械零件

(5)电弧长度选择。熔池底至焊条端的距离称为弧长。焊条电弧堆焊中,电弧过长,电弧燃烧不稳定,增加金属飞溅,熔池深度减小,熔化金属从焊条上滴下穿过空气的距离长,易与空气中氧、氮等发生作用,产生气孔,使焊缝质量变劣。因此,在焊接时力求使用短弧。一般要求弧长不超过焊条直径。

(6)确定极性接法。用直流焊机焊接时,工件接正极,焊条接负极,称为直流正接;反之,称为直流反接。酸性焊条因其工艺性好,可用直流或交流焊接,对极性无要求;碱型低氢型焊条,用直流焊接时,反接时比正接时电弧稳定,飞溅量少;若焊条对极性无特殊要求,焊接薄而小的零件、重要的结构件或堆焊合金钢零件时,宜用直流反接。

四、埋弧堆焊

埋弧堆焊的优点是:液态金属与熔渣及气体的冶金反应较充分,堆焊层的化学成分和性能较均匀,焊缝表面光洁;由于焊剂中元素对焊缝金属的过渡作用,可以根据零件的性能要求选用不同的焊丝和焊剂,以获得合乎要求的堆焊层;堆焊层与基体金属的结合强度高;堆焊层的抗疲劳性能比用其他修复工艺获得的修复层的性能强;生产率高。

埋弧堆焊的缺点是:工艺和技术比焊条电弧堆焊复杂,且由于焊接电流大,工件的热影响区大,因而主要用于较大的不易变形的零件的修复。

1. 埋弧堆焊用材料

埋弧堆焊用材料主要指焊丝和焊剂,相当于焊条的焊芯和药皮。焊丝通常采用 H08、

H08A、H08Mn、H15、H15Mn 等低碳钢丝和 45 号钢、50 号钢等钢丝，也采用可得到更高硬度和耐蚀性的 H2Cr13、H3Cr13、H30CrMnSiA、H3Cr2W8V 合金钢丝。

焊剂主要用来保证电弧稳定燃烧，防止空气侵入熔池而使焊缝金属氧化和氮化；向焊缝补充合金元素，以改善焊缝金属的化学成分和组织；防止焊缝产生裂纹、气体和疏松；减少金属飞溅和烧损等。焊剂的主要化学成分有 MnO、SiO_2、CaF_2、CaO、MgO、Al_2O_3、FeO 等。常用的焊剂有 HJ130、HJ131、HJ230、HJ330、HJ430、HJ433。

2. 埋弧堆焊工艺规范

(1)电源的性质和极性。埋弧堆焊多用直流电。直流正接熔深较大，直流反接熔深较小。为了保证堆焊过程的稳定性和提高生产效率，多采用直流反接。

(2)工作电压与工作电流。当采用直径 1.5～2.2 mm 焊丝堆焊时，其工作电压常为 22～30 V。焊丝含碳量高，电压取较高值；施焊时若电压过低，会造成起弧困难，堆焊时易熄弧，堆焊层结合强度不高。若电压过高，起弧容易但易出现堆焊层不平整且脱渣困难。

工作电流与焊丝直径的关系为

$$I=(85\sim110)d \tag{4.7}$$

式中：I——工作电流，A；

d——焊丝直径，mm。

3. 堆焊速度

堆焊速度一般为 0.4～0.6 m/min，也可按下式计算：

$$n=(400\sim600)\frac{1}{\pi D} \tag{4.8}$$

式中：n——工件转速，r/min；

D——工件直径，mm。

堆焊前应先试焊，根据堆焊层质量进行调整，直至满足要求。

4. 送丝速度

工作电流由送丝速度来控制，通常送丝速度以调整到工作电流为预定值为宜。当焊丝直径为 1.5～2.2 mm 时，送丝速度为 1～3 m/min。送丝速度与工件转速的关系为

$$v=\frac{(4\sim5)\pi Dn}{1000} \tag{4.9}$$

式中：v——送丝速度，m/min；

D——工件直径，mm；

n——工件转速，r/min。

5. 堆焊螺距

焊丝的纵向移动速度应使相邻的焊道彼此重叠 1/3 左右，以保证堆焊层平整无漏焊。堆焊螺距可根据焊丝直径按下式选用：

$$S=(1.9\sim2.3)d \tag{4.10}$$

式中：S——堆焊螺距，mm；

d——焊丝直径，mm。

若堆焊小直径零件，由于渣壳不易冷却，难于脱渣，熔化金属冷却较慢，未及凝固已随工件的转动而流动，在工艺上可采取两次堆焊的方法加以解决。

6. 焊丝的伸出长度

焊丝从焊嘴伸出的长度约为焊丝直径的8倍，通常取10～18 mm。若伸出太长，电阻热大，焊丝的熔化速度加快，熔深略有减小，同时由于焊丝颤动，堆焊层成形差；若伸出太短，焊嘴离工件太近，容易将焊嘴烧坏。

7. 焊丝后移量

为避免堆焊圆柱形零件时熔池中的液态金属流失，并延长渣壳对堆焊层的保温时间和渣壳冷却时间，易于除渣，焊丝应从焊件的最高点向零件旋转的反向移一个距离 K，后移量 K 约为工件直径的8%。

8. 工件预热

为防止堆焊层产生裂纹，可将工件预热。

五、修复实例

花键轴键齿磨损的修复。该花键轴为调质钢，硬度为45～50 HRC。键齿磨损严重，根据磨损量确定堆焊层厚度为1.5 mm。

选用焊条电弧堆焊修复，其工艺如下。

(1)清除花键轴上的油污、锈斑。

(2)按零件的使用要求，选用焊条D172或D212。焊条直径为2.5～3.2 mm。

(3)焊前在齿槽的中心位置做标记，以便于焊后机加工时对刀。

(4)采用键齿双侧堆焊，施焊时将施焊表面水平放置。为防止变形，应采用对称交错焊法。

(5)采用较小的焊接参数，以减小热影响区。

(6)焊后缓冷，机加工至使用要求。

4.5 粘接修复法

利用热熔、溶剂、胶粘剂等方法把两分离物体或损坏的零件牢固地粘接在一起进行修复的工艺过程称为粘接。粘接技术近年来发展迅速，广泛应用于机械、电子、石油、化工、航空等部门的设备维修。

4.5.1 粘接工艺的分类及特点

1. 胶粘剂分类及性能

机械设备修理中常用的胶粘剂如表4.13所示。

表 4.13　机械设备修理中常用的胶粘剂

类别	牌　号	主 要 成 分	主 要 性 能	用　途
通用胶	HY-914	环氧树脂，703 固化剂	双组分，室温快速固化，室温抗剪强度为 22.5～24.5 MPa	60 ℃以下金属和非金属材料粘接
	农机 2 号	环氧树脂，二乙烯三胺	双组分，室温固化，室温抗剪强度为 17.4～18.7 MPa	120 ℃以下各种材料粘接
	KH-520	环氧树脂，703 固化剂	三组分，室温固化，室温抗剪强度为 24.7～29.4 MPa	60 ℃以下各种材料粘接
	JW-1	环氧树脂，聚酰胺	单组分，60 ℃时 2 h 固化，室温抗剪强度 22.6 MPa	60 ℃以下各种材料粘接
	502	α-氰基丙烯酸乙酯	单组分，室温快速固化，室温抗剪强度为 9.8 MPa	70 ℃以下受力不大的各种材料粘接
结构胶	J-19C	环氧树脂，双氰胺	单组分，高温加压固化，室温抗剪强度为 52.9 MPa	120 ℃以下受力大的部位粘接
	J-04	钡酚醛树脂丁腈橡胶	单组分，高温加压固化，室温抗剪强度为 21.5～25.4 MPa	250 ℃以下受力大的部位粘接
	204(JF-1)	酚醛-缩醛有机硅胶	单组分，高温加压固化，室温抗剪强度为 22.3 MPa	200 ℃以下受力大的部位粘接
密封胶	Y-150 厌氧胶	甲基丙烯酸	单组分，隔绝空气后固化，室温抗剪强度为 10.48 MPa	100 ℃以下螺纹堵头和平面配合处紧固密封堵漏
	7302 液体密封胶	聚酯树脂	半干性，密封耐压为 3.92 MPa	200 ℃以下各种机械设备平面法兰螺纹连接部位的密封

2. 粘接工艺的特点

粘接修复法的优点如下。

(1)工艺简单，操作容易，便于现场修复，成本低，使用方便。

(2)密封性能好，具有耐水、耐腐蚀和电绝缘性能。对于承受较大压力的气密和封闭结构，采用焊-粘、铆-粘、螺-粘等连接形式，不但可以提高接头的密封性，还可以提高接头的承载能力。

(3)粘接接头的应力分布均匀，粘接工艺所需温度不高，不会引起基体热变形及组织变化，不易产生裂纹，故而可修复铸铁件、有色金属、合金件、极薄件、微小件和细长件，从而改善了薄板金属材料在焊接和铆接中所遇到的烧损、应力集中和局部变形、强度下降等现象。

(4)不受材质限制，可粘接金属、非金属，也可粘接异种材料。

(5)用粘接代替铆接和螺纹连接时，因省去了铆钉和螺纹件，减轻了结构的质量。

粘接修复法的缺点是：不耐高温，大多数胶粘剂只能在 150 ℃以下长期工作；多数胶粘剂凝固后脆性较大、抗冲击性、抗剥离、抗老化性能差，因此用在受力较大，受力复杂的部位需要机械辅助加固。

目前，胶粘剂品种越来越多，应用范围也越来越广。

4.5.2 粘接工艺

1. 粘接接头设计

粘接接头的形式是保证粘接承载能力的主要环节之一，粘接接头的力学特点是抗拉及抗剪强度高，抗弯曲、抗冲击及抗扯离强度低，抗剥离强度低。因此，应尽量使接头承受或大部分承受正拉力或剪切力，避免承受剥离力和扯离力。尽量增大粘接面积，以提高接头承载能力，如采用 V 形斜接、台阶对接、凹形对接等；对搭接头宜宽不宜长。

2. 粘接件表面处理

表面处理的目的是获得清洁、干燥、粗糙且有一定活性的表面，以实现牢固的粘接。对普通工件，表面先用棉纱等擦拭，再用汽油等有机溶剂进行脱脂去油，然后进行除锈及氧化物处理，并使金属表面粗糙化，以 Ra 3.2～12.5 μm 为宜，再用溶剂擦拭除油后即可进行粘接。如果要求粘接强度很高、耐久性好，或粘接铝、铜、不锈钢等，表面进行活化处理(可用酸蚀法、阳极刻蚀法等)，处理完毕后用清水冲洗并干燥。

3. 胶粘剂配制

对单液型液体胶，在使用时应摇均匀；对多组分胶粘剂的配制，一定要严格按规定的条件、配方、配比及调制程序进行，配胶器皿须清洁干燥，否则将影响粘接质量。

4. 涂胶

预处理好的表面应立即涂胶，以防再次氧化。涂胶时应特别注意要涂遍整个粘接面，且厚度均匀，中间可稍厚些，同时应注意涂胶时勿在胶中留有气泡，否则会形成应力集中而降低强度。胶层厚度在 0.05～0.20 mm 为宜。

5. 晾置

对含溶剂的胶粘剂在涂胶以后必须晾置一定时间，以挥发溶剂，否则固化后胶层结构松散有气孔，从而削弱粘接强度。不同类型的胶粘剂，不同种类的溶剂，晾置的温度和时间也不同。对无溶剂的胶粘剂在涂胶以后，虽可以立即进行胶合，但在室温下稍晾置为好，以利于排除空气、流匀胶层、增加黏性。

晾置环境应湿度低、无尘埃、空气流通。但晾置切忌过度，以免失去黏性。

6. 粘接

将涂胶后经晾置的粘接面，对正合拢，压实排除空气，实施胶接。粘接后以挤出微小胶圈为宜。

7. 固化

固化即通过一定作用使涂于粘接面上的胶粘剂变为固体，并具有一定强度。固化工艺三个重要的参数是温度、压力、时间。不同的胶粘剂固化条件也不相同。需加热固化的胶粘剂，其温升和冷却应均匀缓慢，以减少应力及变形；对室温固化的胶粘剂，若适当提高固化温度，可缩短固化时间提高粘接强度。固化时，施加一定的压力有利于胶粘剂的扩散渗透和粘接面的紧密接触，并有利于排除气体，从而得到理想的粘接强度。

8. 加工

粘接件固化后，可通过机械加工或钳工修整达到使用要求。机械加工时，应控制切削力和切削温度，钳工修整时严禁使用剥离力，以防粘接面开裂。

4.6 修复层的表面强化

机械零件的失效大多发生于零件表面，机械零件的修复不仅要恢复零件表面的形状和尺寸，还要提高零件表面的硬度、强度、耐磨性和耐腐蚀性等，因此提高零件的表面性能，对延长零件的使用寿命至关重要。目前，应用于修复层强化的表面强化新技术有表面机械强化、表面热处理和化学热处理强化、电火花表面强化、激光表面强化处理、离子氮碳共渗、真空熔接、滚压强化等技术。

4.6.1 表面机械强化技术

表面机械强化可通过喷丸、滚压和内挤压等方法使零件表面产生压缩变形，在表面形成深度达 0.3～1.5 mm 的硬化层，使金属表面强度和疲劳强度显著提高。表面机械强化具有成本低、效果好的特点。

1. 喷丸强化

喷丸强化是将高速运动的弹丸喷射到零件表面上，使金属材料表面产生剧烈的塑性变形，从而产生一层具有较高压应力的冷作硬化层，即喷丸强化层，其深度为 0.3～0.5 mm，能显著地提高零件在室温及高温下的疲劳强度和抗应力腐蚀性能，能抑制金属表面疲劳裂纹的形成及扩展。选择合理的喷丸强化工艺可以使结构钢、高强度钢、铝合金、钛合金、镍基或铁基热强合金等材料的疲劳强度得到显著提高。凡承受循环（交变）载荷或在腐蚀环境中承受恒定载荷的零件，如弹簧类、齿轮类、叶片类、轴类、链条类等均可通过喷丸强化技术提高使用寿命。

喷丸强化用的弹丸材料可分为黑色金属、有色金属及非金属材料，常用的有钢丸、铸铁丸、玻璃丸、不锈钢丸、硬质合金丸等。弹丸形状近似球形，实心无尖角，具有一定的冲击韧性和较高的硬度，弹丸直径一般为 0.05～1.5 mm，弹丸越小获得的零件表面粗糙度越小，反之越高。黑色金属零件用钢丸、铸铁丸或玻璃丸，有色金属零件应避免采用钢丸或铸铁丸，以免零件表面与附着的铁粉产生电化学反应。喷丸强化过程中，决定强化效果的工艺参数有弹丸直径、弹丸硬度、弹丸速度、弹丸流量及喷射角度，通常采用喷丸强度和表面覆盖率来评定喷丸强化的效果。常用喷丸强化方法有风动旋片式和机械离心式喷丸。

2. 滚压强化

滚压强化是利用金刚石滚压头或其他形式的滚压头，以一定的滚压力对零件表面进行滚压运动，使经过滚压的表面由于形变强化而产生硬化层，达到提高零件表面的力学性能的目的。滚压强化的方法也是机械零件修复中常用的表面强化方法。

4.6.2 表面热处理和化学热处理强化技术

1. 表面热处理强化

表面热处理是应用最广泛的表面强化技术，常用的有火焰加热表面淬火、盐熔炉加热表面淬火、高频或中频感应加热表面淬火、接触电阻加热表面淬火。

零件热处理是通过对零件表层快速加热，使表层温度升高至淬火温度，心部保持 A_{C1} 以下温度，快速冷却使表面获得马氏体组织而心部仍保持原组织状态，达到零件表面强化的目的。

2. 表面化学热处理

常用的表面化学热处理强化方法有渗碳、渗氮、离子氮碳共渗等。离子氮碳共渗加工温度较低，零件整体变形小，对零件材料内部组织影响小，所以在零件修复中得到应用。

离子氮碳共渗在辉光离子轰击炉内进行，工艺如下。

(1)炉内气氛。一般采用丙酮、氨混合气体，以丙酮：氨=1：9～2：8 为宜。

(2)温度。加热温度一般为 600 ℃±20 ℃。硬度要求高的零件取较高的温度，要求变形小的零件取较低温度，也可选用 520 ℃～560 ℃。要求离子氮碳共渗层厚的低碳钢、铸铁及合金钢，取较高温度(620 ℃左右)。

(3)保温时间。含碳及合金元素较高的材料、其渗扩速度较慢，如中高碳钢、中高碳合金钢、高镍铬钢、奥氏体耐热钢等保温时间为 4 h 左右，工具钢保温 2 h 左右，单纯防腐及高速钢刀具保温 1 h 即可。

(4)冷却速度。随炉冷却到 150 ℃～200 ℃，出炉后空冷。

4.6.3 电火花表面强化技术

电火花表面强化工艺是通过电火花的放电作用把一种导电材料涂敷熔渗到另一种导电材料的表面，从而改变后者表面的性能。

1. 电火花强化的原理

金属零件表面电火花强化的原理是：在电极与工件之间接直流或交流电，振动器使电极与工件之间的放电间隙频繁发生变化并不断产生火花放电，产生高温，瞬时高温使电极和工件上的局部区域熔化，经多次放电并相应移动电极的位置，就使电极材料熔结覆盖在工件表面上，从而形成强化层。金属零件表面之所以能够强化，是由于在脉冲放电作用下，金属表面发生超高速淬火、渗氮、渗碳及电极材料的转移四个方面的变化。

2. 电火花表面强化的特点

电火花表面强化不需要特殊复杂的处理装置，可根据零件表面不同的要求选择适当的电极材料，以满足工件表面的性能要求。强化层厚度可通过电气参数和强化时间进行控制。强化过程变形小，可安排为最后的工序。电火花表面强化层较薄，最厚只有 0.06 mm，电火花表面强化后的表面较粗糙。

3. 电火花表面强化的应用

电火花表面强化工艺可以把硬质合金材料涂到碳素钢制成的各类刀具、量具及零件的表面，可大幅提高表面硬度，硬度可达 74 HRC，增加耐磨性、耐腐蚀性，提高使用寿命 1～2 倍。它也经常用于修复各种模具、量具、轧辊的已磨损表面，修复质量和经济性都比较好。

4.6.4 激光表面强化处理技术

利用激光特有的极高的能量密度及极好的方向性、单色性和相干性，对零件表面进行强化处理，可以改变金属零件表面的微观结构，提高零件的耐磨性、耐腐蚀性及抗疲劳强度。

与其他热处理技术相比，激光表面强化处理技术具有适用材料广、变形小、硬化均匀、快速、硬度高、硬化深度可精确控制等优点。

【思考与练习】

4.1 与机械制造中的焊接工艺相比较，焊修工艺有何特点？

4.2 为什么在焊修零件之前需要了解该零件的技术要求？

4.3 为什么焊修应考虑到零件焊修后的机加工问题？举例说明。

4.4 零件焊接修理前应做好哪些准备工作？什么是磨损零件的堆焊？

4.5 什么是焊修过程中的热应力和残余内应力？它们是怎样产生的？它们对被修理的零件有何影响？

4.6 焊修过程中，如何减小和防止变形？

4.7 减小和防止焊修零件的变形中，焊接规范包括哪些内容？如何合理选择？

4.8 什么是电镀修理法？电镀修理法有何特点？说明各种常用电镀层的性质。

4.9 什么是金属刷镀？它有何特点？

4.10 说明金属电喷涂的工作原理及特点？

4.11 粘接工艺有哪些特点？

4.12 说明常用胶粘剂种类、特点应用和粘接工艺过程。

4.13 常用表面强化技术有哪些？各有何特点和应用？

第5章
机械设备的拆修与安装

知识与技能

(1)掌握机械设备拆卸、清洗、检查、验收的方法和内容。

(2)掌握机械设备装配的一般原则和方法。

(3)掌握典型零部件——轴、轴承、齿轮、联轴器等的拆卸、检查、修理的一般方法。

(4)了解机械设备的安装方法。

5.1 零部件的修理过程

机械设备的运转情况及其使用寿命的长短，取决于机械设备工作性能的变化情况。如果机械设备在工作中效率低、能量和润滑油消耗量增加，有冲击和不正常噪声，说明机械设备的工作性能开始恶化。

机械设备零部件的修理过程按一般顺序可分为故障的诊断和检查、拆卸修复或更换已损坏的零件、重新装配、调整和试车验收等几个主要阶段。

机械设备及其零部件故障诊断与检查请参阅相关章节。

5.1.1 机械设备的拆卸

实践证明，不了解情况而乱拆卸是错误的，有时还会将使故障扩大，造成经济损失。必须在基本确定了故障部位的基础上才能拆卸机械设备。对机械设备拆卸前必须进行详细的检查，做到心中有数，并做好准备工作，在严格诊断、细致分析、周密准备的前提下，进行拆卸。

一、拆卸工作的一般原则和注意事项

(1)在详细阅读设备的有关图纸和技术资料的基础上，对设备进行仔细观察和了解，确定拆卸顺序。要分清可拆卸和不可拆卸的连接件。一般螺钉、键、销、楔、各种锁紧装置、动配合件、过渡配合件等是可拆卸的。焊接件、铆接件、静配合件等都不可拆卸，除在必要情况下做损坏性拆卸外，一般情况下不要随便拆卸。

(2)确定好拆卸工作地点，准备好拆卸用的工具和材料，要求做到工作场地清洁、准备工作充分。

(3)拆卸一般按与装配系统图相反的顺序进行，并且要有计划、有步骤地组织和安排，决不允许乱拆乱丢。按常规，应当先拆成部件，然后再将部件拆成零件。

(4)拆下的零件，应当分类放好。拆卸比较复杂的机器时，为便于检修后迅速装配，对某些零件还应当立即进行打印或标记工作。

(5)在使用锤击法击打零件进行拆卸时，必须垫以硬木或软金属物，切不可直接击打零件。击打时应对准零件的中心或较强结构处，击打力要适当。必须注意，有的零件是不允许击打的。

(6)在必须拆坏一些零件的时候，应当尽量不损坏价值较高、制造较困难的零件。

(7)对于表面精加工的零件，拆下后应用木片、木屑等物去掉油泥和脏物，擦洗干净后涂上防锈油。对于特别重要或精制的零件(如阀和阀座等零件)，还应当用油纸包装好，以免在放置过程中划伤表面。有配合表面的零件一般可放在煤油或其他去污剂内清洗，清洗后擦干净再在表面涂以润滑油。

(8)对于细长的、精密的零件如轴类，拆下后应当垂直挂起或用多点支承，以免弯曲。

(9)对零件做好可复用、待修理与报废的检查鉴定和标记工作，为下一步零件修理或更换做好准备。在标定工作中，必须了解和总结零件过去的使用情况、磨损与破坏的原因，以及零件的使用寿命。

可复用零件:经检查和测量后,磨损程度在允许范围内,并无损伤、不需修理仍可继续使用。

待修理零件:经检查和测量后,磨损程度未超限或有局部损伤,经修复后可恢复其工作性能,可继续使用。

报废零件:经过检查和测量后,没有修复的可能或没有修复价值。

(10)一般零件的拆卸办法有:煤油浸润或泡;将包容件加热(700 ℃以下);焊接或连接其他辅助拆卸零件;借助辅助工具进行锤打、拔出或用压力机压出被包容件。

(11)拆卸零部件时,必须先采取安全措施,遵守操作规程,严防发生人身和设备事故。

(12)如果机械设备比较复杂、检修时间较长,并且对这一机械设备或其部件和组件的构造不熟悉,为便于维修后的装配工作,应当对所拆卸的部件或组件绘制装配系统图。

二、零件的拆卸方法

1. 螺纹连接件的拆卸

拆卸螺纹连接件时,要注意选用合适的呆扳手或一字旋具,尽量不用活扳手,并弄清螺纹的旋向。

1)成组螺纹连接件的拆卸

为了避免连接力集中到最后一个螺纹连接件上,拆卸时先将各螺纹连接件旋松1～2圈,然后按照先四周后中间、十字交叉的顺序逐一拆卸。拆卸前应将零部件垫放平稳,将成组螺纹连接件全都拆卸完成后,才可将零部件拆分。

2)锈蚀螺纹连接件的拆卸

(1)用进口除锈剂或煤油浸润或者浸泡螺纹连接处,然后轻击震动四周,再旋出。不能使用煤油的螺纹连接,可以用敲击振松锈层的方法。

(2)可以先旋紧四分之一圈,再退出来,反复松紧,逐步旋出。

(3)采用气割或锯断的方法拆卸锈蚀螺纹连接件。

3)断头螺纹连接件的拆卸

(1)螺钉断头有一部分露在外面:可在断头上用钢锯锯出沟槽或加焊一个螺母,然后用工具将其旋出;断头螺钉较粗时,可以用鏨子沿圆周剔出。

(2)螺钉断在螺孔里面:可在螺钉中心钻孔,打入多角淬火钢杆将螺钉旋出,也可以在螺钉中心钻孔,攻反向螺纹,拧入反向螺钉将断头螺钉旋出。

2. 滚动轴承的拆卸

滚动轴承与轴、轴承座的配合一般为过盈配合。拆卸滚动轴承一般有以下方法。

1)使用拆卸器拆卸

用一个环形件顶在轴承内圈上,并使拆卸器的卡爪作用于环形件,就可以将拉力传给轴承内圈。

2)使用压力机拆卸

拆卸位于轴末端的滚动轴承时,可用两块等高的半圆形垫铁或方铁,同时抵住轴承内、外圈,压力机压头施力时,着力点要正确。

3)使用手锤、铜棒

可以使用手锤、铜棒拆卸滚动轴承。拆卸位于轴末端的滚动轴承时,在轴承下垫以垫块,用铜棒抵住轴端,再用手锤敲击。

4)利用热胀冷缩原理拆卸

对于尺寸较大的滚动轴承,可以利用热胀冷缩原理拆卸。拆卸轴承内圈时,可以用热油加热内圈,使内圈孔径膨胀变大,便于拆卸。在加热前,用石棉把靠近轴承的那一部分轴隔离开来,用拆卸器卡爪钩住轴承内圈,然后迅速将加热到100 ℃左右的热油倒入轴承,使轴承内圈加热,随后将轴承拆卸下来。

拆卸直径较大或配合较紧的圆锥滚子轴承时,可用干冰局部冷却轴承外圈,使用具有倒钩卡爪形式的拆卸器,迅速地从轴承座孔中拉出轴承外圈。

3. 轴上零件的拆卸

1)齿轮副的拆卸

为了提高传动链精度,对传动比为1的齿轮副,装配时将一外齿轮的最大径向跳动处的齿间与另一个齿轮的最小径向跳动处的齿间相啮合。因此,为保证原装配精度,拆卸齿轮副时,应在两齿轮啮合处做标记。

2)轴承及垫圈的拆卸

精度要求高的主轴部件,主轴轴颈与轴承内圈、轴承外圈与箱体孔在轴向的相对位置是经过测量和计算后确定的。因此在拆卸时,应在轴向做标记,便于按原始方向装配,保证装配精度。

3)轴和定位元件的拆卸

拆卸齿轮箱中的轴类零件时,先松开装在轴上不能通过轴盖孔的齿轮、轴套等零件的轴向定位零件,如紧固螺钉、弹簧卡圈、圆螺母等,然后拆去两端轴盖。在了解轴的阶梯方向,确定拆轴时的移动方向之后,要注意轴上的键是否能随轴通过各孔,若不能,应及时取出键,若能用木槌打击轴端,将轴拆出齿轮箱。

4)铆接件、焊接件的拆卸

铆接件拆卸时,可用锯、錾或者气割等方法割掉铆钉头。焊接件拆卸时,可用锯、錾或气割方法,也可用用小钻头钻排孔后再錾、再锯等方法。

5.1.2 零件的清洗

拆卸下来的零件表面沾满脏物,应立即清洗,以便进行检查。

零件的清洗包括清除油污、水垢、积炭、锈蚀以及涂装层等。

一、清除油污

1. 清洗方法

一般使用清洗剂清洗零件上的油污,可用人工方式、机械方式、专用设备方式进行清洗,有擦洗、浸洗、喷洗、气相清洗及超声波清洗等方法。

(1)人工清洗。人工清洗是指把零件放在装有煤油、轻柴油等清洗剂的容器中,用毛刷刷洗或用棉丝擦洗。不准使用汽油清洗,如非用不可,要注意防火。

(2)机械清洗。机械清洗是指把零件放入清洗设备箱中,由传送带输送,经过被搅拌器搅拌的洗涤液,清洗干净后送出箱中。

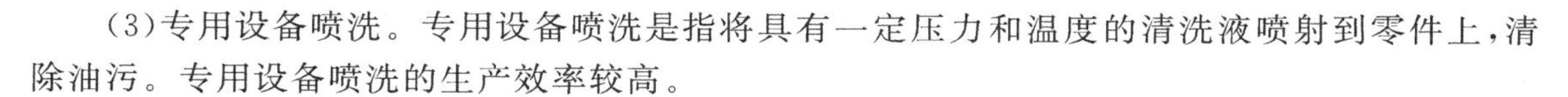

（3）专用设备喷洗。专用设备喷洗是指将具有一定压力和温度的清洗液喷射到零件上，清除油污。专用设备喷洗的生产效率较高。

2. 清洗剂

经常使用的清洗剂有碱性化学溶液和有机溶剂。

（1）碱性化学溶液。碱性化学溶液是指采用氢氧化钠、碳酸钠、磷酸钠和硅酸钠等化合物，按一定比例配制而成的一种溶液。其配方、使用条件和应用范围如表 5.1 所示。

表 5.1　碱性化学溶液的配方、使用条件和应用范围

配方物质		1	2	3	4
氢氧化钠（NaOH）/（g/L）		30～50	10～15	20～30	—
碳酸钠（Na_2CO_3）/（g/L）		20～30	20～50	20～30	30～50
磷酸钠（$Na_3PO_4 \cdot 12H_2O$）/（g/L）		50～70	50～70	40～60	30～50
硅酸钠（Na_2SiO_3）/（g/L）		10～15	5～10	—	20～30
OP 乳化剂/（g/L）		—	50～70	非离子型润湿剂	—
使用条件	使用温度/℃	80～100	70～90	90	50～60
	保持时间/min	20～40	15～30	10～15	5
应用范围		钢铁零件	除铝、钛及其合金外的黑色金属，铜及其合金		橡胶、金属零件

（2）有机溶剂。有机溶剂主要有煤油、轻柴油、丙酮溶液、三氯乙烯溶液等。

三氯乙烯溶液是一种溶脂能力很强的氯烃类有机溶剂，稳定性好，对多数金属不产生腐蚀，其毒性比四氯化碳溶液小。产品大批量高净度清洗，有时用三氯乙烯溶液来脱脂。

3. 清洗注意事项

（1）零件经碱性化学溶液清洗后应立即用热水冲洗，以防止碱性化学溶液腐蚀零件表面。

（2）零件经清洗、干燥后应涂机油，以防止生锈。

（3）零件在清洗及运送过程中，不要碰伤零件表面。清洗后要保证油孔、油路畅通，并用塞堵封闭孔口，以防止污物掉入，装配时拆去塞堵。

（4）使用设备清洗零件时，应保持足够的清洗时间，以保证清洗质量。

（5）精密零件和铝合金零件不宜采用强碱性化学溶液浸洗。

（6）采用三氯乙烯溶液清洗时，要在一定装置中按规定的操作条件进行，工作场地要保持干燥和通风，严禁烟火，避免与油漆、铝屑和橡胶等相互作用，注意安全。

二、清除锈蚀

零件表面的锈蚀氧化物，在修理中应彻底清除。清除锈蚀主要采用以下 3 种方法。

1. 机械法除锈

机械法除锈是指通过人工刷擦、打磨，或者使用机器磨光、抛光、滚光以及喷砂等除去零件表面锈蚀。

2. 化学法除锈

化学法除锈是指利用一些酸性化学除锈剂溶解零件表面氧化物，去除锈蚀。除锈的工艺过程是：脱脂—水冲洗—除锈—水冲洗—中和—水冲洗—去氢。常用的酸性化学除锈剂的配方和使用如表 5.2 所示。

表 5.2　常用酸性化学除锈剂的配方和使用

配方物质	配方号				
	1	2	3	4	5
盐酸（HCl，工业用）	100 ml	—	100 ml	—	—
硫酸（H_2SO_4，工业用）	—	60 ml	100 ml	—	
磷酸（H_3PO_4）	—	—	—	15%～25%	25%
铬酐（CrO_3，工业用）	—	—	—	15%	
缓蚀剂	3～10 g	3～10 g	3～10 g	—	—
水	1 L	1 L	1 L	60%～70%	75%
使用温度/℃	室温	70～80	30～40	85～95	60
保持时间/min	8～10	10～15	3～10	30～60	15
适用范围	适用于表面较粗糙、形状较简单、无小孔窄槽、尺寸要求不严的钢零件			适用于锈蚀程度不太严重、尺寸精度要求较严格的零件	

为避免材料产生氢脆和简化除锈前的脱脂工艺，可以选用碱性化学溶液除锈。这种溶液由葡萄糖酸钠（58 g/L）和氢氧化钠（225 g/L）的混合水溶液组成，溶液温度为 70～90 ℃，除锈时间为 3～10 min。

3. 电化学法除锈

电化学法除锈又称为电解腐蚀，常用的有阳极除锈和阴极除锈两种。阳极除锈是把锈蚀的零件作为阳极。阴极除锈是把锈蚀的零件作为阴极，用铅或铅锑合金作阳极。这两种除锈方法效率高、质量好。但是，阳极除锈使用电流过高时，易腐蚀过度，破坏零件表面，故适用于外形简单的零件。阴极除锈没有过蚀问题，但易产生氢脆，使零件塑性降低。

三、清除涂装层

根据涂装层的损坏情况和要求，部分或全部清除零件表面的涂装层。涂装层清除后，要冲洗清洁零件，按涂装层工艺喷涂新层。

1. 机械清除涂装层

一般方法是采用刮刀、砂纸、钢丝刷或手提式电动工具、手提式风动工具进行刮、磨、刷等。采用这种方法，工人劳动强度大，工作环境差，易损坏零件，清除效果不理想。

2. 利用化学法清除涂装层

利用化学法清除涂装层就是采用配制好的各种退漆剂退漆。退漆剂有碱性化学溶液退漆剂和有机溶液退漆剂。使用碱性化学溶液退漆剂时，将碱性化学溶液退漆剂涂刷在零件的涂装层上，使涂装层溶解软化，然后用手工工具清除涂装层。使用有机溶液退漆剂时，要特别注意安全，操作者要穿戴防护用具，工作场地要防火、通风。常用的有机溶剂退漆剂配方如表 5.3 所示。

表5.3 常用有机溶剂退漆剂配方

配方物质	配方一	配方二	配方三
香蕉水	7.5%	14%	28.6%
丙酮	2.5%	15%	28.6%
乙醇	20%	20%	7.1%
苯	68%	40%	—
苯酚	—	5%	—
氨水	—	5%	7.1%
石蜡	2%	1%	—
油酸二甘醇	—	—	28.6%

5.1.3 零件的检查与换修原则

机械设备拆卸后，通过检查，把零件分为可复用零件、待修理零件和报废零件3类。

对于报废的零件，要准备备件或者重新制作。待修理零件经过修理，经检验合格才可重新使用。

一、零件的检查

零件的检查，需要综合考虑零件损坏对零件使用性能的影响。例如：裂纹对强度、研伤对运动、划痕对密封、磨损对配合性质的影响等。

常见的零件检查方法有以下五种。

(1)目测：对零件表面进行宏观检查，如表面有无裂纹、损伤，是否存在腐蚀现象等。

(2)耳听：通过机械设备运转发出的声音，判断零件的状况。

(3)测量：使用测量工具对零件的尺寸、精度进行检测。

(4)试验：某些性能可通过耐压试验、无损检测等来测定。

(5)分析：借助某些检测方法的资料，经过综合分析后得到零件的性能状况。如通过金相分析了解材料组织，通过射线分析了解零件的隐蔽缺陷，通过化学分析了解材料的成分等。

二、零件的修换原则

(1)根据磨损零件对设备精度的影响情况，决定是否修换零件。如机床导轨、滑座导轨、主轴轴承等基础零件磨损严重，将引起被加工的工件几何精度差；相配合的基础零件间间隙增大，将引起设备振动加剧，影响加工工件的表面粗糙度。应对磨损的基础零件进行修换。

(2)根据磨损零件对设备性能的影响情况，决定是否修换零件。

(3)重要的受力零件在强度下降接近极限时，应进行修换。如低速蜗轮由于轮齿不断磨损，齿厚逐渐减薄，超过强度极限，锻压设备的曲轴、起重设备的吊钩发生表面裂纹，都应该进行修换。

(4)对磨损零件是修复使用还是更换新件的确定原则是，主要考虑修换的经济性、零件修复的工艺性和零件修复后的使用性能等。

三、常用零件的修换标准

1. 轴承

(1)主轴滑动轴承有调节余量时,可进行修刮,否则应进行更换。

(2)滚动轴承的滚道或滚动体有伤痕、裂纹或保持架损坏、滚动体松动时,应更进行换。

(3)轴套发生磨损,轴瓦产生裂纹、剥蚀层时应进行更换。

2. 轴类零件

(1)传动轴的轴颈磨损、安装齿轮的圆柱表面磨损,可以通过涂镀、修磨等方法修复。轴上键槽损坏,可以修复。一般细长轴允许使用校直法恢复精度。装有齿轮的轴弯曲度大于中心距允许误差时,不能用校直法修复,必须更换成新轴。

(2)花键轴符合以下情况可以继续使用:花键轴键侧没有压痕及不能消除的擦伤,倒棱未超过侧面高度的30%;键侧表面粗糙度 Ra 值不大于6.3 μm,磨损量不大于键厚的2%;定心轴颈的表面粗糙度 Ra 值不大于6.3 μm,间隙配合的公差等级不超过次一级精度。

(3)曲轴的支承轴颈处表面粗糙度 Ra 值大于3.2 μm、轴颈的几何精度超过其公差带大小的60%以上时,应进行修复。修复后的轴颈尺寸,最大允许减小量为其名义尺寸的3%。

(4)丝杠、螺母的轴向间隙不大于原螺纹厚度的5%,可以继续使用。一般传动丝杠螺纹表面粗糙度 Ra 值不大于6.3 μm,精密丝杠螺纹表面粗糙度 Ra 值不大于3.2 μm,可以继续使用。一般传动丝杠弯曲允许校直,精密丝杠弯曲必须进行修复。修复丝杠时,要求丝杠外径减小量不得超过原外径的5%。

3. 齿轮

(1)圆柱齿轮与锥齿轮的齿面有严重疲劳点蚀现象,或者齿面有严重明显的凹痕擦伤时,应更换成新件。

在齿轮的齿形磨损均匀的前提下,对于弦齿厚的磨损量,主传动齿轮允许6%,进给齿轮允许8%,辅助传动齿轮允许10%,超过者应更换成新件。齿轮齿面接触偏斜,接触面积低于装配要求时,应更换成新件。

若发生了齿部断裂,中小模数的齿轮应进行更换。大模数(m>6 mm)的齿轮损坏的齿数不超过2齿时,允许镶齿,补焊部分不超过齿牙长度的50%时,允许补焊。

(2)蜗轮、蜗杆表面粗糙度 Ra 值大于3.2 μm时,应进行修复。齿的接触面积低于装配要求时,应进行修理。齿面磨损经修复后,齿厚减薄量不能超过原齿厚的8%。

4. 离合器

(1)爪式离合器的爪部有裂纹或端面磨损倒角大于齿高的25%时,应更换成新件。齿部允许修磨,但齿厚减薄量不得大于齿厚的5%。

(2)片式离合器的摩擦片平行度误差超过0.2 mm或出现不均匀光秃斑点时,应进行更换。表面有伤痕,修磨平面时,厚度减薄量应不大于原厚度的25%。由厚度减薄而增加的片数应不超过2片。

(3)锥体离合器的锥体接触面积小于70%,锥体径向圆跳动大于0.05 mm时,应修磨锥面。无法修复时,可更换其中一件。

5.1.4 机械装配

机械装配就是按照设计技术要求实现机械零件或部件的连接，把零件、部件组合成组件或机械设备。装配工作和拆卸工作一样，是机械设备维修中必不可少的工序。

机械装配方法或技巧具体见本章下一小节。

5.1.5 验收

装配结束后，按照技术要求，进行逐项的检查验收工作。

试车前，应仔细检查各部件连接的可靠性和运动的灵活性；应先手动盘车几转，如果正常，再通电运转。试车时，应从低速逐渐到高速，从轻负荷逐渐到满负荷，并且根据试车情况，停车后进行必要的调整。

5.2 机械设备的装配方法

在装配工作中，应当遵循以下规定和要求。

(1)装配前应熟悉装配图及其技术要求，了解机械设备的详细结构，明确每一个零件的作用和相互连接的关系，确定装配方法、程序和所需的工具。

(2)所有零件必须经过检查合格后方可进行装配。

(3)清除零件表面的毛边、毛刺、油污和锈蚀等。零件相互配合的表面必须擦洗干净，涂上清洁的润滑油。各配合和摩擦表面不许有损伤，如有轻微擦伤，可用砂布、油石或刮刀修理，但注意不要破坏其表面的精度。

(4)清洗润滑系统和液压系统时，应当使用干净的棉布，不得使用棉纱。必要时，可用压缩空气吹洗，保证油路畅通。

(5)各种密封件装配前必须严格检查，毡圈、毡垫等在装配前应先用机械油浸透，各种管路和密封件装配后不得有渗漏现象。

(6)各种变速和变向机构的装配，必须做到位置正确、操纵灵活，操作手柄位置应与机器运转要求相符合。

(7)注意零件上的各种标记，防止装错。

(8)高速运动机构的外面，不得有凸出的螺钉头、键和销钉头等。

(9)严防机械设备内掉入工具或其他物品。暂时停止装配时，应将机器遮盖好。裸露的配合表面应当包扎保护起来。装配结束后，应仔细检查，确认无误后方可加盖。

(10)机械零部件的装配必须符合相关的技术要求。

5.2.1 过盈配合连接件的装配

过盈配合又称为静配合，在机械设备中应用很广，如气缸套与气缸的配合、连杆衬套与连杆座孔的配合、车轮轮毂与轮芯的配合、大型齿轮的轮缘与轮芯的配合、青铜齿轮轮缘与钢轮芯的配合、减速器的轴与蜗轮的配合等都属于间隙配合。

为了保证过盈配合连接件在装配后能正常工作，过盈配合连接件的装配必须满足下列要求。

(1)装配后最小的实际过盈量应保证两个零件具有一定的紧密度。传递轴向力、较大的扭矩或动载荷时，配合表面之间不会发生松动。

(2)装配后最大的实际过盈量所引起的应力不应导致装配零件损坏。

过盈配合连接件的常用装配方法有冷压装配法、热压装配法和冷却轴件装配法三种。

一、冷压装配法

冷压装配法适用于配合压力较小的过盈配合，如 s5、r5 和 s6 等。在成批大量生产中，采用冷压装配法较为方便迅速。

为有利于压装并便于日后拆卸，压装前在零件的配合表面应涂抹润滑油。当遇到用键来辅助固定时，应先装配键后进行压装。轴端的压配件也可以在压装后再装配，但须用引键来找正键槽位置，引键较原键略松，顶端应有螺孔，引键比键槽短些，压入装配后利用螺孔将引键拉出，再装配原键。

过长的轴不能在轴端施加压力压装，否则，会使轴弯曲变形，只能采用加热孔或冷却轴的方法进行装配。

二、热压装配法

热压装配俗称红装，其基本原理是，加热包容件，使其直径膨胀到一定数值后，将被包容件自由装入孔中并定位，待零件冷却后，产生非常大的应力，达到过盈装配的要求。在具有一定经验的情况下，这种方法比较简单，易操作而且质量可靠。与冷压装配法相比，热压装配法避免了粗糙的接触表面因轴向移动而被压平，所以具有较大的紧固力。

(1)加热温度。加热温度一般为 80～400 ℃，但不能超过 600 ℃，以避免金相组织发生变化，影响零件的机械性能。

(2)加热方法。热压装配时孔件常用的加热方法有热浸加热法、氧-乙炔焰加热法、炉内加热法和电感应加热法等。

热浸加热法适用于体积和过盈都较小的零件，如轴承、小型齿轮等。必须注意的是，所用机油的闪点不应低于 200 ℃，加热温度不能超过其闪点。如果需加热的温度高于机油闪点时，就应选用其他方法。机油加热时为使零件加热均匀，不应将零件直接放入加热容器的底部，应将零件用铁丝或网挂起置于容器中部。

炉内加热法是维修中常用的方法。当机件厚壁较大时，应注意加热后保温一定时间，使表面温度和内部温度趋于均匀。保温温度应比加热温度高 10～30 ℃，保温时间一般为 20～50 min。

电感应加热法是利用电磁感应涡流原理加热零件的。此方法加热均匀，温度容易控制，适用于精密零件的加热和需要防火的场所。

(3)装入。当孔件温度达到所需加热温度时开始装配，装配前去除孔件表面的灰尘、污物，装配时必须一次装到预定位置，不能在中途停留，装配后避免人为强迫冷却，以免引起内应力。一般热压配合件的轴都由轴肩来定位，如果轴上没有轴肩，应在轴上预先装一个定位圈。

三、冷却轴件装配法

这种装配方法在冷却箱中进行装配：将轴件放在装有冷却剂的冷却箱中，轴径缩小；当轴件与孔件构成间隙时，立即把孔件和轴件装配在一起，一次到位。现场常用冷却剂有固体二氧化碳、液体空气、氨液等。固体二氧化碳的冷却温度可达－75 ℃，液体空气冷却温度可达－180 ℃，氨液冷却温度可达－120 ℃。冷却时，必须注意操作安全，以防冻伤。

5.2.2　保证装配精度的装配方法

装配精度是装配工艺的质量指标。正确地规定机器和部件的装配精度是产品设计的重要环节之一，装配精度的规定不仅关系到产品质量，而且影响到产品制造的经济性。装配精度是制订装配工艺规程的主要依据，也是选择合理的装配方法和确定零件加工精度的依据。

装配精度的内容包括：零部件间的位置尺寸精度和位置精度，各运动部件间的相对运动精度、配合表面间的配合精度和接触精度等。

(1)零部件间的位置尺寸精度和位置精度。零部件间的位置尺寸精度是指零部件间的距离精度，如轴向距离和轴线距离(中心)精度等。零部件间的位置精度包括平行度、垂直度、圆柱度和各种跳动等。

(2)各运动部件间的相对运动精度。各运动部件间的相对运动精度是指有相对运动的运动部件间在运动方向和运动位置上的精度，有直线运动精度、圆周运动精度、传动精度等。

(3)配合表面间的配合精度和接触精度。配合表面间的配合精度是指配合表面之间达到规定的配合间隙或过盈的接近程度。它关系到配合性质和配合质量。

配合表面间的接触精度是指配合表面之间达到规定的接触面积与分布状况的接近程度。它主要影响零件之间的接触变形的大小，从而影响配合状态和寿命。例如：导轨接触面间、锥体配合和齿轮啮合等处，均有接触精度要求。

机械设备修理装配的精度可通过各种装配方法保证。保证装配精度的装配方法可归纳为互换装配法(互换法)、选择装配法(选配法)、修配装配法(修配法)和调整装配法(调整法)四大类。

一、互换法

互换法是指通过零件的精度来保证装配精度的一种装配方法。装配时，零件不需进行任何选择、修配或调节就可以达到规定的装配精度要求。互换法的优点是，装配工作简单，生产率高，便于组织装配流水线和协作化生产，有利于产品的维修。

1. 公差的分配方法

互换法是通过求解尺寸链来达到装配精度的要求的，解尺寸链的核心问题是将封闭环的公差合理地分配到各组成环上。

公差的分配方法有三种，即等公差法、等精度法和经验法。

等公差法：设定各组成环的公差相等，将封闭环的公差平均地分配到各组成环上。此方法计算较简单，但未考虑相关零件的尺寸大小和实际加工方法，所以不够合理，常用在组成环尺寸相差不太大，而加工方法的精度较接近的场合。

等精度法:设定各组成环的精度相等通过查相关国家标准得到各组成环的公差因子,继而确定各组成环的公差。此法考虑了组成环尺寸的大小,但未考虑各零件加工的难易程度,使组成环中有的零件精度容易保证,有的精度较难保证。此法比等公差法合理,但计算较复杂。

经验法:先根据等公差法计算出各组成环的公差值,再根据尺寸大小、加工的难易程度及工作经验进行调整,最后利用封闭环公差和各组成环公差之间的关系进行核算。此法在实际中应用较多。

2. 互换法的分类

采用互换法装配时,被装配的每一个零件不需做任何挑选、修配和调整就能达到规定的装配精度要求。用互换法装配,其装配精度主要取决于零件的制造精度。根据零件的互换程度,互换装配法可分为完全互换装配法和不完全互换装配法。

1)完全互换装配法

完全互换装配法是指使用加工合格的零件,不需要选择、修理和调整,就能装配成符合精度要求的机械设备。完全互换装配法的实质是通过控制零件加工误差来保证装配精度。优点是:装配质量稳定可靠(装配质量是靠零件的加工精度来保证的);装配过程简单,装配效率高(零件不需挑选,不需修磨);易于实现自动装配,便于组织流水作业;产品维修方便。完全互换装配法的不足之处是:当装配精度要求较高,尤其是在组成环数较多时,组成环的制造公差规定得严,零件制造困难,加工成本高。

完全互换装配法适用于在成批生产、大量生产中装配那些组成环数较少或组成环数虽多但装配精度要求不高的机器结构。完全互换装配法还适用下列修理工作。

(1)按设备原设计结构特点,确定原尺寸链是按照完全互换装配计算的。

(2)结构参数标准化的更换件,如齿轮、蜗轮、花键、螺纹等。

(3)标准件、外购件、外协件按标准尺寸和公差加工制造。

采用完全互换装配法装配时,零件公差的确定如下。

(1)确定封闭环。

封闭环是产品装配后的精度,其要满足产品的技术要求。封闭环的公差由产品的精度确定。

(2)查明全部组成环,画装配尺寸链图。

根据装配尺寸链的建立方法,由封闭环的一端开始查找全部组成环,然后画出装配尺寸链图。

(3)校核各环的基本尺寸。

各环的基本尺寸必须满足下式要求:封闭环的基本尺寸等于所有增环的基本尺寸之和减去所有减环的基本尺寸之和。

用完全互换装配法装配,虽然装配过程简单,但它是根据增环、减环同时出现极值情况来建立封闭环与组成环之间的尺寸关系的,由于组成环分得的制造公差过小,常使零件加工变得较为困难。完全互换装配法以提高零件加工精度为代价来换取完全互换装配有时是不经济的。

2)不完全互换装配法

不完全互换装配法又称统计互换装配法,其本质是将组成环的制造公差适当放大,使零件容易加工,但这会使极少数产品的装配精度超出规定要求,但这种事件是小概率事件,很少发生。尤其是在组成环数目较少、产品批量大的情况下，从总的经济效果分析，不完全互损装配法仍然是经济可行的。

统计互换装配法的优点是：扩大了组成环的制造公差，零件制造成本低；装配过程简单，生产效率高。不足之处是：装配后有极少数产品达不到规定的装配精度要求，须采取另外的返修措施。

互换装配法适用于在大批大量生产中装配那些装配精度要求较高且组成环数又多的机器结构。

二、选配法

选配装配法是指将零件的制造公差放大到经济可行的程度，然后选择合适的零件进行装配，以保证装配精度。在成批或大量生产的条件下，对于组成环不多而装配精度要求却很高的尺寸链，若采用互换装配法，则零件的公差将过严，甚至超过了加工工艺的现实可能性。在这种情况下，可采用选配装配法。

选配装配法有直接选配法、分组装配法和复合选配法三种。

1. 直接选配法

直接选配法是指由装配工人从许多待装的零件中，凭经验挑选合适的零件通过试凑进行装配的方法。这种方法的特点是，简单，零件不必事先分组，但装配中挑选零件的时间长，装配质量取决于工人的技术水平，不宜用于生产效率要求较高的大批量生产。

2. 分组选配法

分组装配法是指在大批大量生产中，将产品各配合副的零件按实测尺寸分组，装配时按组进行互换装配以达到装配精度的装配方法。分组选配法适用于配合精度要求很高，且相关零件一般只有两三个的大批大量生产中。

3. 复合选配法

复合选配法是指直接选配与分组装配相结合的综合装配法，即预先测量分组，装配时再在各对应组内凭工人经验直接选配。这一方法的特点是，配合件公差可以不等，装配质量高，且速度较快，能满足一定的生产效率要求。在发动机装配中，气缸与活塞的装配多采用这种方法。

三、修配法

修配法是把零件的尺寸公差放大制造零件，零件装配时，装配精度用修配加工个别零件来保证。修配法中，待修配的零件称为补偿件或修配件，在尺寸链中需修配的尺寸称为补偿环或修配环，装配精度为封闭环。修配法即用机械加工和钳工修配等修理方法改变尺寸链中补偿环的尺寸，以满足封闭环的要求。组成环均可以经济精度加工，可获得很高的装配精度。修配法的不足之处是：增加了修配工作量，生产效率低；对装配工人的技术水平要求高。

修配法适用于装配精度要求高而组成环较多的部件，以及加工尺寸精度不易达到而必须通过修配法才能保证其装配的情况。修配法适用于单件小批装配和维修。

补偿后使装配间隙变小为正补偿，反之为负补偿，即当修配环为增环时补偿量为正，修配环为减环时补偿量为负。封闭环的选择原则如下。

(1)尽量利用尺寸链中原有的典型补偿件。

(2)需要更换新的补偿件时,应选择容易拆装和测量、最后装配的零件作为补偿件。

(3)尽量选择尺寸链中形状简单、具有精加工基准和易加工表面的零件作为补偿件。

(4)应选择尺寸链中的单一环作为补偿件而不应选择公共环。

(5)选择尺寸链中增环或减环为补偿环,修配时应在补偿件上去除金属而不是增加。一般刮削补偿量为 0.1～0.3 mm,平面修磨的补偿量为 0.05～0.15 mm。

常用的修配法有指定零件修配法和合并加工修配法。

(1)指定零件修配法。它是指在装配尺寸链的组成环中,预先指定一个零件作为修配件,并预留一定的加工余量,装配时再对该零件进行切削加工,使之达到装配精度要求的一种方法。

(2)合并加工修配法。它是指将两个或两个以上的配合零件装配后再进行加工,以达到装配精度要求的一种方法。这种方法广泛用于单件或小批量的模具装配工作。

四、调整法

与修配法相似,调整法各组成环可按经济精度加工,由此而引起封闭环的累积误差的超出部分,通过改变某一组成环的尺寸来补偿。二者的不同之处在于:修配法在装配时通过对修配环的修配加工来补偿,增加了装配劳动量;调整法是通过调整某一个零件的位置或装入一个变更调节环来补偿封闭环的超差部分,不修磨金属层。

1. 可动调整法

采用改变调整件的位置来保证装配精度的方法称为可动调整法。可动调整法一般不需要应用尺寸链的公式进行计算,只在机构设计时应用尺寸链关系进行必要的分析,从结构上解决补偿结构和补偿零件的调节与固定问题。

可动调整法又可分为自动调整法和定期调整法。自动调整法是靠自动补偿件随时调整封闭环的精度的一种方法。定期调整法是利用定期调整补偿件恢复机械设备精度的一种方法。

2. 固定调整法

在装配尺寸链中,选择一个组成环作为调整环,该环按一定尺寸分级制造一套零件。装配时根据各组成环所形成的累积误差的大小,在这套零件中选择一个合适的零件进行装配,以保证装配精度的要求,这种装配方法称为固定调整法。

由于固定调整法经常选用简单容易加工的垫片来进行补偿,因此也叫作补偿垫片法。

可动调整法适用于在小批生产,固定调整法则适用于大批量生产。

5.3 典型零件的修理与装配

本节介绍轴类零件、滑动轴承、滚动轴承、齿轮和蜗轮等典型零件的修理与装配。

5.3.1 轴类零件的修理与装配

轴是机械设备维修工作中经常碰到的零件之一。轴损坏的现象主要为轴颈的磨损、轴的弯曲、轴的扭转变形、键槽损坏和轴的断裂。轴类材料大多数是低、中碳钢和合金钢。轴的设计尺寸、形状、表面粗糙度、装配的配合性质、配合质量等，对轴的强度及使用寿命都有很大影响。

一、重新配制轴时所需要考虑的因素

1. 轴的形状及结构对其强度的影响

轴的最小直径相同，但由于外形和结构（孔和槽）不同，轴的强度和寿命则不同。尤其是在承受变载荷和冲击载荷时，外形和结构对轴的影响更为突出。

轴有钻孔，虽然孔径仅有 2～3 mm，但有此类钻孔的轴一般容易在孔的根部产生裂缝；轴上开有键槽，轴的强度也被削弱；轴上不同轴径处用圆角过渡，疲劳强度会有很大提高，若圆角半径不小于 0.1 倍的轴径，则轴的疲劳强度与光轴的疲劳强度近似。

所以，要求轴具有尽量小的变径断面，尽量少开孔和槽。

2. 表面状态对轴疲劳强度的影响

轴的表面粗糙度对轴的疲劳强度影响较大，若以表面抛光的轴的疲劳强度作为 100%，则其他类表面的轴的疲劳强度分别为：极粗加工表面 60%～85%，粗加工表面 40%～60%，锈蚀表面 45%～55%，热处理时表面脱碳 30%～50%。

3. 轴上安装各种零件对强度的影响

在轴上安装各种静配合的零件（如联轴器、齿轮、皮带轮等），若错误地采用了较大的过盈量，就会降低配合处轴的强度，因为这样的配合会使轴产生很大的应力集中，使其疲劳强度降低 1/3～2/3。另外，即使过盈量合适，轴上零件也会有对轴的疲劳强度有所影响。所以过盈配合数值一定要选择适当，并且在轴的结构上采取相应措施。

为了便于装配，轴的端部及配合的起点应做出一定的倒角。为防止应力集中，轴的变径处及包容件的端部也需要做出圆角或倒角。

二、轴类零件的拆卸方法

轴与包容件之间的装配，根据不同的工作要求，有着不同的配合性质。拆卸时，应根据其配合性质，采用不同的拆卸方法和工具。

（1）配合过盈不大的轴类零件，一般可用锤击的方法，或用退卸器、压力机、千斤顶等工具拆卸。采用锤击法时，应在轴头处垫以铜棒、铅块或硬质木块，切勿直接击打轴头，以免轴头变形损坏。

（2）对一些不旋转的心轴，轴端有轴向螺纹孔供拆卸用。拆卸时先松开定位螺栓或挡板，再拧入一螺栓，通过螺栓将轴拉出来。

（3）对于过盈较大的配合件，拆卸前需要将轴的包容件加热。加热时可分情况采用浇热油或用喷灯等方法。齿轮的加热可用煤或木材（尽量少用焦炭）。在加热过程中，为使包容件受热

均匀，中间需将零件翻转几次，并注意不要使轴也同时受热而随之膨胀(一般可将轴的两端部包以湿布，并不断浇凉水)。通常包容件的加热温度不应超过 700 ℃，否则会使零件过分氧化、退火，如不再进行热处理，可能会降低零件的强度和寿命。

加热温度一般可按下式计算：

$$t=\frac{\delta_1}{d\alpha}K \tag{5.1}$$

式中：t——拆卸零件中包容件需加热的温度，℃，一般加热温度控制在 240 ℃以下不会影响零件质量；

d——轴的直径，mm；

α——被加热零件材料的热膨胀系数，$℃^{-1}$，可查表 5.4。

δ_1——过盈尺寸，mm，若在维修中 δ_1 具体数值不清楚，对于静配合件可取轴径的 0.08%～0.14%，对于过渡配合件可取轴径 $\phi80$～$\phi300$ mm 的 0.02%～0.05%，轴径小取大值，轴径大取小值；

K——系数，考虑过盈值的估计误差、加热后运到拆卸地点过程中的温度降低、拆卸时的温度降低以及其他影响温度的因素，$K=2$～6，过盈小取大值，过盈大取小值。

表 5.4　材料的热膨胀系数　　单位：$℃^{-1}$

材　料	温度范围/℃					
	20～100	20～200	20～300	20～400	20～600	20～700
碳钢	$(10.6\sim12.2)\times10^{-6}$	$(11.3\sim13)\times10^{-6}$	$(12.1\sim13.5)\times10^{-6}$	$(12.9\sim13.9)\times10^{-6}$	$(13\sim14.3)\times10^{-6}$	$(14.7\sim15)\times10^{-6}$
铬钢	11.2×10^{-6}	11.8×10^{-6}	12.4×10^{-6}	13×10^{-6}	13.6×10^{-6}	—
40CrSi	11.7×10^{-6}	—	—	—	—	—
铸铁	$(8.7\sim11.1)\times10^{-6}$	$(8.5\sim11.6)\times10^{-6}$	$(11.0\sim12.2)\times10^{-6}$	$(11.5\sim12.7)\times10^{-6}$	$(12.9\sim13.2)\times10^{-6}$	—
黄铜	17.8×10^{-6}	—	—	—	—	—
锡黄铜	17.6×10^{-6}	—	—	—	—	—

零件加热时，必须时刻注意加热温度，当达到加热温度后，应立即停止加热，准备压出或打出轴上零件。从加热地点到拆卸地点之间的运输时间不允许过长，否则轴因温度升高而膨胀，对拆卸不利。

三、轴拆卸后的检查和修复

1. 磨损的检查

1)轴颈圆度的检查

轴颈圆度应在车床或专用托架上用千分表检查，也可用游标卡尺手工检查。检查时，需要在每一测量段上测量三处，两处在距轴颈端处约 30 mm 处，另一处在中间测量。如果将轴颈旋转一周，千分表的指针读数增大或减少两次，而且正负读数值大致相等，就说明轴颈在该断面处

磨损呈椭圆形，并可根据读数差求得其圆度。检查圆度是否合格可参阅技术文化相关标准。

2）轴颈圆柱度的检查

圆柱度的检查，可参照检查圆度的方法进行，只是检查处不是在轴颈的同一横截面处，而是在相距一定轴向长度（一般相距 50～120 mm）上至少应在轴颈的根部、中部和端部测量轴颈的磨损情况。

轴颈的圆柱度不应超过其圆度公差，而配合处的圆柱度应在配合尺寸公差范围内。轴颈圆度和圆柱度应符合规定值，其大小可参阅技术文件或相关标准。

3）轴颈磨损的修复

轴颈上具有不大的磨痕和擦伤时，可用细锉刀和砂布修复。

没有配合尺寸精度要求的轴颈，直径小于 250 mm 以下轴颈磨损后，其圆度和圆柱度在 0.1 mm以下时，可手工适当修复，手工修复磨损量一般最大不应超过 0.2 mm。重要轴的轴颈有较大磨损时，应在机床进行外圆车削修复，其车削量不应超过原直径的 5%，表面粗糙度不大于 Ra 0.8 μm，以保证其强度不降低。如在配合处，可重新考虑配合方式和性质，必要时可采用涂镀、电镀或喷涂工艺修复，在强度许可的条件下，也可采用镶套处理。

2. 轴的直线度检查与修理

1）直线度的检查

轴的直线度检查，可在车床上用千分表进行，也可在特制的滚动轴承托架上进行。轴的直线度检查示意图如图 5.1 所示。当轴缓慢转动时，用千分表在轴的全长上测定三处（轴的两端和中间）。当轴转动时，千分表指针在表盘上移动的最大读数与最小读数之差即为轴直线度的二倍。

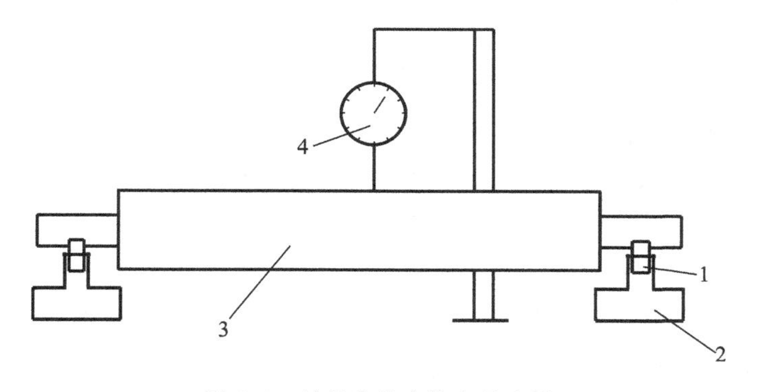

图 5.1　轴的直线度检查示意图

1—滚动轴承；2—托架；3—轴；4—千分表

检查注意事项：千分表的触头应置于轴的未经磨损或无损伤痕迹处。

检查标准：参阅技术文件或相关标准。

2）弯曲轴的矫直

对机械设备轴尤其是细长轴，无论是在拆卸、装配过程中，还是在保管过程中，都应注意防止其发生弯曲变形。对已弯曲的轴进行矫直是一项较精细的工作。弯曲轴的矫直方法有冷矫直法和热矫直法两种。

(1)冷矫直法。

冷矫直法一般用于弯曲量较小的轴。对直径较细的轴,应在车床上进行矫直。将轴的一端用卡盘夹紧,另一端用顶尖顶住,使轴的弯曲处向下,弯曲处两侧各用一个带钩的拉杆钩住,拉杆另一端固定于床身下,再用一个千斤顶顶住床身和轴最大弯曲处,向弯曲的反方向加力,使轴矫直。矫直过程中注意不要将床身损坏。

直径较粗的轴,可用螺杆压力器来矫直。压力器的钩子钩住轴最大弯曲处的两端,弯曲处向上,转动螺杆,向轴的弯曲处加力矫直。

采用冷矫直法时,应注意矫直后轴的恢复量,一般应反方向多矫 0.5～1 mm,以弥补压力消除后的弹性回收。矫直后应用手锤轻度敲打矫直范围的圆周,以消除变形的应力。

(2)热矫直法。

热矫直法的原理是,加热轴弯曲的最高点处(见图 5.2),由于加热区受热膨胀,会使轴的两端向下弯曲,但当轴冷却时,加热区就产生较大的收缩应力,使轴的两端向上翘起,而且超过了加热时的弯曲度,这个超过的量值就是需矫直的量值。冷却可采用水冷却,也可采用自然冷却。

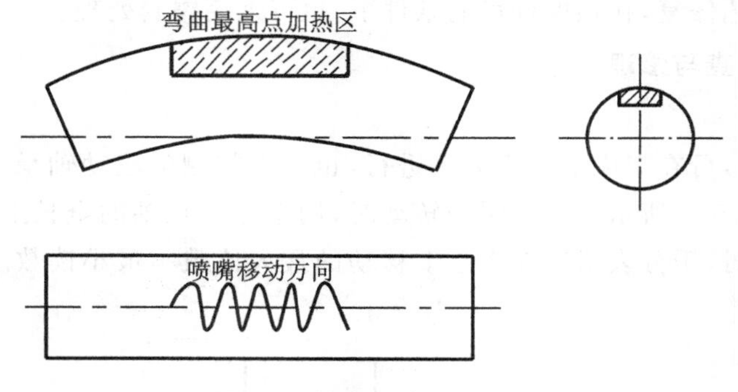

图 5.2　轴类零件的热矫直

(3)采用热矫直法矫直轴的一般操作规范。

利用车床或 V 形铁,找出轴弯曲变形的最高点,确定加热区。

对于加热用的氧-乙炔焰喷嘴,按轴类零件直径粗细决定其大小。直径较粗的轴类零件,应用大喷嘴。

加热区的形状有:条状,当均匀变形和扭曲时常用;蛇形,当变形严重、需加热面积大时采用;圆点状,用于精加工后的细长轴。

若弯曲量较大,可分数次加热矫直,一次加热时间不可过长,以免烧坏工件表面,且加热温度应控制在 250 ℃以内。

(4)采用热矫直法矫直轴的注意事项。

热矫直轴的关键是,弯曲的位置及方向必须找准,加热的火焰要和弯曲的方向相一致,否则会出现扭曲或更大的弯曲。对弯曲程度较大的轴,也可将轴最大弯曲处加热(600 ℃)后,采用千斤顶或压力机施机械力的方法矫直。矫直后须在车床上检查,多次操作,直到符合要求。热矫直后应进行退火,使轴缓慢旋转,加热至 350 ℃左右,保温 1h 以上,而后用石棉物包住加热处,轴旋转冷却至 70 ℃左右再空气冷却。

轴类零件的冷矫直法和热矫直法都属于塑性变形修理法。冷矫直时有冷作硬化和内应力现象发生。轴类零件的变形量越大，这种现象也就越严重。热矫直时，则会因局部加热使金属的组织和机械性能发生局部变化。这对经热处理过的轴影响更大，故热矫直后，应尽量恢复原有的热处理的条件。

3. 轴裂纹的修理

1）轴裂纹的检查

对轴裂纹，可用各种无损探伤检查方法做精确检查，可参阅相关章节。在没有条件的现场，常用的轴裂纹检查方法是：在怀疑有裂纹的部位用煤油抹擦后，将轴表面煤油擦净，立即用粉笔涂抹怀疑有裂纹的部位，如有微小裂纹，会立即出现明显的浸线。

2）轴裂纹的修理

对于机械设备重要部位的轴，其裂纹深度超过直径的5%或扭转变形角超过3°时，应当更换。对于不受冲击载荷、次要的轴，轴上有较浅的裂纹，可用电焊进行补焊。必须指出的是：当轴的材料为低碳钢时，用低于轴本身含碳量的一般低碳钢焊条进行补焊效果较好；如果轴的材料为中碳钢，即使用低于其含碳量的焊条进行焊接，有时效果也不理想，其主要原因是焊接后增碳，应力集中，疲劳强度大大下降，焊后轴的使用寿命较短。在裂纹处剔坡口，将轴整体根据具体情况缓慢加热到300 ℃左右，再进行焊接，并且焊接后进行热处理，效果会明显得到改善。

四、轴的装配方法

1. 轴装配前的准备

在开始装配轴前，应对轴和包容件孔的配合尺寸进行校对，确认无误后方可进行装配。为使装配顺利，一般应做好下述工作。

（1）应在配合表面涂一层清洁机油，以减少配合表面的摩擦阻力。

（2）过渡配合的装配件，在装配时位置不能歪斜，装正后方可施加压力，以防止压入时因位置歪斜刮伤轴或孔。

（3）对已装配好的轴部件，应均匀地支承在轴承上，用手转动轴或轴承时应感到轻快。并且各装配件轴间的平行度、垂直度、同心度均要符合要求。

2. 轴装配过程中的检查方法

1）轴间平行度的检查

轴间平行度的检查可根据具体情况进行，有下述两种方法。

（1）用弯针和钢丝线配合检查。用弯针和钢丝线配合检查轴间平行度如图5.3所示，此时钢丝线应与轴2的中心线垂直，使间隙 a 和 a' 相等，然后检查钢丝线与轴的弯针间之间的间隙 b 和 b' 是否相等。此种检查方法误差较大。

（2）用测量轴间距离的方法检查。用内径千分尺或游标卡尺来测量两轴间两处的距离，被测两处应当相距远些。用内径千分尺测量时（见图5.4），为获得正确的结果，必须将内径千分尺的一端顶在轴的圆柱面上作为支点，绕着它在两个相互垂直方向画几下圆弧，以便测出轴间的最近距离。如果在两处所测的距离数值相等，就说明两轴平行度较好。这种方法较前种方法精确度高。

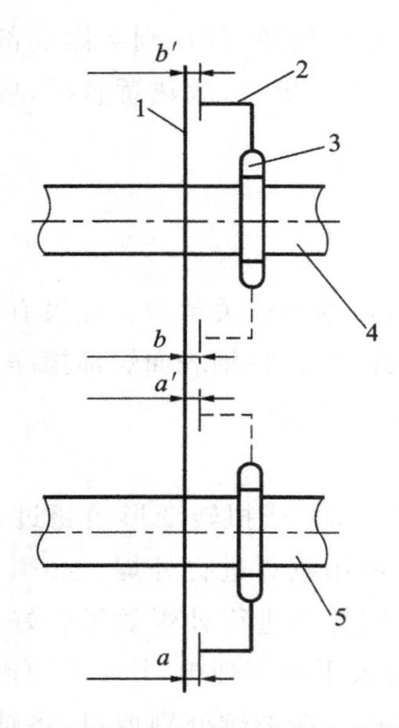

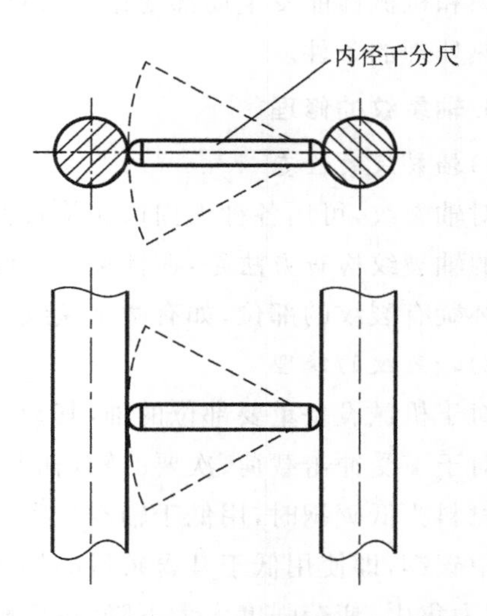

图 5.3　用弯针和钢丝线配合检查轴间平行度

1—钢丝线；2—弯针；3—卡子；4—轴 1；5—轴 2

图 5.4　用内径千分尺测量轴间平行度

2)轴的垂直度检查

可用弯针检查两根相垂直的轴的垂直度，如图 5.5 所示，如测量所得的 a 和 b 值相等，则两轴垂直。

3)轴的同心度检查

如图 5.6 所示，可用装有螺钉的卡子，将螺钉安装在一定的位置上，当缓慢转动轴时，如果用塞尺量得螺钉末端与轴间的间隙不变，则说明两轴是同心的。

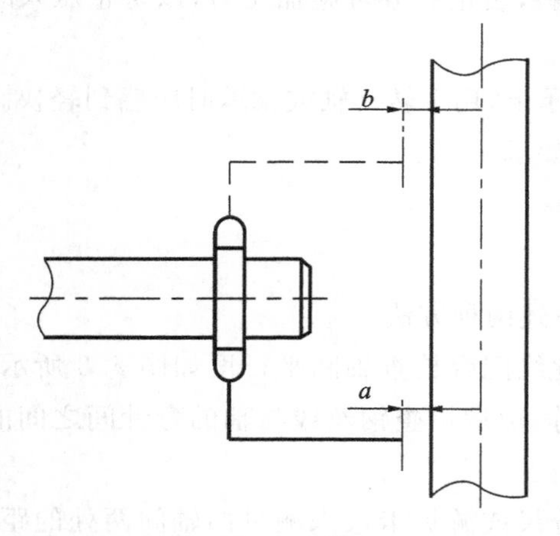

图 5.5　用弯针检查轴的垂直度

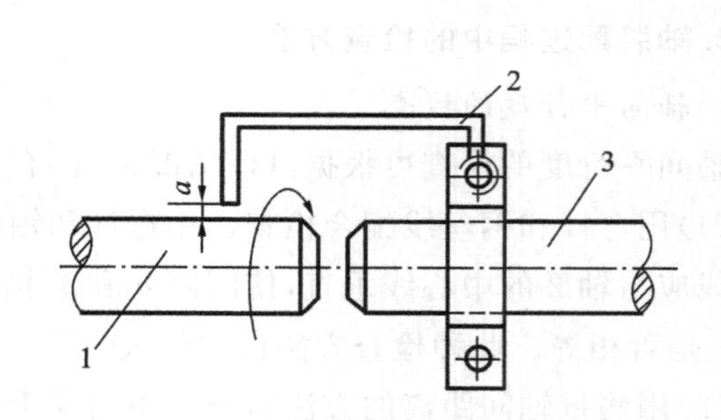

图 5.6　轴的同心度检查

1—轴 1；2—装有螺钉的卡子；3—轴 2；

5.3.2 滑动轴承的修理与装配

滑动轴承广泛应用于低速大载荷的机械设备中。滑动轴承按结构形式可分为整体式滑动轴承和对开式滑动轴承两类；按轴承材料可分为双金属（瓦胎材料为低碳钢、铸铁、铸钢，瓦衬材料为轴承合金、铝合金、铜合金）滑动轴承、灰铸铁滑动轴承和非金属（石墨含油材料、尼龙等）滑动轴承三类；按润滑方式可分为稀油润滑滑动轴承、干油润滑滑动轴承和强制循环润滑滑动轴承。

下面以应用较普遍的对开式双金属滑动轴承为例说明滑动轴承的润滑原理、装配调整和修理。

一、润滑原理

轴承的润滑过程可分为以下三个阶段。

(1)静止阶段。静止阶段如图 5.7(a)所示。此时轴颈和轴承在 A 点接触，因轴颈还未旋转，故不发生摩擦。

(2)启动阶段。启动阶段如图 5.7(b)所示。此时轴颈开始旋转，并沿轴承内壁向上移，在 B 处产生边界摩擦。

(3)稳定阶段。稳定阶段如图 5.7(c)所示。此时由于有一定流速的润滑油的充足供应，加上轴颈具有足够高的转速，使黏附在轴颈表面上的润滑油被旋转的轴不断地带入轴承内壁与轴颈外圆之间的楔形间隙里，油从楔形间隙的大口流入，从小口排出。油在楔形间隙中的流动阻力，随着间隙的逐渐减小而不断增大，使油液产生一定的压力，将轴颈向旋转方向推动，以便形成能承受压力的油楔，当油楔的总压力大于载荷 $\boldsymbol{P}$ 时，将轴颈抬起来，使这里的摩擦变成了完全的液体摩擦。此时，在轴颈与轴承间形成一层油膜，油膜厚度为 h，油压呈抛物线分布，中间最大，两端为零。

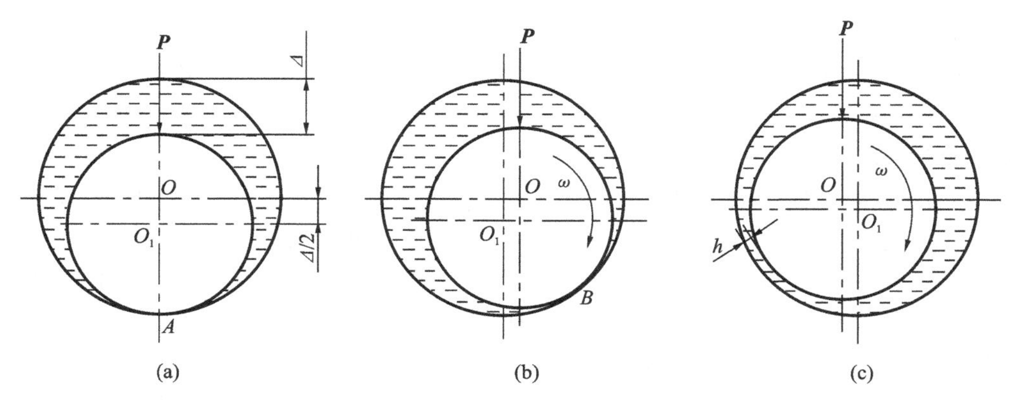

图 5.7 轴承的润滑过程

二、轴承合金重新浇注的方法

对于双金属滑动轴承，由于磨损而使轴承不能继续使用时，就必须重新浇注轴承合金，经修复后继续使用。

轴承合金重新浇注的工艺过程，包括熔脱旧的轴承合金、清理和清洗瓦胎、镀锡、熔化轴承合金和浇注等工序。

1. 浇注前的准备工作

(1)将旧轴瓦在沸水中煮 20 min 后，清除油垢，用喷灯均匀加热瓦背，熔脱旧的轴承合金。应注意，加热温度不要过高，以 200～250 ℃为宜，当合金开始熔化时，将轴瓦放在木板上轻轻敲打瓦背使合金脱离瓦胎。操作中不准损伤瓦胎或使瓦胎变形。熔脱的轴承合金仍可收集复用。

(2)用钢丝刷清除轴瓦上的污垢、锈蚀、残留的合金碎片等，尤其是瓦胎的沟槽和燕尾槽部位应仔细清除。

(3)将清理后的瓦胎放进浓度为 10%～15%的盐酸或硫酸溶液中，进行 5～10 min 酸洗，除去锈蚀，然后放入 80～100 ℃热水中清洗，除去残留的酸。

(4)检查瓦胎是否有裂纹、损伤和变形。

(5)将经酸洗后的瓦胎放入 70～90 ℃的浓度为 10%的碱(氢氧化钠或氢氧化钾)溶液中，进行 10 min 的碱洗脱脂，然后再放入 100 ℃的热水中清洗掉剩余的碱。

(6)选择合适的芯棒。芯棒材料为金属和木材，最好采用金属芯棒，金属芯棒有利于保证浇注质量。芯棒直径应小于轴径直径，以留出加工余量和合金冷缩量。

(7)浇注用容器的容积应略大于轴瓦所需浇注的合金层的容积与加工余量的容积之和，以保证浇注一次完成。在倒入熔化的合金熔液前，事前将浇注用容器预热至 200 ℃。对于小型轴承，可用熔化锅直接浇注。

2. 镀锡

在浇注巴氏合金前 3 min，对清洗干净的瓦胎内表面和沟槽应进行镀锡，目的是确保轴承合金能更好地附着在瓦胎上，并防止其表面氧化影响浇注质量。

在准备镀锡的瓦胎表面上，用毛刷涂上氯化锌溶液，然后将瓦胎加热到镀锡的温度 260～300 ℃，再涂一次氯化锌溶液，用钳子夹住锡块，迅速涂擦瓦胎表面，便形成一层薄的锡衣。对未镀上锡的边角和沟槽应再涂氯化锌溶液，用电烙铁、焊锡条补镀。镀好锡的瓦胎表面，应呈明亮均匀的银白色，如呈褐黄色，则说明锡衣已被氧化，不能浇注轴承合金，必须清除氧化层重新镀锡。

3. 瓦胎的固定和浇注用芯棒的组装

(1)瓦胎的固定。同时浇注两个轴瓦时，应在两瓦的结合面之间各夹一块钢片，每块钢片的厚度等于轴瓦正常工作时所加的全组调整垫片的总厚度，宽度为瓦胎厚度与应浇注合金的最大加工余量的厚度之和，长度等于瓦胎的轴向长度；再用两副特制的卡子将两瓦胎固定卡紧。

(2)浇注用芯棒的组装。将固定好的瓦胎垂直放在平整的木板上，放入芯棒并使芯棒与瓦胎的孔同心，决不允许有偏心。为利于浇注后取出芯棒，钢制芯棒的表面应涂上一层石墨和汽油的混合物，木制芯棒应包一层薄纸。浇注前应将瓦胎所有对接口缝、瓦胎与底部的木板接合处的口缝等所有可能泄漏的地方用黏土堵严，以防浇注时合金熔液漏出，导致浇注失败。瓦胎上部还应用黏土或钢环制成冒口，以弥补轴承合金浇注冷却后轴向尺寸的收缩量。

4. 轴承合金的熔化

轴承合金一般在钢制的深底小口锅内熔化，以使合金熔化时熔液面与空气的接触面小，减少合金的氧化，减轻合金化学成分的烧损。熔化锅应干净，不准有异物，预热至400 ℃，然后将轴承合金放入锅内熔化，熔化的合金量应为一次浇注该轴瓦的用量。浇注轻载荷的轴瓦时，可在合金中加入25%的同一成分的合金切屑或旧合金。熔化合金时，为防止表层合金氧化，要在其表面上覆盖一层粒度约10 mm、厚度约为20 mm的干燥木炭。

熔化过程中要用热的铁棒不断地搅拌，以防止合金的化学成分偏析。为延长浇注时间，可加入粉末状氯化氨，以利于脱氧，加入氯化铵的总量约为熔化合金质量的0.5%～1%。

要严格控制合金熔化温度：温度过高，会增加合金的烧损量，且浇注的合金冷却后，晶粒组织粗大，机械性能低；温度过低，则浇注后易产生气孔，冷却后组织不密实，与瓦胎的结合不牢固。浇注温度为：锡基轴承合金ZChSnSb1-6是440 ℃，铅基轴承合金ZChPbSB16-16-2是480 ℃。准确的浇注温度可查阅有关手册或产品说明书。

5. 轴承合金的浇注

轴承合金的浇注过程和注意事项如下。

(1)将瓦胎和芯棒按要求组装固定，做好准备工作。

(2)将镀好锡的瓦胎预热至200～250 ℃，从镀锡完毕到开始浇注的时间一般为30 s左右，大型轴瓦可稍长些。

(3)浇注前清除浮在合金熔液面上的熔渣和碎木炭等杂物，以免随同熔液一起被注入瓦胎内，影响质量。

(4)浇注时浇注的速度不宜过快，应逐渐加快；液流要保持连续、均匀，不应有中断现象，以防止产生气泡；尽量少散热，注意浇好冒口。

(5)决不允许二次补浇。

(6)轴瓦的冷却须从下而上，先外壁后芯部，这样有利于自上而下补缩和轴承合金向瓦胎内壁收缩，使瓦胎结合密实，避免产生气泡和质地疏松。

(7)在轴瓦未完全冷却之前，决不允许移动芯棒或整个轴瓦。

6. 轴承合金浇注后的质量检查

浇注冷却后的轴承合金表面应呈无光泽的银白色，若呈现较重的黄色则表示浇注的温度过高，应重新浇铸。用手锤轻轻敲打瓦胎外部，浇注质量好的瓦能发出清脆的声音，如果发出浊音，则表明浇注的合金层与瓦胎附着不牢固，须重新浇铸。浇注的表面上不应有深气孔和其他缺陷，如镗孔时合金表面有少数小气孔，允许将气孔补焊修好使用，如果有较大、较深气孔或其他严重缺陷，应重新浇注。

三、轴瓦的加工

1. 轴瓦的内孔加工

轴瓦浇注好后，为保证配合尺寸符合要求，需要对其内孔进行机械加工。加工内孔前，首先在刨床上将上、下轴瓦的接合面修平，表面粗糙度为Ra 6.3～1.6 μm，然后根据轴颈与轴瓦顶间隙Δ和侧间隙b的相互关系的要求进行加工。

(1)侧间隙为顶间隙的一半，即$b=\Delta/2$。确定顶间隙Δ，在上、下轴瓦之间设置一对厚度等于Δ的临时垫片，将上、下轴瓦合紧固定后镗孔，镗孔直径为

$$D=d+\Delta-2C \tag{5.2}$$

式中：d——轴颈公称直径，mm；

C——孔的刮削余量，mm。

镗孔后刮削去掉 C，用厚度为 Δ 的正式垫片代替临时垫片，即得到 $b=\Delta/2$ 的配合。

(2)侧间隙与顶间隙相等，即 $b=\Delta$。确定顶间隙 Δ 和调整垫片厚度 a，若 a 小于或等于 Δ，则在上、下轴瓦接合处放置厚度为 $\Delta+a$ 的临时垫片，固定上、下轴瓦后镗孔，镗孔直径为

$$D=d+2\Delta-2C \tag{5.3}$$

镗孔后，取出临时垫片，放入厚度为 a 值的正式垫片，经刮削后，即可得到 $b=\Delta$ 的配合。若调整垫厚度 a 大于顶间隙 Δ，则应在加工前在上轴瓦接合面刨削掉超过量，然后再放置厚度为 $\Delta+a$ 的临时垫片，进行镗孔。

(3)侧间隙为二倍的顶间隙，即 $b=2\Delta$。确定顶间隙 Δ，然后在上、下轴瓦接合面设置一对厚度为 $3\Delta+a$ 的临时垫片，固定上、下轴瓦后镗孔，镗孔直径为

$$D=d+4\Delta-2C \tag{5.4}$$

镗孔后取出临时垫片，经刮削后放入厚度值为 a 的正式垫片，即可得到 $b=2\Delta$ 的配合。

四、滑动轴承间隙和接触角的确定与调整

1. 滑动轴承留有间隙的原因

滑动轴承的间隙是指轴颈和轴瓦之间的空隙，分为径向间隙和轴向间隙两种，径向间隙又分为顶间隙和侧间隙两种，如图 5.8 所示。留有径向间隙的目的有两个：一是使润滑油能流到轴颈和轴瓦之间形成油膜而达到完全的液体润滑；二是控制机械设备零部件在运转中的精确度。径向间隙小能提高运转精度，但如果太小，就不能使轴承中的润滑油形成油膜，会使运转时轴颈与轴承的金属产生摩擦而发热，甚至烧坏轴承。径向间隙太大，轴颈运转时产生冲击和跳动，冲击载荷会破坏润滑油形成的油膜，机械设备零部件在运转中产生较大振动和噪声。因此，轴承在装配时应具有适当的径向间隙。

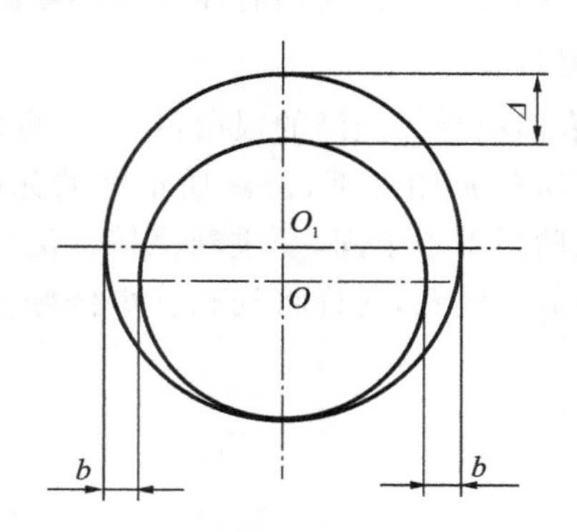

图 5.8　轴承与轴颈配合间隙示意图

滑动轴承的侧间隙主要起散热作用，同时在侧间隙处开油沟，将润滑油连续地引到轴承的承载部分。侧间隙还可防止因运转中发热使轴承膨胀而将轴颈抱死。

滑动轴承的轴向间隙是为了确保当轴运转导致温度升高而发生长度方向变化时，留有自由伸缩的余地。

2. 滑动轴承的接触角

接触角是指轴颈与轴瓦接触面所对应的圆心角。接触角 α 不可太大，也不可太小。接触角 α 太大会影响油膜的形成，使轴瓦较难取得稳定的液体摩擦的润滑条件，加速轴瓦的磨损；接触角 α 太小会使轴瓦的压应力增大，导致轴承合金的变形破损或油膜破坏而加剧磨损，使轴瓦损坏。

滑动轴承承受压力的接触角的极限范围是 120°，当磨损达到此极限角度时，液体摩擦条件即被破坏，轴承就会急剧磨损。因此，在不影响轴承受压强度的条件下，轴承的接触角应尽可能小，接触角越小，也就是说越不会较快地磨损到 120°，使用寿命也就越长。转速高于 500 r/min 的滑动轴承，接触角为 60°，转速低于 500 r/min 的滑动轴承，接触角为 60°～90°。

当作用在轴上的载荷的方向一定时，滑动轴承在载荷作用方向受到局部磨损，轴承不仅因磨损而使间隙增大，而且产生几何形状的改变，如图 5.9 所示。轴承内孔因磨损而形成凹陷，使轴颈与轴承的曲率半径相同，所以难以形成楔形间隙。轴颈与轴承的接触角达到 120°时，轴承不能正常工作。

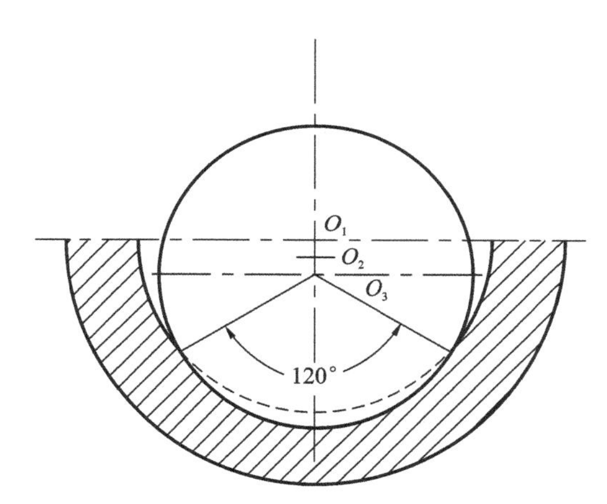

图 5.9　局部磨损使下轴瓦几何形状改变

3. 滑动轴承间隙的选择

1）滑动轴承径向间隙的选择

滑动轴承径向间隙的选择有以下方法。

（1）按图纸上标的配合偏差和精度等级，查得轴与孔的上、下极限偏差值，计算出最大和最小间隙值，按下式计算得到滑动轴承的顶间隙。

$$\Delta=\frac{1}{2}\left[\frac{1}{2}(X_{\max}+X_{\min})+X_{\max}\right] \tag{5.5}$$

式中：$X_{\max}$——轴颈与轴瓦配合的最大间隙，mm；

$X_{\min}$——轴颈与轴瓦配合的最小间隙，mm。

（2）在缺乏图纸资料的情况下，可按以下经验公式计算顶间隙。

$$\Delta=Kd \tag{5.6}$$

式中：K——系数，如表 5.5 所示；

d——轴的直径，mm。

表 5.5 滑动轴承的径向间隙经验数据表

序号	类别	K 值
1	一般精密机床轴承或一级配合精度的轴承	>0.000 5
2	二级精度配合的轴承	0.001
3	一般冶金设备轴承	0.002～0.003
4	粗糙机械	0.003 5
5	透平机类轴承	0.002

2）滑动轴承侧间隙的选择

顶间隙为一般值时，$b=\Delta$；顶间隙为较大值时，$b=\Delta/2$；顶间隙为较小值时，$b=2\Delta$。

3）滑动轴承轴向间隙的选择

轴向间隙值应按轴的结构形式进行选择，应符合设备技术文件的规定值，如无规定时，应考虑轴的热膨胀伸长量。

4. 滑动轴承间隙的测量与调整

滑动轴承顶间隙常用厚薄规、压铅丝等测量，轴向间隙可用塞尺或百分表测量。

1）塞尺测量法

轴瓦与轴颈之间的侧间隙通常用塞尺测量，测量时应注意塞尺塞进间隙中的长度，该长度不应小于轴瓦长度的 2/3。

2）压铅测量法

测量时选用的铅丝直径不能太大或太小，最好为规定顶间隙值的 1.5～2 倍，长度为 30～100 mm。铅丝应柔软。测量时，先把轴承盖打开，将小段铅丝涂上一点油脂，放在轴颈上部及轴承上、下轴瓦的接合处，如图 5.10 所示，然后盖上轴承盖，均匀地拧紧轴承盖螺栓，待螺栓紧到位后，再松开螺栓，取下轴承盖，用游标卡尺测量出每节压扁了的铅丝的厚度，计算出轴承的顶间隙。

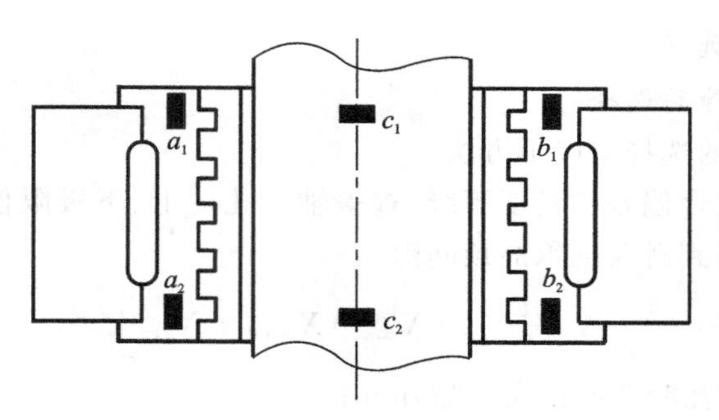

图 5.10 用压铅测量法测量轴承顶间隙

当顶间隙的测量数值超过极限数值时，应通过减小轴瓦调整垫片的厚度来进行调整，使顶间隙值恢复到初始间隙数值。与此同时，还应检查下轴瓦面上轴颈与轴瓦磨损后的接触角，若接触角接近或达到 120°，下轴瓦磨损已达极限，必须在减小调整垫片厚度的同时刮研下轴瓦，使

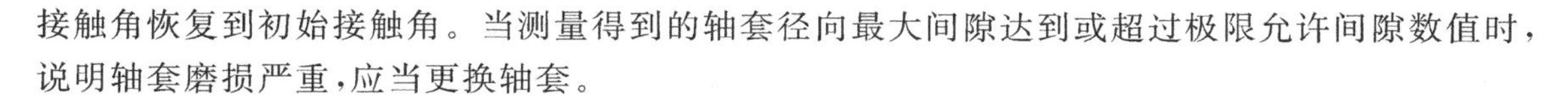

接触角恢复到初始接触角。当测量得到的轴套径向最大间隙达到或超过极限允许间隙数值时，说明轴套磨损严重，应当更换轴套。

五、轴瓦及轴套的刮研

刮研轴瓦是一项细致而又费时的工作。刮研轴瓦，要使轴颈与轴瓦接触细密、均匀，使轴承具有一定的间隙，使轴瓦的接触角在要求的范围内，轴瓦的接触点点数及分布达到要求。

为保证轴承内有足够的润滑油，滑动轴承需要在轴衬上开凿油槽。油槽的形状有直线形、十字形和王字形。

六、滑动轴承的装配和调整

滑动轴承装配的质量，直接影响到设备的运行状况和轴承的使用寿命。滑动轴承的装配主要包括检查、轴承座与轴瓦的装配和调整定位、轴承盖的紧固和间隙调整。

1. 轴承座的装配与调整

在多支承的轴上，轴承座的同心度和水平度可用拉线法检测。在轴承座的两端固定一条直径为 0.25～0.5 mm 的细钢丝，并用重锤拉紧钢丝，如图 5.11 所示，用内径千分尺测量钢丝到轴承表面的距离 k，即可测出轴承座孔的同心度。当同心度超限时，应查明原因进行修整。然后将轴放在轴承座上，用涂色法检查轴与轴瓦表面的接触情况。一切调整完毕后，再将轴承座牢固地固定于机件或基础上。

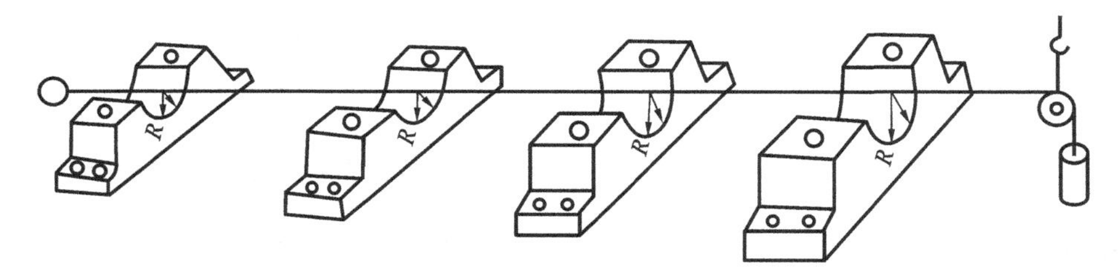

图 5.11　用拉线法检测轴承座的同心度

2. 轴套的装配

轴套和轴承体之间常采用具有过盈的压入配合，并用螺钉或销钉固定。在压装轴套时，注意轴套的变形。

5.3.3　滚动轴承的修理与装配

滚动轴承的特点是：摩擦阻力小，效率高，工作可靠，维护简单，对过载荷的敏感性高。

一、滚动轴承的配合选择

轴承内圈与轴颈的配合按基孔制，而外圈与轴承箱孔的配合则按基轴制。轴承在工作时，所承受的载荷可分为局部载荷、循环载荷和摆动载荷三种。修配工作中，轴承与轴颈和轴承箱孔的配合种类，应根据载荷的类型、大小和方向，轴承的类型和尺寸精度，参照有关技术文件而定。

在选择配合性质时应注意，如果轴承的内圈和外圈都采用过渡配合，那么由于内圈的扩大及外圈的收缩，轴承的径向间隙变小，滚动体会被卡住，如果与轴一起转动的内圈与轴采用过渡配合，则外圈与箱体采用动配合；如果外圈是与轴承箱一起转动的，且外圈与轴承箱采用过渡配合，则内圈与轴颈应采用动配合。

二、滚动轴承的拆卸、清洗、检查和装配

1. 滚动轴承的拆卸

如图 5.12、图 5.13 所示，滚动轴承常用手锤、击杆或套筒等拆卸，禁止直接打击轴承。

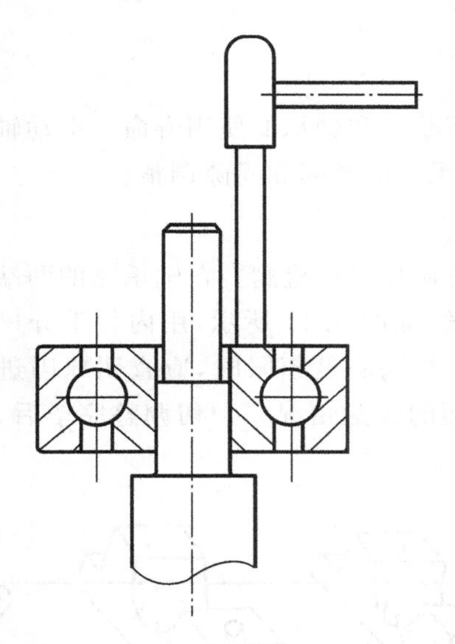

图 5.12　用击杆和手锤装配轴承

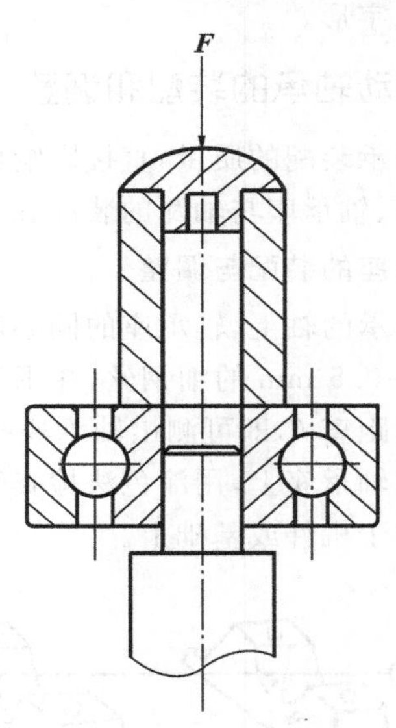

图 5.13　用套筒装配轴承

必须保证在拆卸时不损伤轴承和座体，拆卸力要均匀地加在压紧的套圈上。从轴承箱上拆卸轴承时，拆卸力要施加在轴承外圈上，当遇到与轴颈锈死或配合较紧的情况时，可预先用煤油浸渍配合处，之后用工具拆卸，必要时可用 120 ℃的热机油浇轴承，使其内圈受热膨胀以便拆卸。

2. 轴承的清洗和检查

拆卸下来的轴承，一般用煤油清洗，也可用化学清洗剂清洗。清洗时一手拿住内圈，另一只手慢慢反复转动外圈，将滚道内和保持架上的污物除掉，必要时应放在木板上敲打振击掉污物。清洗干净后擦干轴承，经检查能复用的轴承应涂抹机油，用纸包好待用。清洗后的轴承用手旋转时，如果声响太大或有卡紧现象，说明质量不好，经检查发现其存在工作间隙因磨损超过规定、滚动体和内外圈有裂纹或滚道有明显斑点、变色疲劳脱皮、保持架变形等现象，轴承就不能再使用了。对于新轴承，使用前应将防护油脂清洗干净，再加入规定的润滑油。

滚动轴承径向间隙常用厚薄规检查，径向间隙的磨损极限值不得超过规定值。

3. 轴承的装配

装配滚动轴承前，还应注意检查其与轴颈或轴承箱孔的配合尺寸、几何精度、表面粗糙度是

否符合技术要求。对于零件表面的碰伤、毛刺、锈蚀等局部缺陷，均应进行修复。装配时应当保持清洁，防止杂物进入，将标有字样的端面朝外以便查询。装配后，用手转动轴承应感到轻松灵活。滚动轴承的安装方法根据轴承的类型和配合性质而定。

1. 圆柱孔轴承的安装

小型或中型轴承过盈量不大，压入所需的轴向力较小，在常温下可采用锤击法安装。捶击时，不能直接敲击轴承本体，不能通过滚动体来传递装配力，应注意加力均匀和对称，以防止将轴承装偏斜或轴颈与轴孔咬死。用压力机压装装配质量更好。为减小装配时的摩擦阻力和有利于今后拆卸，装配时应在配合表面涂一层润滑油。对于可分离的轴承，安装时不得将轴承内、外圈等零件混乱，要适当地转动轴或壳体，以免滚动体歪斜。

对于中、大型轴承，由于过盈量较大，可采用热装的方法。但对封装润滑脂密封的轴承，为防止润滑脂流失或变质，不能热装。热装常用的加热方法是把轴承放入油箱中均匀加热至 80～100 ℃。油的闪点应在 250 ℃以上，最好用变压器油。油温不应超过 100 ℃，应严格控制油温。加热好的轴承应立即装入轴颈，一次装配到位。冷却过程中要始终使轴承靠紧配合部位的轴肩，并不时地转动轴承，以防装配倾斜或卡死。对于内径在 100 mm 以上的可分离型滚子轴承，可采用电磁感应加热的方法。

2）圆锥孔轴承的安装

圆锥孔轴承可直接装在有锥度的轴颈上，或装在直轴带紧定套和退卸套的锥面上。这类轴承一般要求有较紧密的配合，配合公差由轴承相对于轴颈配合面的距离决定。轴承压进有锥度的轴颈，由于内圈膨胀，轴承径向间隙减小。轴承在装配前需测量径向游间隙，装配过程中也要经常用塞尺测量径向间隙。当径向间隙不能用塞尺测量时，可测量轴承在锥度轴颈上的移动距离，计算出径向间隙减小量。对于实心轴、1∶12 标准锥度，轴向压入距离约为径向间隙减小量的 15 倍。分离型滚动轴承可直接用外径千分尺来测量内圈的膨胀量。

3）滚动轴承的轴向固定

轴承内圈与轴间一般采用螺母配合保险垫固定、弹簧圈固定或双螺母固定。轴承外圈用弹簧圈或轴承压盖固定。

5.3.4 齿轮和蜗轮的修理与装配

机械设备中的传动装置广泛应用齿轮传动。齿轮传动效率高、结构紧凑、工作可靠、寿命长及传动比稳定，但制造和安装精度要求高，制造费用较大，不适用于较大距离的传动。常用的齿轮传动有圆柱齿轮传动、圆锥齿轮传动和蜗杆蜗轮传动三种。齿轮常用材料有灰铸铁、球墨铸铁、铸钢、轧制钢、锻钢等。蜗轮一般是由铸铁轮芯和配在轮芯上的青铜轮缘组成，蜗杆用钢制成。

齿轮传动按圆周速度分为最低速（$v<0.5$ m/s）、低速（$v=0.5\sim3$ m/s）、中速（$v=3\sim15$ m/s）、高速（$v>15$ m/s）。

一、齿轮传动和蜗杆蜗轮传动装配的要求

齿轮传动和蜗杆蜗轮传动正确装配的基本要求是：齿轮正确地装配在轴上，精确保证齿轮的位置，使齿间具有合适的间隙，保持正确的中心距，保证齿的表面接触良好。

二、圆柱齿轮的装配和调整

1. 传动齿轮装配的检查

传动齿轮装配前的检查内容如下。

(1)齿轮的主要技术参数符合要求，如齿形、模数、齿宽、压力角等。

(2)齿轮内孔和轴径的配合表面情况与配合公差要符合要求。

(3)齿轮的材质和加工质量。

(4)高速齿轮应进行平衡试验。

传动齿轮装配过程中的检查内容如下。

(1)齿轮的径向跳动和端面跳动。

(2)齿轮内孔中心线与轴中心线的同轴度，齿轮端面与轴中心线的垂直度。

(3)有关啮合中心线的不平行度和扭斜情况。

(4)啮合齿轮对中心距的尺寸误差。

(5)轮齿啮合的顶间隙和侧间隙。

2. 圆柱齿轮传动的精度等级

圆柱齿轮传动的精度等级按国标规定划分为 12 级，每个精度等级都分为 3 个公差组。相关精度指标可参阅国家标准或行业标准。

3. 齿轮的径向跳动和端面跳动的检测

齿轮装配后径向跳动和端面跳动过大，会使啮合性能严重恶化，振动、噪声、磨损均加重，动载荷变大。

齿轮的径向跳动和端面跳动可使用量规和千分表检测，如图 5.14 所示。检测时，将量规放置在齿间，两个千分表分别置于齿轮的径向和端面位置，缓慢旋转轴，沿圆周测 6～8 个点，测 2～3 次，取平均值作为测量结果。

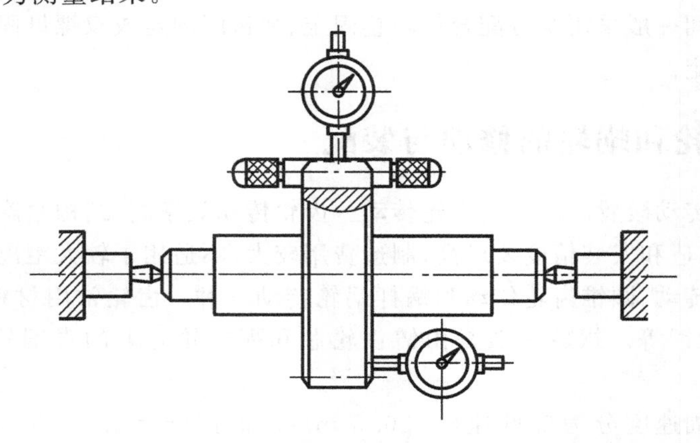

图 5.14　齿轮径向和端面跳动检测

通过径向跳动和端面跳动的检测，还可以判断出齿轮和轴的同轴度与垂直度的偏差情况。当同轴度偏差过大时，齿轮运转时产生径向摆动，使一对啮合齿轮的中心距发生周期性变动，在一个圆周的回转中，产生周期性的冲击或不正常声音，严重时还会出现偶然咬死现象。当垂直度偏差过大时，会使齿轮产生较大的端面摆动，使啮合轮齿的作用力集中在齿面的局部位置，引起齿面局部磨损过快、振动和噪声。

4. 齿轮中心距和轴中心线的平行度、扭斜度检测

1）齿轮中心距检测

中心距检测在齿轮轴未装入齿轮箱内以前，可用特制的游标卡尺测量两轴承孔的中心距，装配后可用内径千分尺及水平仪测量，如图 5.15 所示。中心距的偏差与齿轮传动的精度有关，可查阅相关标准。

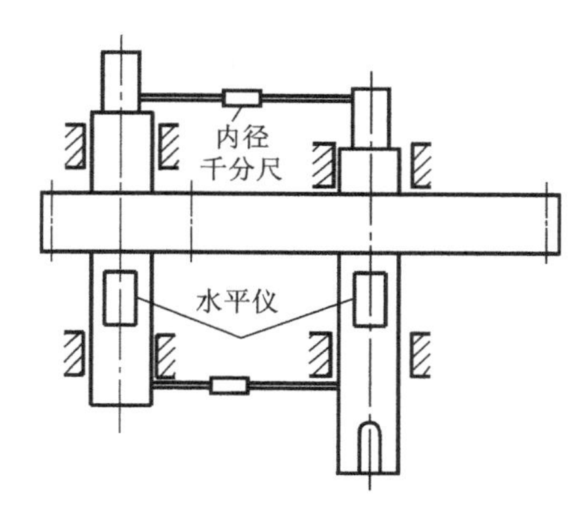

图 5.15　两轴中心矩和平行度检测

2）两轴中心线的平行度和扭斜度检测

两轴中心线平行度和扭斜度的检测方法与中心矩的检测方法相同。检测前，先将齿轮轴或检验心轴放置在齿轮箱的轴承孔内，然后用内径千分尺来测量轴中心线的平行度，再用水平仪来测量轴中心线的扭斜度。

5. 齿轮啮合间隙的检查

齿轮在正常啮合传动时，齿间必须保持一定的齿顶间隙和（顶隙）齿侧间隙（侧隙）。齿轮间隙的作用主要是储存必要的润滑油，减少齿接触表面的磨损，补偿齿在载荷作用下的弹性变形与热膨胀变形。

顶隙和侧隙过小，运转时将产生很大的相互挤压应力，润滑油被挤出，引起齿间缺油，导致齿面磨损加剧，附加载荷相应加大，严重时会损坏轴承，使传动轴弯曲、轮齿折断。顶隙和侧隙过大，则在传动中可能出现齿间冲击、齿面磨损加快、噪声和振动加大、轮齿折断等现象。

齿轮啮合间隙的数值大小可查阅相关标准。

齿轮啮合间隙检查的方法有以三种。

1）塞尺法

用塞尺可以直接量出齿轮的齿顶间隙和齿侧间隙。

2）千分表法

用千分表测量齿轮的侧隙如图 5.16 所示。测量时，将下齿轮固定不动，正、反两个方向微微转动固定在上齿轮轴上的拨杆，千分表上的指针便正、反两方向摆动，可以得到读数 A，按下式换算出实际的齿侧间隙。

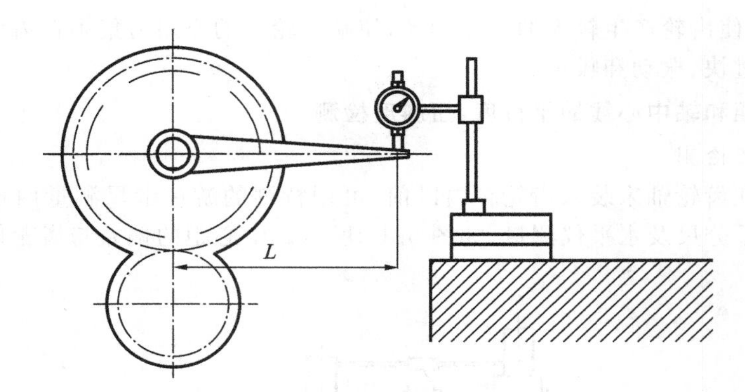

图 5.16　用千分表测量齿轮的侧隙

$$c=A\frac{R}{L} \tag{5.7}$$

式中：R——上齿轮的节圆半径，mm；

L——拨杆的长度，mm。

3)压铅丝法

压铅丝法是现场常用的测量齿顶间隙和齿侧间隙的方法。测量时，先将铅丝大致按照齿形弯曲并放置在齿轮上，然后使齿轮啮合滚压铅丝，变形后的铅丝最厚部分的厚度值即为齿轮顶隙，相邻两较薄的部分的厚度值之和为侧隙，大小可以用游标卡尺测量。

6. 齿轮啮合接触面积的检查

齿轮啮合接触面积的大小和位置，是衡量齿轮制造和装配质量的重要指标。传动齿轮在工作过程中，沿齿宽和齿高方向要有足够长度的接触，所承受载荷均匀分布，发生的磨损沿其工作面高度和宽度一致，否则会加大载荷的集中程度和齿的过早磨损。齿轮啮合接触斑点可用涂色法检查，将显示剂涂在小齿轮上，盘动小齿轮驱动大齿轮，使大齿轮转动3～4圈，根据色迹可以判定齿轮装配得正确与否。

圆柱齿轮正确啮合，即中心线间距和啮合间隙均符合技术规定时，其接触的色迹面积的位置必然均匀地分布在齿的节线的上下。图5.17所示为圆柱齿轮传动啮合齿面接触情况，图5.17(a)表示装配正确，图5.17(b)表示齿轮中心矩偏大，图5.17(c)表示齿轮中心矩偏小，图5.17(d)表示两齿轮中心线扭斜。

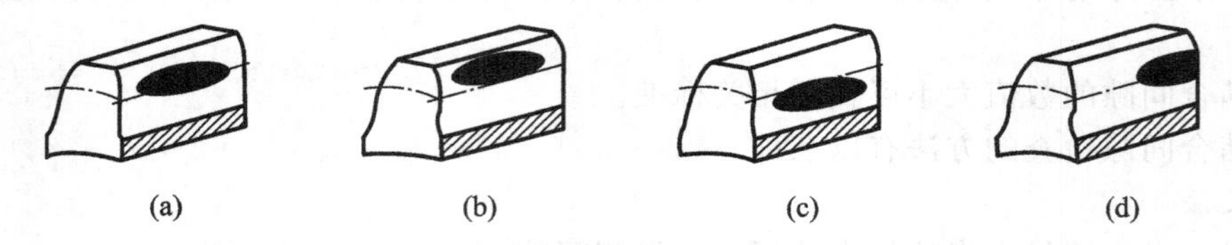

图 5.17　圆柱齿轮传动啮合齿面接触情况

三、圆锥齿轮的装配与调整

正确装配的两圆锥齿轮，其节圆锥母线应该吻合，节圆锥顶点必须重合，即两圆锥齿轮轴的中心线垂直相交，不发生扭斜和偏移。圆锥齿轮传动装置的装配方法和步骤与圆柱齿轮传动装置基本相同。装配工作中产生的主要问题是轴线夹角有偏差，装配时必须检测轴承孔中心线的夹角和偏移量，检测啮合间隙和接触面积。

1. 轴中心线夹角的检测

轴中心线夹角的检测如图 5.18 所示，检验芯棒上千分表读数差为检验长度上的垂直度偏差，其轴中心线夹角的极限偏差值如表 5.6 所示。

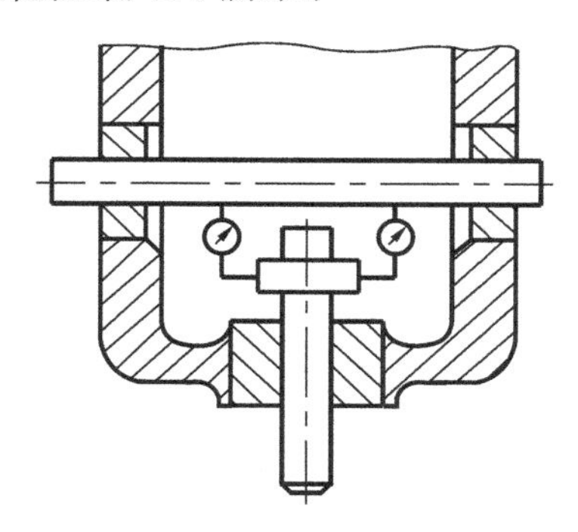

图 5.18 轴中心线夹角的检测

表 5.6 圆锥齿轮轴中心线夹角的极限偏差值

传动形式	锥距/mm							
	～50	50～80	80～120	120～200	200～320	320～500	500～800	800～1 250
	偏差/μm							
闭式	±45	±58	±70	±80	±95	±110	±130	±160
开式	±70	±95	±100	±120	±150	±180	±210	±250

2. 轴中心线偏移量的检测

轴中心线偏移量的检测如图 5.19 所示。检测时，如果中心线没有偏移，则两根检验芯轴的槽口平面之间应没有间隙。如果轴中心线有偏移，则可用塞尺测量出槽口平面之间的间隙值，此值即为两轴中心线的偏移量，其极限偏差值如表 5.7 所示。

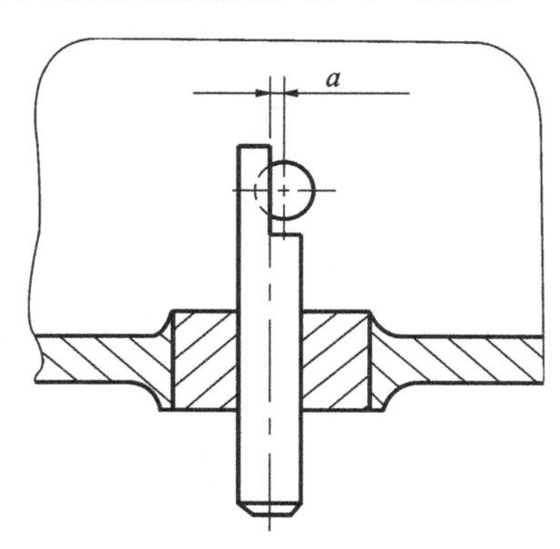

图 5.19 轴中心线偏移量的检测

表 5.7 圆锥齿轮轴中心线偏移量的极限偏差值

精度等级	端面模数 m_n/mm	锥距/mm				
		～200	200～320	320～500	500～800	800～1 250
		偏差/μm				
7	1～16	19	22	28	36	48
8	1～16	24	28	36	45	58
9	2.5～16	30	36	45	55	75

四、蜗杆蜗轮的装配

1. 蜗杆蜗轮的装配要求

装配蜗杆蜗轮时，必须符合下列要求。

(1)蜗杆和蜗轮的轴心线具有一定的中心距精度和不歪斜精度。

(2)蜗杆螺旋侧面与蜗轮齿侧面之间应有一定的间隙和接触精度。

(3)传动轻便灵活。

2. 蜗轮蜗杆传动的检查

蜗杆与蜗轮的中心距可以用检验棒和样板检测，如图 5.20 所示。

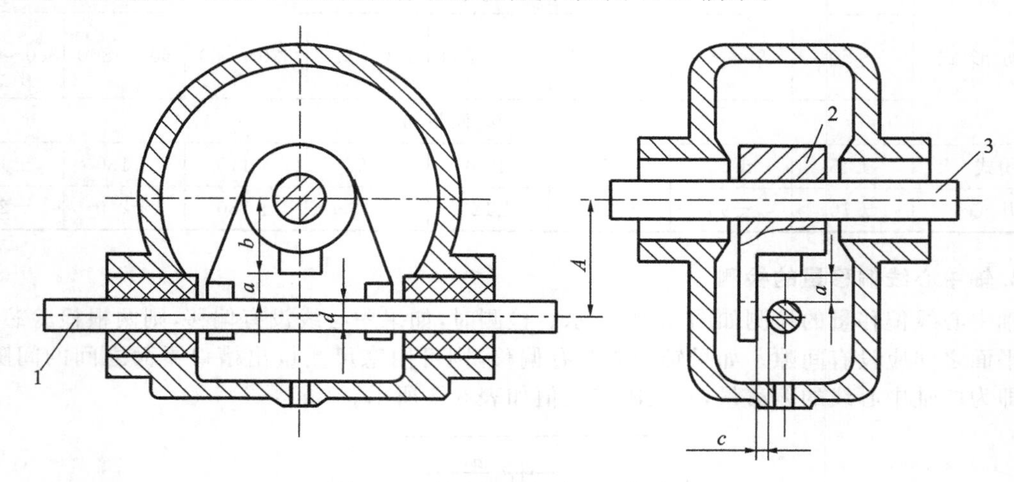

图 5.20 蜗轮与蜗杆中心距的检测

1—检验棒 1；2—样板；3—检验棒 2

检验棒 1 插入蜗轮的轴的座孔，在检验棒 1 上套着样板，然后在蜗杆的座孔插入检验棒 2，用量规检验样板上测量平面与检验棒 2 之间距离 a，根据尺寸 a、b 和检验棒直径 d 可以计算出实际中心距 A：

$$A=b+a+\frac{d}{2} \tag{5.8}$$

用块规或塞尺测量样板下部的测量平面与检验棒之间的距离 c，根据左右两边的距离数值是否一致可以判断出蜗杆与蜗轮的轴心线是否扭斜。

蜗轮与蜗杆的轴心线是否扭斜也可以用图 5.21 所示的方法检验。把芯轴 1 和 2 分别放在蜗杆和蜗轮的轴孔中，芯轴 2 上用摆杆 3 固定一个千分表，根据千分表在长度 L 上 m、n 两点的读数差即可算出两轴的扭斜度。如果两轴没有扭斜，则 m 和 n 点处百分表的读数应该相同。当 m 和 n 两点间的读数差为 Δ 时，蜗轮与蜗杆的轴心线的扭斜度值 δ 为

$$\delta=\frac{\Delta}{L} \tag{5.9}$$

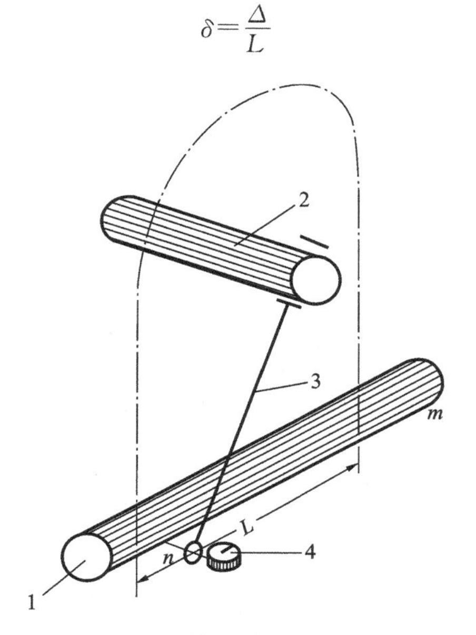

图 5.21　检测轴心线的扭斜

1—芯轴 1；2—芯轴 2；3—摆杆；4—千分表

蜗杆、蜗轮传动装置的中心距偏差和轴心线扭斜的偏差分别如表 5.8、表 5.9 所示。

表 5.8　蜗轮蜗杆传动装置中心距偏差

精度等级	轴向模数 m_s/mm	中心矩/mm					
		～40	40～80	80～160	160～320	320～630	630～125 0
		偏差/μm					
7	1～30	±30	±42	±55	±70	±85	±110
8		±48	±65	±90	±110	±130	±180
9		±55	±105	±140	±180	±210	±280

表 5.9　蜗轮蜗杆传动装置轴心线线扭斜的偏差

轴向模数 m_s/mm	精度等级		
	7	8	9
	偏差/μm		
1～2.5	13	17	21
2.5～6	18	22	28
6～10	26	34	42
10～16	36	45	55
16～30	58	75	95

为保证蜗杆和蜗轮正常运转，它们之间应有一定的齿侧间隙。新的蜗轮蜗杆传动装置的齿侧间隙值 Δc 为

7 级精度蜗轮蜗杆传动装置　$\Delta c=(0.015\sim0.02)$ mm

8 级精度蜗轮蜗杆传动装置　$\Delta c=(0.02\sim0.03)$ mm

对于蜗杆与蜗轮的接触：在常用的 7 级精度传动中，印痕的长度和高度应分别不小于蜗轮齿长的 2/3 和齿高的 3/4；在 8 级精度传动中，应分别不小于蜗轮齿长的 1/2 和齿高的 2/3。

五、齿轮的失效

齿轮损坏的原因可能是：齿轮传动过载荷；安装不正确，啮合齿接触不均匀，致使齿局部承载过大；齿轮材质不合要求，内部有裂纹或缺陷，热处理不当；冲击载荷过大，齿间落入硬物；缺乏润滑剂或润滑材料不佳等。

齿轮工作时，其工作齿面间同时产生滑动摩擦与滚动摩擦，这必然会引起齿面的磨损。当磨损达到一定程度后，正常的啮合遭到破坏，因而加大了动力传动的不均衡性，增大了齿侧间隙。其结果是产生振动、噪声、附加动负荷，使传动效率下降。齿轮的失效主要表现为下面几种形式。

(1)断齿。一般断齿先发生于齿根部，然后沿齿宽、齿厚方向发展，直至齿折断。

(2)齿轮的磨料磨损。

(3)齿面疲劳点蚀。

点蚀是齿面在循环变化的接触应力下，产生的表层疲劳破坏现象。其特征是，在分度圆附近沿齿宽出现许多麻点和凹坑。

(4)齿面黏着(胶合)。

防止或减少黏着破坏的方法主要有以下五种。

①使用抗黏着能力强的润滑油。

②提高齿面硬度、光洁度。

③选择合适的齿轮副材料。

④进行良好的跑合。

⑤减小齿轮的模数以及采用角度变位齿来降低啮合轮齿之间的相对滑动率。

六、齿轮的修理

修理齿轮常用的方法有堆焊加工法、嵌齿法、变位切削法等。

5.4 机械设备安装实例

5.4.1 YL-237C 型机械设备装调与控制技术实训综合装置

一、YL-237C 型机械设备装调与控制技术实训综合装置的功能特点

1. 仿真度高

本装置可模拟数控冲床加工零件，通过送料系统、定位系统、冲压系统以及冷冲压模具的联

合动作，可对薄铝板或铝塑板进行精确加工。编程完成后运行本装置，即可自动加工零件，贴近工业现场实际操作。

2. 实操性强

依据相关职业标准、行业标准和岗位要求设置各种实际工作任务，以职业实践活动为主线，通过“做中学”，真正提高学生的动手技能和就业能力。

3. 模块化设计

本装置由多种机械部件组成，既可将各部件作为独立的模块进行训练，也可将各部件组成综合的机械系统进行训练。

4. 综合性强

本装置可完成机械设备安装与调整、电气设计与线路连接、PLC和触摸屏程序编写、机电联调、装配精度检测等典型工作任务，满足实训教学、工程培训及职业竞赛的需要。

二、YL-237C型机械设备装调与控制技术实训综合装置的技术性能及系统组成和功能

1. 技术性能

(1)输入电源：三相四线(或三相五线)，～380 V±10%，50 Hz。

(2)工作环境。温度：−10 ℃～+40 ℃。相对湿度：≤85%(25 ℃)。海拔：<4 000 m。

(3)装置容量：<2.20 kVA。

(4)外形尺寸：1 500 mm×800 mm×800 mm(机械装调实训台)；800 mm×250 mm×1 800 mm(电气控制柜)；950 mm×700 mm×750 mm(钳工操作台)；600 mm×550 mm×1 075 mm(计算机桌)。

(5)安全保护：具有电流型漏电保护装置，安全符合国家标准。

(6)可满足全国技能大赛设备比赛要求。

2. 系统组成和功能

首先，自动完成对被加工物料的多模具精确冷冲压，通过电气控制柜中的PLC控制伺服电机来控制二维送料机构(十字滑台)，完成对被加工物料(铝板或铝塑板)的送料和定位；然后，根据运行要求完成转塔部件中多种模具的更换，并通过定位系统对转塔机构进行精确定位；最后，利用冲压系统以及冷冲压模具的联合动作对物料进行精密冲压。

本装置由钳工操作台、机械装调实训台、电气控制柜(包括电源控制模块、可编程控制器模块、变频器模块、触摸屏模块、步进电机驱动模块、伺服电机驱动模块等)、动力源(包括三相交流电机、步进电机、交流伺服电机等)、计算机桌等组成。

3. 外观结构

YL-237C型机械设备装调与控制技术实训综合装置的外观结构如图5-22所示。

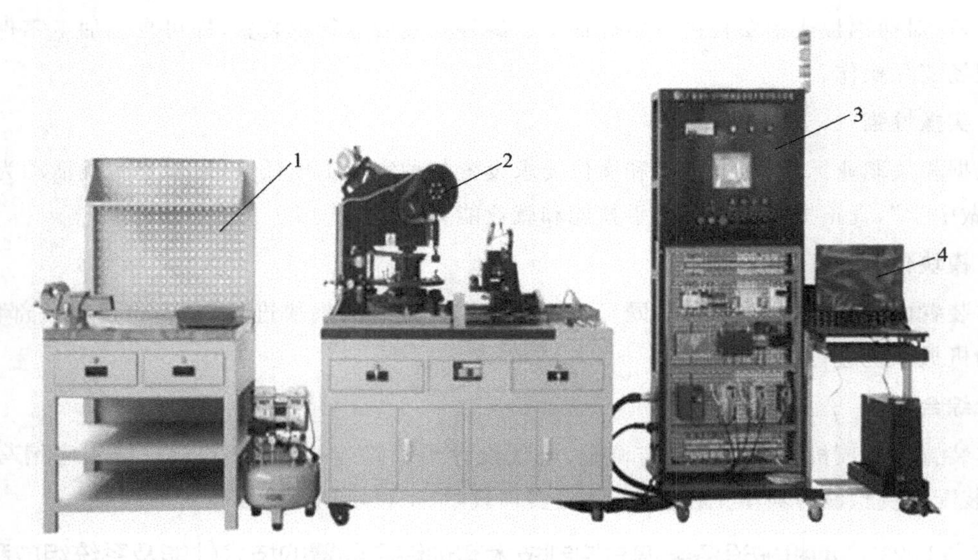

图 5.22 YL-237C 型机械设备装调与控制技术实训综合装置的外观结构

1—钳工操作台；2—机械装调实训台；3—电气控制柜；4—计算机与计算机桌

三、钳工操作台

钳工操作台主要由实木台面、橡胶垫、台虎钳等组成，用于钳工基本操作。

四、机械装调实训台

学生可在机械装调实训台上安装和调整各种机械机构。

五、机械装调实训台

机械装调实训台的外观结构如图 5.23 所示。

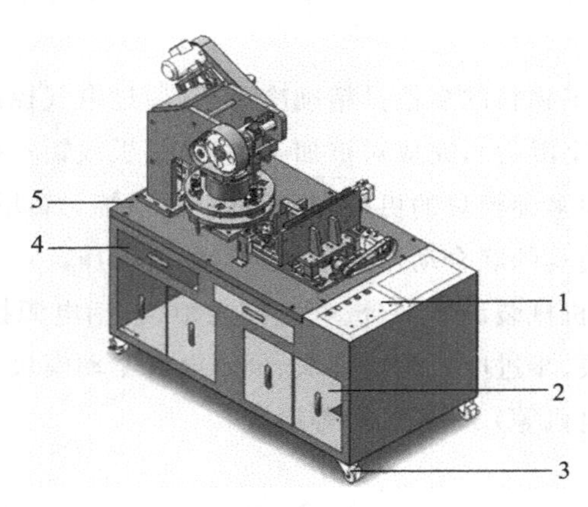

图 5.23 机械装调实训台的外观结构

1—实训台控制面板；2—吊柜；3—万向轮；4—抽屉；5—机械装调区域

机械装调区域的外观结构如图 5.24 所示。

图 5.24 机械装调区域的外观结构

1—减速步进电机 57BYGH564Q；2—交流电机 6332-1409；3—交流伺服电机 JSMA-LC03ABK；4—二维送料机构(十字滑台)5—机械式冲料机构；6—模具 7—转塔机构；8—上下模盘启动定位模块

1. **减速步进电机** 57BYGH564Q

减速步进电机 57BYGH564Q 由减速箱和步进电机组成，用以降低输出转速，是机械系统的动力源之一。

2. **交流电机** 6332-1409

交流电机 6332-1409 是机械系统的动力源之一。

3. **交流伺服电机** JSMA-LC03ABK

交流伺服电机 JSMA-LC03ABK 是机械系统的动力源之一。

4. **二维送料机构**

二维送料机构外形如图 5.25 所示。

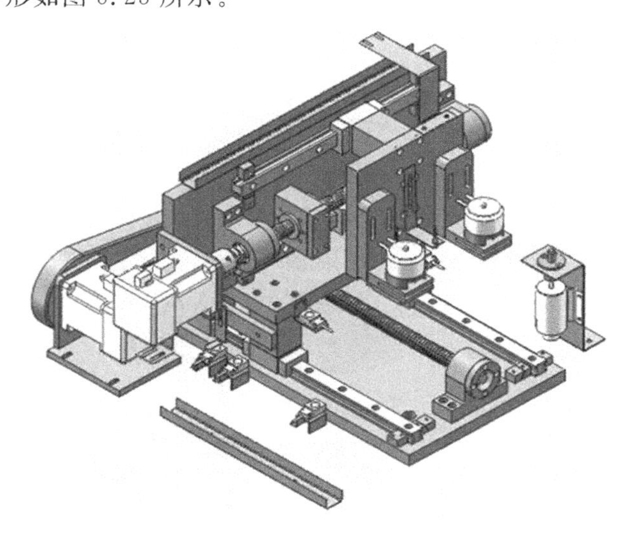

图 5.25 二维送料机构外形

二维送料机构主要由滚珠丝杠螺母副(长度分别为 515 mm、469 mm，公称直径为 20 mm，导程为 5 mm，右旋)、直线导轨和滑块(长度分 450 mm、340 mm 两种，宽度为 20 mm)、工作台面、轴承(角接触轴承、深沟球轴承)、轴承座、端盖、垫块等组成,其作用是完成待加工件的进给和退出。

5. 机械式冲料机构

机械式冲料机构外形如图 5.26 所示。

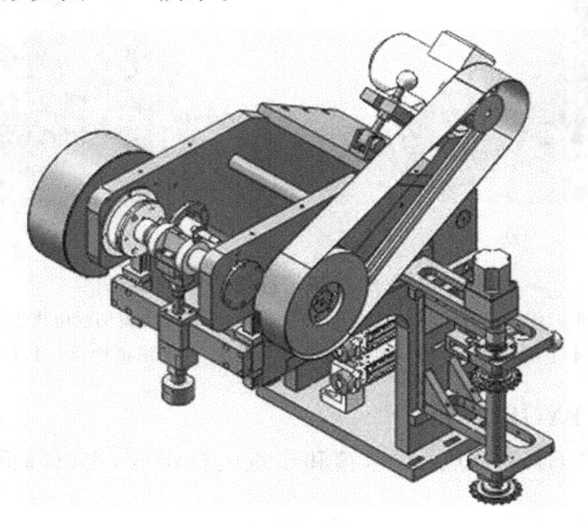

图 5.26　机械式冲料机构外形

机械式冲料机构主要由冲床床身、齿轮、端盖、曲轴、轴瓦、支架、电机座、优质电磁离合器与电磁制动器、轴承、过载保护带轮装置等组成。

6. 模具

采用真实数控冷冲模具,包括方孔模、圆孔模、腰孔模 3 种。

7. 转塔机构

转塔机构外形如图 5.27 所示。

图 5.27　转塔机构外形

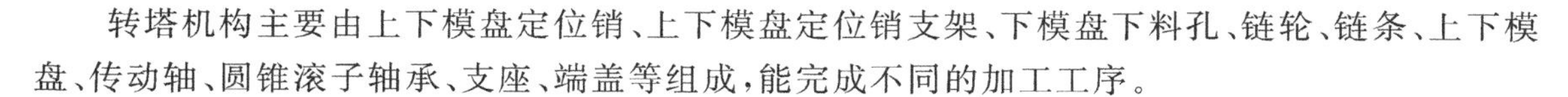
转塔机构主要由上下模盘定位销、上下模盘定位销支架、下模盘下料孔、链轮、链条、上下模盘、传动轴、圆锥滚子轴承、支座、端盖等组成，能完成不同的加工工序。

8. 上下模盘启动定位模块

上下模盘启动定位模块主要由气动三联件、调压过滤器、轴杆气缸、快速接头、气泵、消声器等组成。

六、操作安全注意事项

（1）实训工作台应放置平稳，平时应注意清洁，长时间不用时对机械装调对象最好涂抹防锈油。

（2）伺服驱动器在断电后，必须等待伺服驱动器显示闪烁结束，彻底断电后才可以再次上电运行，否则伺服驱动器会显示报警，导致设备不能正常工作。

（3）在通电情况下，严禁带电插拔设备上任何接线端子和排线，以免造成设备的损坏。任何插拔端子和排线的动作都必须在断电情况下进行。

（4）设备运行时发生故障，应制止正在进行的不安全动作，排除故障后，才可以继续上电运行。对不能及时排查出的故障，必须请相关工程技术人员进行排查维修，以免造成设备的损坏。

（5）加工过程中需要清理废屑时，应先停止加工，然后用刷子进行清理，严禁在加工过程中动手清理废屑。

（6）加工停止后，才可拆卸模具、取下工件。

（7）工作过程中，严禁触摸或接近设备运动部件。

（8）使用面板上的开关和按钮时，应确认操作意图及按键位置，防止误操作。

（9）出现故障时，应及时按下控制柜面板上的急停按钮，使设备停止工作。

（10）实训时，长发学生需带戴防护帽，不准将长发露出帽外，除专项规定外，不准穿裙子、高跟鞋、拖鞋、风衣、长大衣等。

（11）装置运行调试时，不准戴手套、长围巾等，饰物不得悬露。

（12）实训完毕后，及时关闭各电源开关，整理好实训器件放入规定位置。

5.4.2 机械式冲料机构的装配和调整

一、装配目的

（1）培养学生的识图能力。

（2）加强学生对装配工艺的重视。

（3）掌握机械式冲料机构装配方法，能够根据机械设备的技术要求，按工艺过程进行装配，并达到机械设备的技术要求。

（4）培养学生轴承、轴、曲轴等的装配技能。

（5）培养学生进行机械设备空运转试验，对常见故障进行判断分析的能力。

二、工作准备

（1）检查文件和零件的完备情况。

(2)熟悉图纸和零件清单,明确装配任务,确定装配工艺。

(3)选择合适的工具、量具。

(4)清洗零件。

三、装配步骤

(1)床身板的装配与调整。

安装前的床身板、安装后的床身板分别如图 5.28、图 5.29 所示。

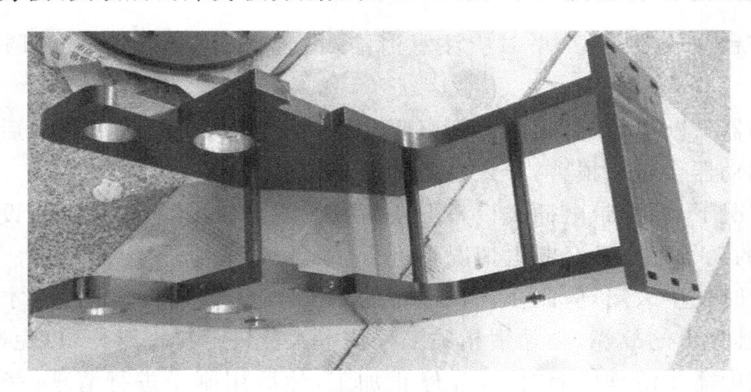

图 5.28　安装前的床身板

图 5.29　安装后的床身板

(2)曲轴、电磁离合器、电磁制动器的装配与调整。

①将电磁制动器动摩擦片与制动器用法兰固定在一起。

②将电磁离合器动摩擦片与大齿轮固定在一起。

③清理装离合器、制动器用轴承的轴承孔,涂润滑油,用紫铜棒等工具将轴承装入轴承孔里。

④清理曲轴,并把装配轴承的地方涂上润滑油,把轴承 6202-2RZ 安装在曲轴游动端。将曲轴一端通过床身板的轴承孔,把电磁制动器动摩擦片和制动器用法兰装配到曲轴上,并调整电

磁制动器动摩擦片和电磁制动器定摩擦片的距离至 0.20 mm 左右，把曲轴安装到位，把曲轴用闷盖固定在冲床右床身板上。

⑤取冲头用导轨滑块 2 根，把 1 根冲头用导轨滑块装配在一块冲床床身板上，用螺钉预紧，将小磁性表座吸在滑块上，用杠杆百分表测量头接触冲床床身板的一边，沿导轨滑动滑块，以这个边为基准将导轨与基准边的平行度调整为 0.01 mm，边调整边拧紧螺钉，把导轨固定在冲床床身板上。

⑥以第一根导轨为基准装配另一根导轨，用螺钉预紧，用游标卡尺粗测两根导轨的距离，将小磁性表座吸在第二根导轨的滑块上，用杠杆百分表测量头接触在第一根导轨的基准面上，沿导轨滑动滑块，使得这根导轨与基准导轨的平行度为 0.01 mm，把导轨固定在冲床床身板上，并完成导轨滑块安装(见图 5.30)。

图 5.30 滑块安装

⑦把电磁离合器定摩擦片装配在曲轴上，接着装齿轮套，把大齿轮用的两个轴承 6203-2RZ 装在装有电磁离合器动摩擦片的大齿轮上，再把大齿轮装在曲轴上，将端盖固定在大齿轮上，并调整电磁离合器动摩擦片与电磁离合器定摩擦片之间的距离，使其约为 0.20 mm。

大齿轮的安装如图 5.31 所示。

图 5.31 大齿轮的安装

(3)轴的装配与调整。

清理轴和轴承座套，并涂润滑油，把两个轴用轴承 61906-2RZ 和两个轴承外挡圈装配到轴承座套内。把轴承座套用透盖和轴用轴承 6303-2RZ 装配到轴上。把轴承座套和轴装配在一起，再把大带轮支承套装配在轴上。

把轴从床身板的对应孔中穿过，用螺钉把轴承座套固定在冲床右床身板上，在把轴用轴承 6305-2RZ 装配到冲床左床身板的对应孔内，用透盖把轴端固定在冲床左床身板上，并用杠杆式百分表检测轴的跳动和轴向窜动，装配小齿轮。

把大带轮和大带轮支承套固定在一起，用螺钉预紧，把小磁性表座吸在床身板上，用杠杆式百分表的测量头接触大带轮的圆表面，调整大带轮的径向跳动，将其误差在 0.05 mm 以内，边调整大带轮的跳动边拧紧螺钉，旋紧大带轮锁紧螺母，调整位置使大带轮锁紧螺母上的孔与大带轮上的螺纹对中，把大带轮锁紧螺母和大带轮固定在一起。

大带轮与大带轮支承套用螺钉连接为一体，并支承在轴承座套的两个深沟球轴承上，而轴承座套则固定在床身板上，这样，带轮可通过大带轮支承套带动轴旋转，而 V 形带的拉力则经过轴承座套直接传至床身板，从而避免了拉力使轴产生弯曲变形。

(4)轴瓦、冲头等的装配与调整。

取编号对应的曲轴上、下轴瓦一对和上、下轴瓦套一对，清理轴瓦、轴瓦套和曲轴，把曲轴上、下轴瓦和上、下轴瓦套装配在一起，把上轴瓦套和下轴瓦套装配在曲轴上，若螺钉旋紧后上、下轴瓦在曲轴上不能转动，应在上、下轴瓦套之间加垫铜皮调整，使上、下轴瓦在曲轴上转动灵活。在上轴瓦套孔内注入润滑油，使上、下轴瓦得到彻底润滑。

把冲头装配到冲头导向板上，把球头活结杆和活结上端盖装配到冲头导向板上，球头活结杆上旋上 M16 不锈钢六角螺母，把装配好的冲头导向板和球头活结杆旋在上轴瓦套上，把冲头导向板和两个滑块装配在一起，到此轴瓦、冲头装配完成。

冲头的安装如图 5.32 所示。

图 5.32　冲头的安装

(5)电机的安装。

先用内六角螺钉把一块黑色的大板安装在立板上，再装上三块电机支承块，然后装上电机支承板和支承螺杆，接着装上交流电机 6332 和大皮带轮罩，在电机轴上装上皮带轮，把两根 V 带安装好，最后旋上红色小球。

电机的安装如图 5.33 所示。

图 5.33　电机的安装

(6)L 形有机玻璃罩的安装。

用内六角螺钉加垫片把有机玻璃罩安装在两块立板上，如图 5.34 所示。

图 5.34　L 形有机玻璃罩的安装

5.4.3　二维送料机构的装配和调整

一、装配目的

(1)培养学生的机械识图能力。

(2)加强学生装配工艺规程的内容和作用的了解。

装配工艺规程的内容如下。

①规定所有零件和部件的装配顺序。

②保证高精度、高效率和经济地进行装配。

③划分工序和工步。

装配工艺规程的作用如下。

①是指导装配生产的主要技术文件。

②是生产组织和管理工作的基本依据。

(3)培养学生根据机械设备的技术要求，按装配工艺规程进行装配的能力。

(4)培养学生进行设备几何精度超差原因分析，并实施设备精度调整，对常见故障进行判断分析的能力。

(5)培养学生零件、组件和部件的装配技能。

二、装配内容

(1)读懂二维送料机构装配图。通过装配图，清楚零件之间的装配关系、机构的运动原理及功能。

(2)理解图纸中的技术要求，根据技术要求和基本零件的结构装配方法进行装配和调整。

①使学生正确掌握轴承装配方法和装配步骤。

②使学生正确掌握导轨、丝杠装配方法和装配步骤：检测导轨与基准面的平行度，并进行调整；检测导轨与导轨的平行度，并进行调整；检测导轨与丝杠的平行度，并进行调整；检测两轴承座中心等高度，并进行调整；检测上、下导轨运动垂直度，并进行调整。

(3)规范合理地写出二维送料机构的装配工艺过程。

(4)装配的规范化。

①正确地使用工、量具。

②合理的装配顺序。

③传动部件主次分明。

④运动部件的润滑。

三、装配步骤

(1)装配前，应清理安装面，如图 5-35 所示。

图 5.35 清理安装面

(2)检测第一根导轨(见图 5.36)与基准面的平行度。

①用深度游标卡尺测量导轨与基准面之间的距离，使导轨各点到基准面的距离基本一致。

图 5.36 导轨

②将杠杆式百分表底座放在直线导轨的滑块上，使百分表的测量头接触基准面上，沿直线导轨滑动滑块，调整使其调整符合要求，将螺丝拧紧，固定导轨。

③导轨定位块的安装：打紧导轨固定装置，使导轨贴紧其上的基准块(见图5.37)。

图5.37 导轨上的基准块

(3)检测第二根导轨与第一根导轨的平行度。

①用游标卡尺测量两导轨之间的距离，如图5.38所示，将两导轨各点的距离调整到基本一致。

图5.38 测量两导轨之间距离

②以已安装好的导轨为基准，将杠杆式百分表底座放在基准导轨的滑块上，将百分表的测量头接触另一根导轨的侧面，沿基准导轨滑动滑块，调整两导轨之间的平行度使其符合要求，将导轨固定装置打紧以固定导轨。

③导轨定位块的安装：打紧导轨固定装置使导轨两端贴紧底板上面的另外两个导轨基准块。至此，完成底板两导轨的装配。

(4)滚珠丝杠的安装。

①用M6×20不锈钢内六角螺钉将丝杠螺母支座固定在丝杠螺母(见图5.39)上。

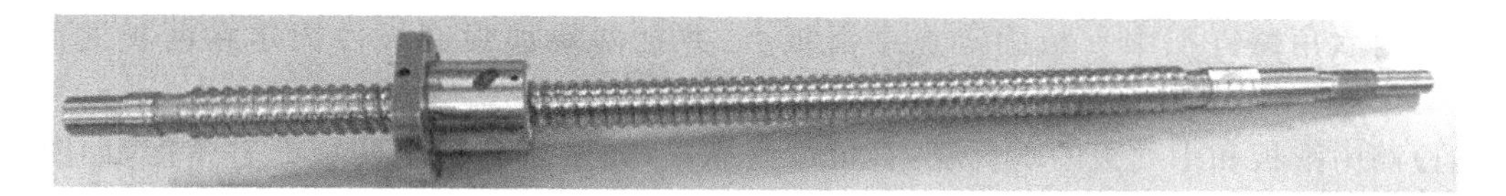

图5.39 丝杠螺母副

②将两个角接触轴承安装在丝杠带螺纹的一端，将深沟球轴承安装在丝杠的另一端。注：两角接触轴承之间加内、外轴承隔圈；安装两角接触轴承之前，应先把轴承座透盖装在丝杠上。

轴承的安装如图 5.40 所示。

图 5.40　轴承的安装

③将丝杠安装在轴承座上，然后装上两边的轴承盖。

(5)将丝杠主动端的限位套管、圆螺母、同步带轮装在丝杠上面，以方便丝杠的转动。安装完毕的丝杠如图 5.41 所示。图中没有装上导轨定位块，同学们在装配的时候切记，装好导轨之后一定要紧跟着装上导轨定位块。

图 5.41　安装完毕的丝杠

①检测滚珠丝杠两端等高度(或两轴承座等高度)，为百分表加上百分表转接头，将其底座吸附在导轨的滑块上，测量丝杠的上母线，从而确定两轴承座中心高是否一致。如果不一致，需细微调整。

②检测滚珠丝杠与导轨的平行度，为百分表加上百分表转接头，将其底座吸附在导轨的滑块上，测量丝杠的侧母线，调整丝杠与导轨使其平行，并拧紧轴承座螺丝，固定轴承座。

(6)中立板导轨、丝杠的装配。

参照上述底板上丝杠和导轨的装配方法，完成中立板上丝杠与导轨的装配。

(7)中立板和中滑板的装配。

①用内六角螺钉把中立板固定在中滑板上，并把两块加强筋板件固定在两板之间的直角处。

②检测中滑板和中立板的垂直度：直角尺紧靠在两板之间，检测两板的直角度，如图 5.42 所示。

图 5.42 检测中滑板和中立板的垂直度

(8)底板和中滑板的装配。

①将四个等高块放在导轨滑块上，调节导轨滑块的位置。放有等高块的导轨如图 5.43 所示。

图 5.43 放有等高块的导轨

②将中滑板放在等高块上调整滑块的位置，用 M4×70 螺钉将等高块和中滑板固定在导轨滑块上。用杠杆式百分表检查中滑板各处是否等高。如果存在差值，则修整等高块，使中滑板各处等高。

③将 M4×70 螺钉旋松，在丝杠螺母支座与中滑板之间加入调整块，并用螺钉把中滑板、调整块和丝杠螺母支座固定在一起，最后将 M4×70 螺钉重新拧到预紧状态。

(9)中滑板电机的安装。

先把电机支座固定在中滑板上，再把联轴器装上，最后套上交流伺服电机 JSMA-LC03ABK(见图 5.44)。

图.44　中滑板交流伺服电机 JSMA-LC03ABK 的安装

(10)上滑板的装配。

将上滑板安装在工作台上(见图 5.45),然后装上电磁铁支承板和电磁铁。

(11)工作台上电机的安装(见图 5.46)。

先把电机支座安装在台面上,再装上交流伺服电机 JSMA-LC03ABK 和灰色皮带轮罩,套上两个同步带轮和同步带。

图 5.45　上滑板的安装

图 5.46　工作台上电机的安装

(12)传感器和电磁铁的安装。

根据图 5.47 把传感器和电磁铁安装到规定位置。

图 5.47　传感器和电磁铁的安装

5.4.4 模具的装配和调整

一、装配目的

(1)培养学生的识图能力。

(2)加强学生对装配工艺的重视。

(3)使学生掌握模具装配方法,能够根据机械设备的技术要求,按工艺过程进行装配,并达到机械设备的技术要求。

(4)培养学生进行机械设备空运转试验,对常见故障进行判断分析的能力。

二、工作准备

(1)检查文件和零件的完备情况。

(2)熟悉图纸和零件清单,明确装配任务,确定装配工艺。

(3)选择合适的工具、量具。

(4)清洗零件。

三、装配步骤

此设备共有 6 个工位和配套的 3 套模具(冷冲模、冷冲方模、冷冲椭圆模),现以冷冲方模为例,来讲解模具的装配和调整。

(1)把外导套固定在上模盘的孔内(注意:外导套上键槽应在里面),预紧螺钉。

外导套的固定如图 5.48 所示。

图 5.48 外导套的固定

(2)调整上下模的同心度(见图 5.49)。把上下模盘的工位旋转到冲头下方,用手推动上下模盘定位用电磁铁。

(3)调整好同心度后,在把冷冲方模的下模装配在两下模固定块之间。调整弹簧支片的高度,把装好的上模总成装配在外导套内。

冷冲模和冷冲椭圆模的调整方法与冷冲方模的调整方法一样。

注意:每次调整模具,都要把对应工位旋转到冲头下方,手动推动上下模盘定位用电磁铁。

图 5.49　上下模同心度调整

5.4.5　转塔机构的装配和调整

一、装配目的

(1)培养学生的识图能力。

(2)加强学生对装配工艺的重视。

(3)使学生掌握转塔机构的装配方法,能够根据机械设备的技术要求,按工艺过程进行装配,并达到机械设备的技术要求。

(4)培养学生轴承、轴等的装配技能。

(5)培养学生进行机械设备空运转试验,对常见故障进行判断分析的能力。

二、工作准备

(1)检查文件和零件的完备情况。

(2)熟悉图纸和零件清单,明确装配任务,确定装配工艺。

(3)选择合适的工具、量具。

(4)清洗零件。

三、装配步骤

(1)上模盘的装配与调整。

(2)下模盘的装配与调整。

(3)上下模盘同轴的装配与调整(见图 5.50)。

把上模盘装配在冲床下拉板上,下模盘装配在工作台面上,用 4 颗螺钉预紧,试装冷冲模具,边调整上下模盘使其中心线同轴,边拧紧螺钉。

(4)链轮轴、步进电机的装配与调整。

把上面的小链轮装配在链轮轴的相应位置。装配链轮轴轴承座和轴承 32004 的内圈,然后

图 5.50　上、下模盘同轴的装配与调整

两边各用两个圆螺母调整轴承的预紧力，装配下面的小链轮。把装有步进电机的步进电机底座固定在床身板上，把弹性联轴器装配在步进电机和链轮轴之间。

在装配链条之前，先用手推动两个上、下模盘定位用电磁铁，使上、下模盘定位销导向轴插入上、下模盘定位孔内，把两根链条装配在大链轮和小链轮之间。调整两链条的松紧度和步进电机与链轮轴之间的同轴度，最后装上链条有机玻璃罩。

链轮轴、步进电机的装配与调整如图 5.51 所示。

图 5.51　链轮轴、步进电机的装配与调整

(6)上下模盘气动定位模块和上下模盘定位销导向轴的装配与调整。

将轴杆气缸与上下模气动定位支架固定在一起，用螺母预紧。将上下模盘定位销导向轴轴杆气缸旋装在一起。将上下模盘定位销导套和上下模盘定位销支架固定在一起，上下模盘定位销支架固定在床底板上。下模气动定位支架固定在冲床底板上，用螺钉预紧，调整轴杆气缸的高度、位置和上下模盘定位销导套的高度、位置，将上下模盘定位销导向轴很好地插入下模盘定位孔中，边调整边拧紧螺钉。上模上下模盘定位销导向轴的调整按下模上下模盘定位销导向轴的调整方法进行调整。调整好后加润滑油。

上下模盘与气动定位模块和上下模盘定位销导向轴的装配与调整如图 5.52 所示。

图 5.52　上、下模盘气动定位模块和上下模盘定位销导向轴的装配与调整

(6)传感器及传感器支架的装配与调整。

传感器(OBM-D04NK)装配在接近开关支架和下模分度盘原点检测传感器支架上，将传感器支架固定在相应位置上，并调整接近开关到检测点的距离为 2～4 mm。

传感器及传感器支架的装配与调整如图 5.53 所示。

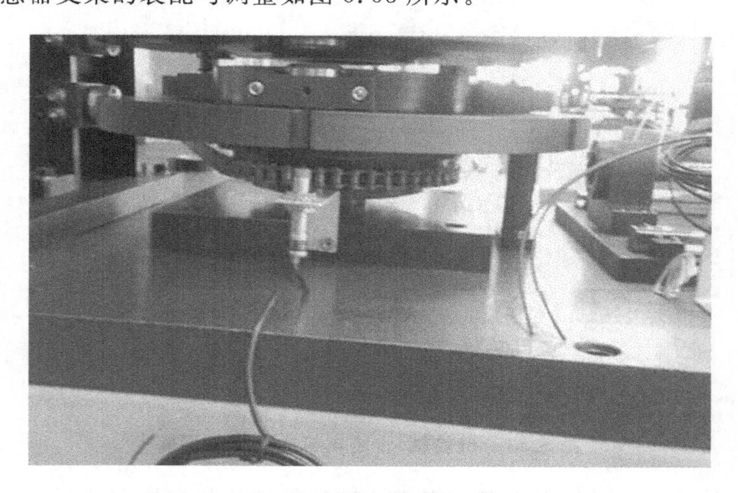

图 5.53　传感器及传感器支架的装配与调整

【思考与练习】

5.1　叙述拆卸与装配工作的一般规定和要求。

5.2　轴类零件拆卸后有哪些检查项目？怎样进行检查？

5.3　轴类零件通常容易发生哪些缺陷？怎样进行修理？

5.4 轴间的平行度、垂直度和同心度有哪些检查方法？

5.5 对零件的静配合连接有哪些要求？什么是测量过盈和实际过盈？怎样计算实际过盈量？

5.6 压入装配时轴向压力与哪些因素有关？怎样计算轴向压力？

5.7 静配合连接有哪几种装配方法？

5.8 热压装配时应该加热哪一零件？加热温度如何计算？应注意哪些事项？

5.9 滑动轴承的润滑油膜是怎样形成的？在工作稳定阶段，润滑油在楔形间隙中的压力如何分布？

5.10 正常运转的滑动轴承为什么启动频繁时磨损速度较快？

5.11 说明滑动轴承轴瓦重新浇注的主要工艺过程和注意事项。

5.12 为了保证滑动轴承有可靠的润滑应留有哪些间隙？各间隙有何作用？它们的值是如何确定的？其中，顶间隙为什么规定有初间隙和极限间隙？

5.13 为了保证滑动轴承的顶间隙和侧间隙之间的相互关系，同时又使刮削工作量最小，轴瓦的内孔应当怎样加工？

5.14 如何测量滑动轴承的各部分间隙？

5.15 当滑动轴承磨损后，径向间隙超过极限数值，应当采取什么措施？

5.16 滑动轴承为什么要进行刮研工作？如何进行刮研？

5.17 滚动轴承有何工作特点？在工作中其失效形式有哪些？

5.18 说明拆卸滚动轴承的正确方法。

5.19 装配滚动轴承时，应注意哪些要求？怎样才能装配好滚动轴承？

5.20 对齿轮和蜗轮传动装置的基本要求是什么？装配前应进行哪些检查？

5.21 齿轮常见的磨损有哪些？是什么原因造成的？常用什么方法进行修理？

第6章
机电设备故障诊断与维修实例

知识与技能

(1)熟悉数控机床的原理、组成及本体故障诊断与维修。

(2)熟悉汽车常见故障分析、传动系故障诊断、启动照明电气系统的故障诊断与维修。

(3)熟悉典型液压系统故障诊断与维修。

(4)掌握电气设备故障诊断的步骤、方法和技巧。

(5)了解 PLC 常见故障与维修。

机电设备繁多，老师或同学可以根据实际情况选学以下某些章节的内容。

6.1 数控机床本体的维修

机床被称为是现代工业的母机，它在很大程度上代表了一个国家制造业水平的高低。数控机床是发展现代机械制造技术必需的基础设备。

数控机床是将各种代码化的数字信息（如刀具和工件的相对位置，电机启/停、主轴的转速、工件的松/夹、刀具的选择、冷却泵的启/停等）送入数控系统或计算机，再经译码、运算和控制刀具与工件相对运动，加工出所需要的零件的一类机床。

数控机床具有高精度、高生产效率、高柔性（FMS）、低劳动强度的特点。

计算机集成制造系统 CIMS 是生产决策、产品设计 CAD、制造 CAM、检验 CAT 和管理等全过程均由计算机集成管理和控制的生产自动化系统。实现 CIMS 的基础是 FMC 和 FMS。

数控机床包含了机械制造技术、微电子技术、计算机技术、成组技术、现代控制技术、传感器检测技术、信息处理技术、网络通信技术、液压气动技术、光技术等新成果。

6.1.1 数控机床工作原理

先仔细观察图 6.1 所示数控车床实物图及简图。

操作人员把零件毛坯安装在主轴的卡盘上后，开机，输入数控程序，数控车床就可以自动地完成加工。使用数控车床进行加工，不用手调主轴转速，也不用通过手柄手调刀架的进给运动，减轻了操作人员的劳动强度，提高了工作效率。

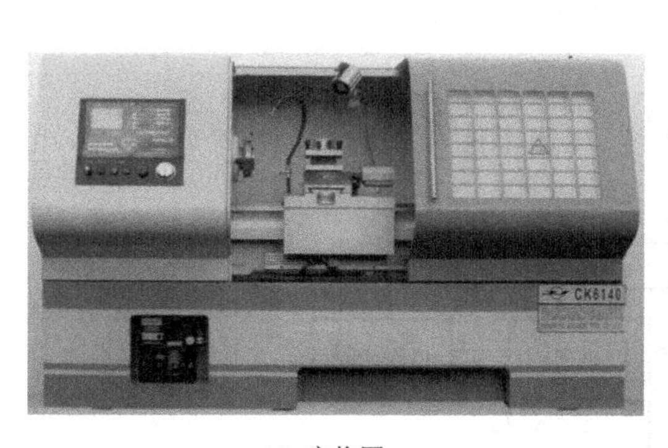

(a) 实物图

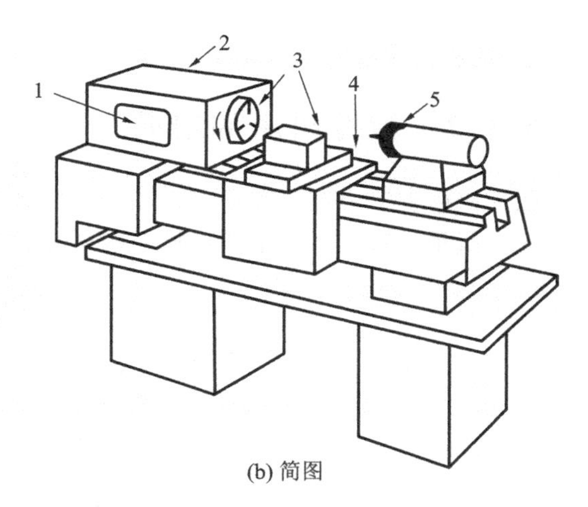

(b) 简图

图 6.1 数控车床实物图及简图

1—数控操作面板（加工程序）；2—数控装置；3—伺服系统（控制主轴、自动回转刀架）；
4—机床本体（床身、导轨等）；5—辅助控制装置（卡盘、尾架套筒等）

图 6.2 所示为数控机床的工作原理图。这里以数控机床的工作原理为例来说明数控机床工作原理。

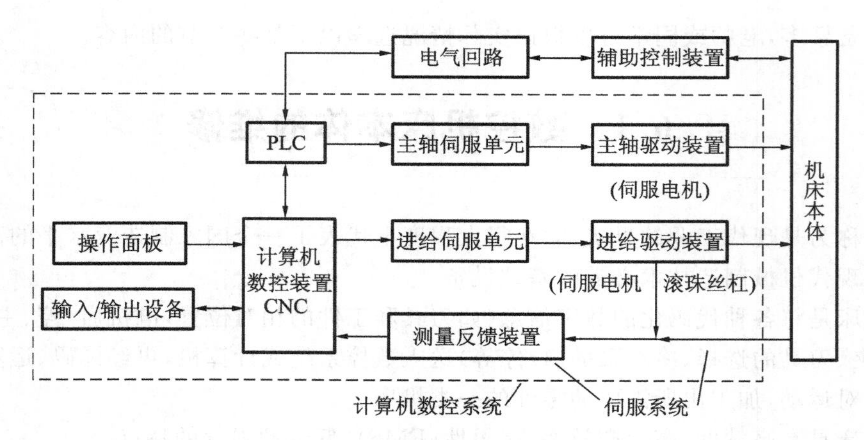

图 6.2 数控机床的工作原理图

数控机床加工工件时，首先由编程人员按照零件的几何形状、技术要求和加工工艺要求将加工过程编成加工程序。数控装置读入加工程序后，将其翻译成机器能够理解的控制指令，控制机床的主轴运动、进给运动、刀具更换，以及工件的夹紧与松开、冷却、润滑泵的开与关，使刀具、工件和其他辅助装置严格按照加工程序规定的顺序、轨迹和参数进行工作，由伺服系统将其变换和放大后驱动机床上的主轴电机和进给伺服电机转动，带动刀具及机床的工作台移动，加工出符合图纸要求的零件。

数控系统实质上是完成了手工加工中操作人员的部分工作。使用数控机床进行加工的步骤如下。

(1)根据零件图编制加工程序，或使用计算机 CAM 软件画图生成加工程序。

(2)数控装置接收、翻译、运算数控加工程序。

(3)控制伺服系统及机床工作。

6.1.2 数控机床的组成

数控机床主要由加工程序、数控装置、伺服系统、机床本体和辅助控制装置五个部分组成，如图 6.3 所示。数控机床本体机械结构详参参考文献[6]。

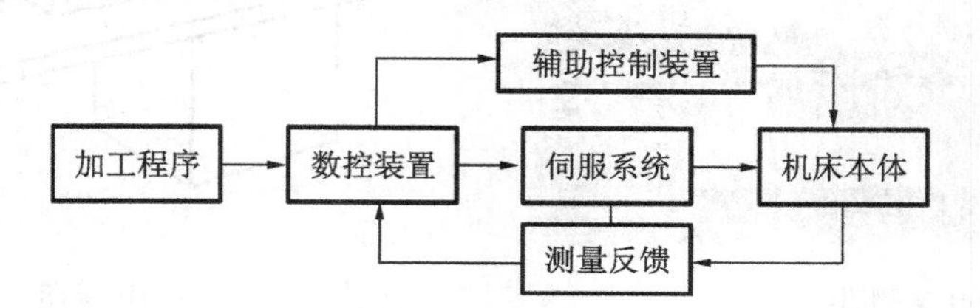

图 6.3 数控机床的工作组成

1. 加工程序

根据零件图编制加工程序，包括零件加工的工艺过程、工艺参数和刀具运动等信息，将加工程序输入到数控装置，用以控制数控机床对零件进行切削加工。

2. 数控装置

数控装置是数控机床的核心，其功能是接收输入的加工程序，数控装置的系统软件和逻辑电路对加工程序进行译码、运算和逻辑处理，向伺服系统发出相应的脉冲，并通过伺服系统控制机床运动部件按加工程序指令运动。

3. 伺服系统

伺服系统是计算机和机床的联系环节，由伺服驱动装置、伺服电机等组成。伺服系统是数控系统的执行系统。

数控装置发出的速度和位移指令控制执行部件按进给速度和进给方向移动。每个作进给运动的执行部件都配备一套伺服系统，有的伺服系统还有位置测量装置，用以直接或间接测量执行部件的实际位移量，并反馈给数控装置，以对加工的误差进行补偿。

4. 机床本体(机械系统+基础件)

机床本体由主运动部件、进给运动部件(工作台、拖板以及相应的传动机构)、特殊装置(刀具自动交换系统、工件自动交换系统)、辅助装置(如排屑装置)以及基础件(床身、立柱等)等组成。

数控机床的本体与普通机床的基本类似，不同之处在于：数控机床结构简单、刚性好，进给传动采用滚珠丝杠代替普通机床的丝杠和齿条传动，主轴变速系统简化了齿轮箱，普遍采用变频调速和伺服控制。

5. 辅助控制装置

辅助控制装置包括 PLC 及强电设备控制电液、气、机械系统，用以完成有关动作及润滑、冷却、吹屑等。

6.1.3 数控机床按加工原理分类

按加工原理，可把数控机床分为表 6.1 所示的十大类。

表 6.1 数控机床按加工原理分类

序号	分类	名称
1	数控车床	CK、CAK、KH、CKJ、CKS 系列数控卧式车床，数控立式车床，车削加工中心
2	数控铣镗床	数控刨台卧式铣镗床，数控立式铣镗床等
3	加工中心	卧式加工中心，立式加工中心，立卧式加工中心，龙门五面体加工中心等
4	数控磨床	数控平面磨床，数控外圆磨床，数控轮廓磨床，数控工具磨床，数控坐标磨床等
5	数控钻床	数控滑座式钻床，数控龙门式钻床，数控立式铣钻床，铣钻加工中心等
6	数控特种机床	数控电火花机床，数控线切割机床，数控激光切削机床等
7	数控组合机床	数控多工位组合机床等
8	数控专用机床	数控齿轮机床，数控曲轴机床，数控管子加工机床，数控活塞车床等
9	数控机床生产线	活塞生产线，柔性生产线等
10	其他	数控冲床，数控超声波加工机床，三坐标测量机床等

6.1.4 数控机床故障诊断方法和原则

数控机床故障诊断方法有观察检查法、功能程序测试法、PLC程序法、修改状态识别法、接口信号法、试探交换法等。故障诊断原则如下。

(1)先外部后内部。外部的行程开关、按钮开关、液压气动元件、印刷电路板间的连接部位等接触不良，是产生数控机床故障的重要因素。尽量避免随意地启封、拆卸，以避免扩大故障，降低机床性能。

(2)先机械后电气。机械故障容易察觉。大部分故障是机械部件失灵造成的。

(3)先静后动。不盲目动手；了解故障发生的过程及状态；查阅说明书、系统资料；先在机床断电的静止状态观察、分析，确认无恶性故障或破坏性故障后，方可给机床通电，进行动态观察、检验和测试；恶性故障或破坏性故障排除后再通电诊断。

(4)先公用后专用。

(5)先简单后复杂。

(6)先一般后特殊。

6.1.5 主传动链的故障与排除

数控车床的传动系统包括主轴传动系统和进给传动系统。与普通机床相比，数控车床的传动系统省去了复杂的齿轮变速机构。数控机床的主轴传动系统由主轴电动机、传动系统和主轴部件组成。

某数控车床的进给传动系统如图6.4所示，它由主轴电动机、传动系统、滚珠丝杠螺母机构和导轨组成。

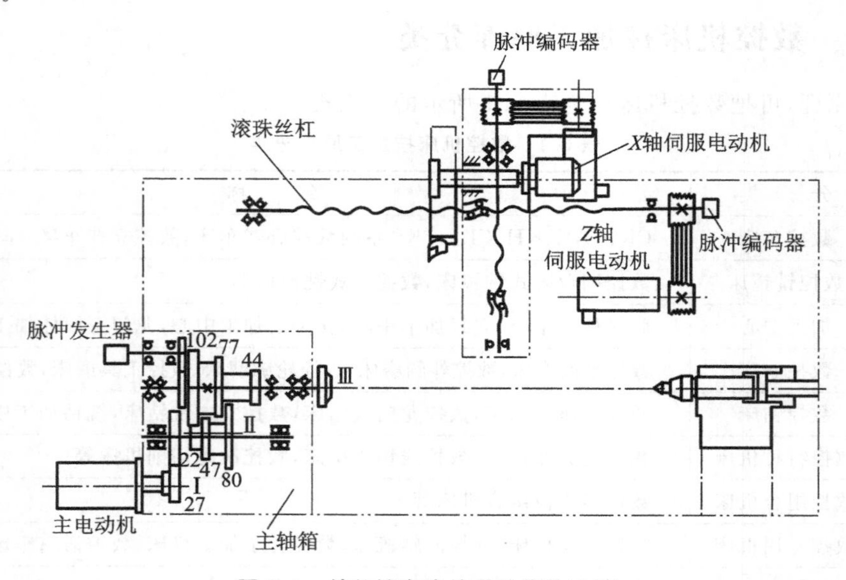

图6.4 某数控车床的进给传动系统

数控机床的进给传动系统常通过伺服进给系统来工作。伺服进给系统的作用是，将数控系统传来的指令信息放大，用以控制执行部件的运动，即不仅控制进给运动的速度，同时还精确控制刀具相对于工件的移动位置和刀具的运动轨迹。因此，数控机床进给传动系统，尤其是轮廓控制系统，必须对进给运动的位置和运动的速度同时实现自动控制。

数控机床进给传动系统除了要求具有较高的定位精度之外，还要求具有良好的动态响应特性，系统跟踪指令信号的响应要快，稳定性要好。

典型的数控机床闭环控制的进给系统通常由位置比较元件、放大元件、驱动单元、机械传动装置和检测反馈元件等几部分组成，其中机械传动装置是位置控制环中的一重要环节。机械传动装置是指将驱动源的旋转运动变为工作台的直线运动的整个机械传动链，包括减速装置、丝杠螺母副等中间传动机构。

1. 主传动链的维护

(1)熟悉数控机床主传动链的结构、性能参数，严禁超性能使用。

(2)主传动链出现不正常现象时，应立即停机排除故障。

(3)操作人员应注意观察主轴油箱温度，检查主轴润滑恒温油箱，调节温度范围，并使油量充足。

(4)对于使用带传动的主轴传动系统，需定期观察调整主轴驱动皮带的松紧程度，以防止因皮带打滑造成丢转现象。

(5)对于由液压系统平衡主轴箱质量的平衡系统，需定期观察液压系统的压力表，当油压低于要求值时，要补油。

(6)对于使用液压拨叉变速的主传动系统，必须在主轴停车后变速。

(7)对于使用啮合式电磁离合器变速的主传动系统，离合器必须在低于 1～2 r/min 的转速下变速。

(8)保持主轴与刀柄连接部位及刀柄的清洁，以防止对主轴的机械碰击。

(9)每年更换主轴润滑恒温油箱中的润滑油一次，并清洗过滤器。

(10)每年清理润滑油池底一次，并更换液压泵滤油器。

(11)每天检查主轴润滑恒温油箱，保证其油量充足，工作正常。

(12)防止各种杂质进入润滑油油箱，保持润滑油清洁。

(13)经常检查轴端及各处密封，以防止润滑油的泄漏。

(14)长时间使用刀具夹紧装置，会使活塞杆和拉杆间的间隙加大，造成拉杆位移量减小，使碟形弹簧张闭伸缩量不够，影响刀具的夹紧，故需及时调整液压缸活塞的位移量。

(15)经常检查压缩空气气压，使其保持为标准要求值。足够大的气压才能将主轴锥孔中的切屑和灰尘清理彻底。

2. 主传动链的故障诊断

主传动链的故障原因和排除方法如表 6.2 所示。

表 6.2 主传动链的故障原因和排除方法

序号	故障现象	故障原因	排除方法
1	加工精度达不到要求	机床在运输过程中受到冲击	检查对机床精度有影响的各部位，特别是导轨副，并按出厂精度要求重新调整或修复
		安装不牢固、安装精度低或有变化	重新安装调平、紧固

续表

序号	故障现象	故障原因	排除方法
2	切削振动大	主轴箱和床身连接螺钉松动	恢复精度后紧固连接螺钉
		轴承预紧力不够、游隙过大	重新调整轴承游隙，但预紧力不宜过大，以免损坏轴承
		轴承预紧螺母松动，使主轴窜动	紧固螺母，确保主轴精度合格
		轴承拉毛或损坏	更换轴承
3	主轴箱噪声大	主轴部件动平衡不好	重新进行动平衡
		齿轮啮合间隙不均或严重损伤	调整间隙或更换齿轮
		轴承损坏或传动轴弯曲	修复或更换轴承，校直传动轴
		传动带长度不一或过松	调整或更换传动带，注意不能新旧混用
		齿轮精度差	更换齿轮
		润滑不良	调整润滑油油量，保持主轴箱清洁度
4	齿轮和轴承损坏	变挡压力过大，齿轮因受冲击而破损	按液压原理图，调整变挡压力和流量
		变挡机构损坏或固定销脱落	修复或更换零件
		轴承预紧力过大或无润滑	重新调整预紧力，并使轴承润滑充足
5	主轴无变速	电气变挡信号没有输出	电气人员检查处理
		工作压力不够	检测并调整工作压力
		变挡液压缸研损或卡死	修去毛刺和研伤，清洗后重装
		变挡电磁阀卡死	检修并清洗电磁阀
		变挡液压缸拨叉脱落	修复或更换变挡液压缸拨叉
		变挡液压缸窜油或内泄	更换密封圈
		变挡复合开关失灵	更换复合开关
6	主轴不转动	主轴转动指令没有输出	电气人员检查处理
		保护开关没有压合或失灵	更换或检修保护开关
		卡盘未夹紧工件	调整或修理卡盘
		变挡复合开关损坏	更换变挡复合开关
		变挡电磁阀体内泄漏	更换变挡电磁阀
7	主轴发热	主轴轴承预紧力过大	调整主轴轴承预紧力
		轴承研伤或损伤	更换轴承
		润滑油脏或有杂质	清洗主轴箱，更换新油
8	液压变速时齿轮推不到位	主轴箱内拨叉磨损	选用球墨铸铁作拨叉材料，拨叉磨损，予以更换

续表

序号	故障现象	故障原因	排除方法
9	主轴在强力切削时停转	电动机与主轴连接的皮带过松	移动电动机座，张紧皮带，然后将电动机座重新锁紧
		皮带表面有油	用汽油清洗后擦干净，再装上
		皮带使用过久而失效	更换皮带
		摩擦离合器调整过松或磨损	调整摩擦离合器，修磨或更换摩擦片
10	主轴没有润滑油循环或润滑不足	液压泵转向不正确，或间隙太大	改变液压泵转向或修理液压泵
		吸油管没有插入油箱的油面以下	将吸油管插入油面以下2/3处
		油管或滤油器堵塞	清除堵塞物
		润滑油压力不足	调整供油压力

6.1.6 滚珠丝杠螺母机构的故障与排除

一、滚珠丝杠螺母机构传动

数控机床进给传动系统中，将回转运动转换成直线运动的方法有很多，滚珠丝杠螺母机构是常用的一种。

1. 滚珠丝杠螺母机构的工作原理

滚珠丝杠螺母机构是将回转运动转换成直线运动的装置。

滚珠丝杠螺母机构特点是，传动效率高，摩擦阻力小，反向时无空程死区，传动刚度好，运动平稳灵敏，无爬行现象，有可逆性，寿命长，但不能自锁等。

滚珠丝杠螺母机构的工作原理如图6.5所示。

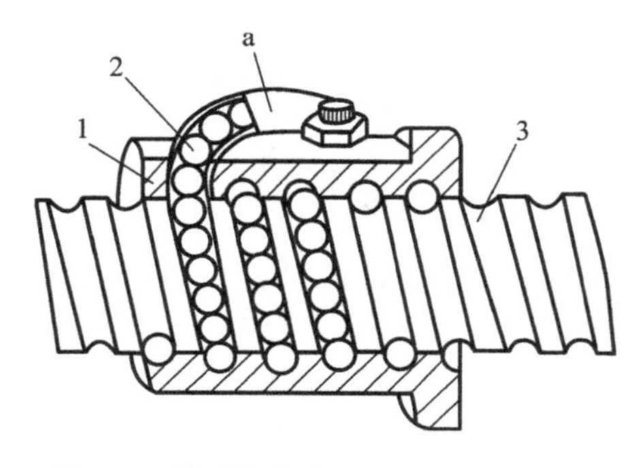

图6.5 滚珠丝杠螺母机构的工作原理

1—螺母；2—滚珠；3—丝杠；a—滚珠回路管道(回珠槽)

在螺母1和丝杠3上各加工有半圆弧形螺旋槽，将它们套装起来便形成滚珠的螺旋滚道，螺母上有滚珠回路管道a，将几圈螺旋滚道的两端连接起来，使滚珠能够从一端重新回到另一端，构成一个闭合的循环回路，并在滚道内装满滚珠2。

当丝杠相对螺母旋转时，丝杠的旋转面推动滚珠既自转又沿滚道循环滚动，推动螺母(或丝杠)沿轴向移动。

除了大型数控机床因移动距离大而采用齿条或蜗轮外,各类中小型数控机床的直线运动进给系统普遍采用滚珠丝杠。

2. 滚珠的循环方式

滚珠的循环方式分为外循环和内循环两种方式。滚珠在循环过程中有时与丝杠脱离接触称为外循环,滚珠在循环过程中始终与丝杠接触为内循环。

1)外循环

滚珠在循环过程结束后,通过螺母外表面上的回珠槽返回丝杠螺母间重新进入循环。如图6.6所示,在螺母外圆上铣有回珠槽,其两端与滚珠螺旋滚道相通,引导滚珠通过回珠槽形成多圈循环链。

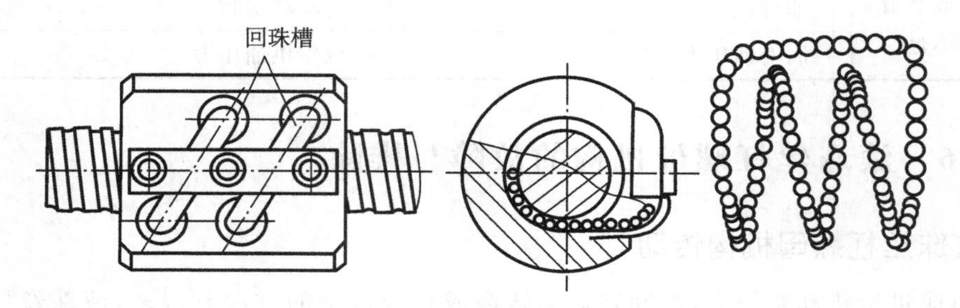

图 6.6 滚珠的外循环结构

外循环方式结构简单、工艺性好、承载能力较强,但径向尺寸较大,应用较为广泛,可用于重载传动系统中。

2)内循环

如图6.7所示,内循环靠螺母3上安装的反向器4接通相邻滚道,使滚珠1形成单圈循环,反向器4的数目与滚珠圈数相等。

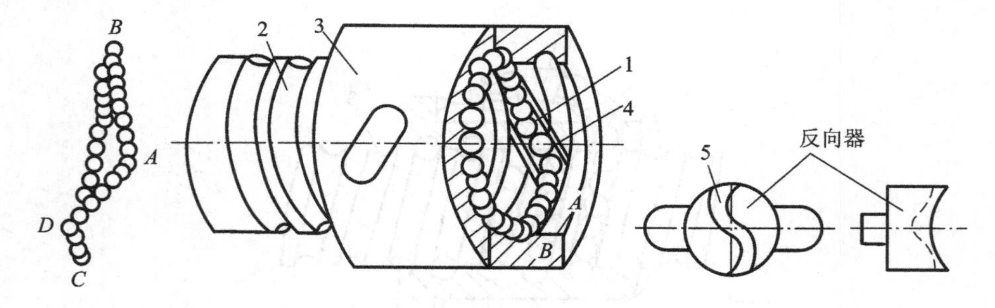

图 6.7 滚珠的内循环结构

1—钢珠;2—丝杠;3—螺母;4—反向器;5—反向槽

内循环方式结构紧凑、刚性好、滚珠流通性好、摩擦损失小,但制造困难,用于高灵敏度、高精度的进给系统,不宜用于重载传动系统中。

螺旋滚道型面常见的有单圆弧型面和双圆弧型面两种。

3. 丝杠螺母副轴向间隙的调整

轴向间隙通常是指丝杠和螺母无相对转动时,丝杠与螺母之间的最大轴向窜动。除了结构本身的游隙外，在施加轴向载荷之后，它还包括了弹性变形所造成的窜动量。

滚珠丝杠螺母机构通过预紧方法消除间隙时应考虑以下情况：预加载荷能够有效地减小弹性变形所带来的轴向移位，但过大的预加载荷将增加摩擦阻力，降低传动效率，并使寿命大为缩短。因此，一般要经过几次调整才能保证机床在最大轴向载荷下，既消除了间隙，又能灵活运转。

除少数用微量过盈滚珠的单螺母消除间隙外，常用双螺母消除间隙。

双螺母调隙结构有双螺母垫片式、螺纹调隙式、齿差调隙式等。

4. 滚珠丝杠轴承的支承

除了滚珠丝杠螺母本身的刚度外，滚珠丝杠轴承支承的刚度及安装调整都会影响进给系统的传动刚度。

因此，螺母座应有加强肋板，螺母座和机床的接触面积宜大一些。

常用的滚珠丝杠轴承的支承方式如图 6.8 所示。

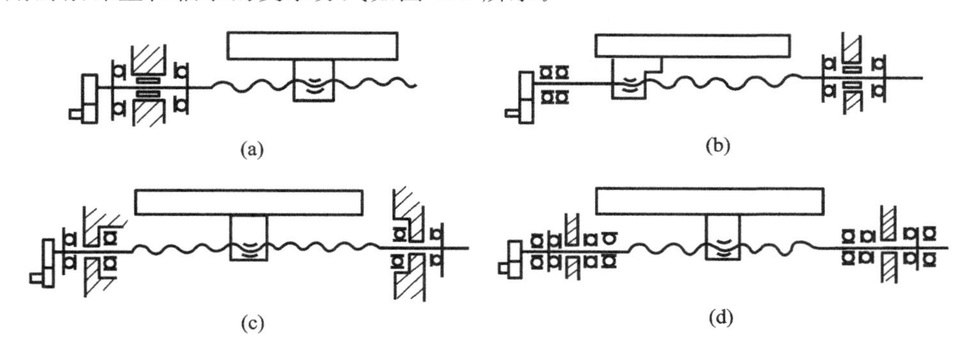

图 6.8　滚珠丝杠轴承的支承方式

1）一端装推力轴承（固定-自由式）

如图 6.8(a)所示。其承载能力小，轴向刚度低，仅适用于短滚珠丝杠，用于数控机床的调整环节或升降台式数控铣床的垂直坐标中。

2）一端装推力轴承，另一端装深沟球轴承（固定-支承式）

如图 6.8(b)所示。这种支承方式适用于滚珠丝杠较长的场合。为减小滚珠丝杠热变形，推力轴承应远离热源（如液压马达）。

3）两端装推力轴承

如图 6.8(c)所示。将推力轴承装在滚珠丝杠的两端，并施加预紧拉力，有助于提高传动刚度。这种支承方式对热伸长较为敏感。

4）两端装双重推力轴承和深沟球轴承

如图 6.8(d)所示。为了提高刚度，滚珠丝杠两端采用双重支承，并施加预紧拉力。这种结构可使滚珠丝杠的热变形能转化为推力轴承的预紧力。

5. 滚珠丝杠的制动

由于滚珠丝杠螺母副的传动效率高，无自锁作用，故必须装有制动装置，特别是滚珠丝杠处于垂直传动的情况下，为防止自重下降，必须装制动装置。

图 6.9 所示为数控卧式铣镗床主轴箱进给丝杠的制动装置示意图。当机床工作时，电磁

铁线圈通电吸住压簧，打开摩擦离合器。此时(步进)电动机接受控制系统的指令脉冲后，通过减速齿轮带动滚珠丝杠转动，主轴箱垂直移动。当电动机停止转动时，电磁铁线圈亦同时断电，在弹簧作用下摩擦离合器压紧，使得滚珠丝杠不能自由转动，主轴箱就不会因自重而下沉了。

直流、交流伺服电动机本身带有制动功能，应注意电动机型号的选择。超越离合器也可用作滚珠丝杠的制动装置。

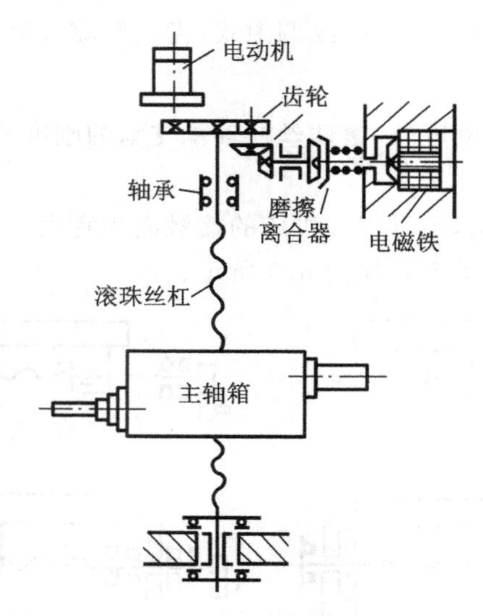

图 6.9　数控卧式铣镗床主轴箱进给丝杠的制动装置示意图

6. 滚珠丝杠的型号参数

1)循环方式

循环方式的标记代号如表 6.3 所示。

表 6.3　循环方式

循环方式		标记代号
内循环	浮动式	F
	固定式	G
外循环	插管式	C

2)预紧方式

预紧方式的标记代号如表 6.4 所示。

表 6.4　预紧方式

预紧方式	单螺母变位导程预紧	双螺母垫片预紧	双螺母齿差预紧	双螺母螺纹预紧	单螺母无预紧
标记代号	B	D	C	L	W

3)结构特征

结构特征的标记代号如表 6.5 所示。

表6.5 结构特征

结构特征	标记代号
导珠管埋入式	M
导珠管凸出式	T

4)公称直径 d_0

滚珠与螺旋滚道在理论接触角状态下包络滚珠球心的圆柱直径称为滚珠丝杠螺母副的公称直径，它是滚珠丝杠螺母副的特征尺寸。公称直径 d_0 越大，承载能力和刚度越大，推荐滚珠丝杠螺母副的公称直径 d_0 应大于滚珠丝杠工作长度的1/30。数控机床常用的进给丝杠公称直径 d_0 为 ϕ30～ϕ80 mm。

公称直径系列为：6 mm、8 mm、10 mm、12 mm、16 mm、20 mm、25 mm、32 mm、40 mm、50 mm、63 mm、80 mm、100 mm、120 mm、125 mm、160 mm及200 mm。

5)导程 L

滚珠丝杠相对螺母旋转任意弧度时，螺母上基准点的轴向位移称为导程。

基本导程是丝杠相对于螺母旋转 2π 时，螺母上的基准点的轴向位移。

导程系列为：1 mm、2 mm、2.5 mm、3 mm、4 mm、5 mm、6 mm、8 mm、10 mm、12 mm、16 mm、20 mm、25 mm、32 mm、40 mm。尽量选用2.5 mm、5 mm、10 mm、20 mm、40 mm。

6)螺纹旋向

右旋不标，左旋标记代号为“LH”。

7)载荷滚珠圈数 i

试验结果已表明，在每一个循环回路中，各圈滚珠所受的轴向载荷是不均匀的，第一圈滚珠承受总载荷的50%左右，第二圈承受约30%，第三圈承受约20%。因此，滚珠丝杠螺母副中的每个循环回路的滚珠工作圈数取为 $i=2.5\sim3.5$ 圈，工作圈数大于3.5无实际意义。滚珠的总数 n 一般不超过150个。

8)类型

P类为定位滚珠丝杠螺母副，是通过旋转角度和导程控制轴向位移量的滚珠丝杠螺母副。

T类为传动滚珠丝杠螺母副，是用于传递动力的滚珠丝杠螺母副，与旋转角度无关。

9)精度等级

T类传动滚珠丝杠螺母副精度等级见表6.6。

表6.6 T类传动滚珠丝杠螺母副精度等级

代号	名称	应用范围
P	普通级	普通机床
B	标准级	一般数控机床
J	精密级	精密机床、精密数控机床、加工中心、仪表机床
C	超精级	精密机床、精密数控机床、高精度加工中心、仪表机床

二、滚珠丝杠螺母副的维护

1. 定期检查

定期检查、调整滚珠丝杠螺母副的轴向间隙，定期检查滚珠丝杠支承与床身的连接是否有松动以及支承轴承是否损坏等。如有问题，要及时解决。

2. 滚珠丝杠螺母副的润滑

滚珠丝杠螺母副也可用润滑剂来提高耐磨性及传动效率。滚珠丝杠螺母副所用润滑剂可分为润滑油和润滑脂两大类。润滑油为一般机油、90～180 号透平油或 140 号主轴油，经过壳体上的油孔注入螺母的空间内。润滑脂可采用锂基油脂。润滑脂加在螺纹滚道和安装螺母的壳体空间内，半年清理丝杠上的旧润滑脂一次，换上新的润滑脂。

3. 滚珠丝杠螺母副常用密封圈和防护罩

(1)密封圈。通常采用毛毡圈或耐油橡皮等材料对滚珠丝杠螺母副进行密封，毛毡圈的厚度为螺距的 2～3 倍，而且内孔做成螺纹的形状，使之紧密地包住滚珠丝杠，并装入螺母或套筒两端的槽孔内。密封圈除了采用柔软的毛毡之外，还可以采用耐油橡胶或尼龙材料。由于密封圈和滚珠丝杠直接接触，因此防尘效果较好，但有接触压力，使摩擦阻力矩略有增加。

为了避免这种摩擦阻力矩，可以采用聚氯乙烯等塑料制成的非接触式的密封圈，其内孔形状与滚珠丝杠螺旋滚道相反，并略有间隙。非接触式密封圈又称迷宫式密封圈。

(2)防护罩。对于暴露在外面的滚珠丝杠，一般用螺旋钢带、伸缩套筒、锥形套筒以及折叠式塑料或人造革等形式的防护罩，来防止尘埃和磨粒黏附到滚珠丝杠表面。滚珠丝杠防护装置一有损坏，要及时更换。

三、滚珠丝杠螺母副的故障与排除

滚珠丝杠螺母副的故障原因与排除方法如表 6.7 所示。

表 6.7　滚珠丝杠螺母副的故障与排除

序号	故障现象	故障原因	排除方法
1	加工件粗糙度高	导轨的润滑油不足够，致使溜板爬行	加润滑油，排除润滑故障
		滚珠丝杠存在局部拉毛或研损现象	更换或修理滚珠丝杠
		滚珠丝杠轴承损坏，运动不平稳	更换损坏的轴承
		伺服电动机未调整好，增益过大	调整伺服电动机控制系统
2	反向误差大，加工精度不稳定	滚珠丝杠轴联轴器锥套松动	重新紧固并用百分表反复测试
		滚珠丝杠轴滑板配合压板过紧或过松	重新调整或修研，0.03 mm 塞尺塞不入则为合格
		滚珠丝杠轴滑板配合楔铁过紧或过松	重新调整或修研，使接触率达 70%以上，0.03 mm 塞尺塞不入则为合格
		滚珠丝杠预紧力过紧或过松	调整预紧力，检查轴向窜动值，使其误差不大于 0.015 mm

续表

序号	故障现象	故障原因	排除方法
2	反向误差大，加工精度不稳定	滚珠丝杠螺母端面与结合面不垂直，结合过松	修理、调整或做加垫片处理
		滚珠丝杠支座轴承预紧力过紧或过松	修理并调整
		滚珠丝杠制造误差大或沿轴向窜动	用控制系统自动补偿功能消除间隙，用仪器测量并调整滚珠丝杠窜动量
		润滑油不足或没有	调节至各导轨面均有润滑油
		其他机械干涉	排除干涉
3	滚珠丝杠在运转中转矩过大	两滑板配合压板过紧或研损	重新调整或修研压板，用0.04 mm塞尺塞不入为合格
		滚珠丝杠螺母机构反向器损坏，滚珠丝杠卡死或轴端螺母预紧力过大	修复或更换滚珠丝杠并调整
		滚珠丝杠研损	更换滚珠丝杠
		伺服电动机与滚珠丝杠的连接不同轴	调整同轴度并紧固连接座
		无润滑油	调整润滑油路
		超程开关失灵造成机械故障	检查故障并排除
		伺服电动机过热报警	检查故障并排除
4	滚珠丝杠螺母润滑不良	分油器不分油	检修或更换分油器，使分油器分油
		油管堵塞	清除污物使油管畅通
5	滚珠丝杠副噪声大	滚珠丝杠轴承压盖压合不良	调整压盖，使其压紧轴承
		滚珠丝杠润滑不良	检查分油器和油路，使润滑油充足
		滚珠破损	更换滚珠
		电动机与丝杠的联轴器松动	拧紧联轴器，锁紧螺钉
6	滚珠丝杠不灵活	轴向预加载荷太大	调整轴向间隙和预加载荷
		滚珠丝杠与导轨不平行	调整滚珠丝杠支座位置，使滚珠丝杠与导轨平行
		螺母轴线与导轨不平行	调整螺母座的位置
		滚珠丝杠弯曲变形	校直滚珠丝杠

6.1.7 导轨的故障与排除

导轨主要用来支承和引导运动部件沿一定的轨道运动。

在导轨副中，运动的部件叫作动导轨，不动的部件叫作支承导轨。

动导轨相对于支承导轨的运动，通常是直线运动或回转运动。

1. 对导轨的要求

1)导向精度高

导向精度主要是指导轨沿支承导轨运动的直线度或圆度。影响导向精度的主要因素有导轨的几何精度、导轨的接触精度、导轨的结构形式、动导轨及支承导轨的刚度和热变形、装配质量、动压导轨和静压导轨之间油膜的刚度。

导轨的几何精度综合反映为静止或低速下的导向精度。直线运动导轨的检验内容为导轨在垂直平面内的直线度、导轨在水平面内的直线度以及两导轨平行度。如导轨全长为 20 m 的龙门刨床,其直线度误差为 0.02 mm/1000 mm,导轨全长允差为 0.08 mm。

圆运动导轨几何精度检验内容与主轴回转精度的检验方法相类似,用导轨回转时端面跳动及径向跳动表示。如最大切削直径为 4 m 的立车,其允差规定为 0.05 mm。

2)耐磨性好及寿命长

导轨的耐磨性决定了导轨的精度保持性。

动导轨沿支承导轨面长期运行会引起导轨的不均匀磨损,破坏导轨的导向精度,从而影响机床的加工精度。

例如,卧式车床的铸铁导轨,若结构欠佳、润滑不良及维修不及,则靠近床头箱一段的前导轨,每年磨损量达 0.3 mm,这样就降低了刀架移动的直线度和对主轴的平行度,加工精度也就下降,同时也增加了溜板箱中开合螺母与丝杠的同轴度误差,加剧了螺母和丝杠的磨损。

导轨的磨损可分为硬粒磨损、咬合和热焊、疲劳和压溃三种。

导轨面由于过载或接触应力不均匀而使导轨表面产生弹性变形,反复进行多次,就会形成疲劳点,呈塑性变形,表面形成龟裂和剥落而出现凹坑,这种现象叫作压溃。

滚动导轨失效的主要原因就是表面的疲劳和压溃。为此,应控制滚动导轨承受的最大载荷和受载的均匀性。

3)足够的刚度

导轨要有足够的刚度,保证在载荷作用下不产生过大的变形,从而保证各部件间的相对位置和导向精度。

4)低速运动的平稳性

低速运动时,作为运动部件的动导轨易产生爬行现象。爬行将增大被加工表面的表面粗糙度值,故要求导轨低速运动平稳,不产生爬行现象,这对高精度机床尤其重要。

5)工艺性好

设计导轨时,要注意到制造、调整和维修是否方便,力求结构简单、工艺性好及经济性好。

6)技术要求

导轨按材料分为镶钢导轨、铸铁导轨等。

对滑动导轨的精度要求,不管是 V-平型还是平-平型,导轨面的平面度通常取为 0.01～0.015 mm,长度方向直线度通常取为 0.005～0.01 mm;侧导向面的直线度取为 0.01～0.015 mm,侧导向面之间的平行度取为 0.01～0.015 mm,侧导向面对导轨底面的垂直度取为 0.005～0.01 mm。镶钢导轨的平面度须控制在 0.005～0.01 mm,平行度和垂直度控制在 0.01 mm 以下。

导轨大多需淬火处理。导轨淬火方式有中频淬火、超音频淬火、火焰淬火等。

铸铁导轨的淬火硬度一般为 50～55 HRC,个别要求 57 HRC;淬火层深度规定经磨削后应保留 1.0～1.5 mm。

镶钢导轨一般采用中频淬火或渗氮淬火方式，淬火硬度为 58 ～ 62 HRC，渗氮层厚0.5 mm。

2. 导轨的基本类型和特点

导轨按摩擦性质可分为滑动导轨、滚动导轨、静压导轨和动压导轨四种，按运动轨迹可分为直线运动导轨和圆运动导轨，按工作性质可分为主运动导轨、进给运动导轨和调整导轨，按受力情况可分为开式导轨和闭式导轨。

1）直线运动导轨

直线运动导轨有若干个平面，从制造、装配和检验来说，平面的数量应尽可能少。常用直线滑动导轨的截面形状如图 6.10 所示。

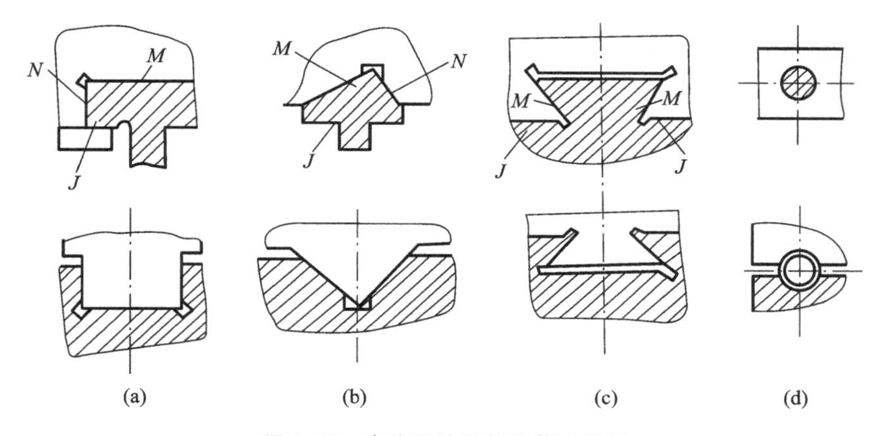

图 6.10 直线滑动导轨的截面形状

（1）矩形导轨。

矩形导轨易加工制造，刚度和承载能力大，安装调整方便。矩形导轨中 M 面起支承兼导向作用，起主要导向作用的 N 面磨损后不能自动补偿间隙，需要有间隙调整装置。矩形导轨适用于载荷大且导向精度要求不高的机床。

（2）三角形导轨。

导轨由 M、N 两个平面组成，起支承和导向作用。在垂直载荷作用下，导轨磨损后能自动补偿，不产生间隙，导向精度高，但仍需设压板面间隙调整装置。三角形顶角夹角为 90°，若重型机床承受载荷大，为增大承载面积，夹角可取 110°～120°，但导向精度差。精密机床可采用小于 90°的夹角，以提高导向精度。

（3）燕尾形导轨。

燕尾形导轨是闭式导轨中接触面最少的一种导轨，磨损后不能自动补偿间隙，需用镶条调整。燕尾面 M 起导向和压板作用。燕尾形导轨可承载倾覆力矩，制造、检验和维修较复杂，摩擦阻力大，刚度较差，导轨面的夹角为 55°，用于高度小的多层移动部件。

（4）圆柱形导轨。

圆柱形导轨刚度高，易制造，外径可磨削，内孔可珩磨达到精密配合，但磨损后间隙调整困难。它适用于受轴向载荷的场合，如压力珩磨机、攻螺纹机和机械手等。

导轨各个平面所起的作用也各不相同。在矩形导轨和三角形导轨中，*M* 面主要起支承作用，*N* 面是保证直线移动精度的导向面，*J* 面是防止运动部件抬起的压板面；在燕尾形导轨中，*M* 面起导向和压板作用，*J* 面起支承作用。

根据支承导轨的凸凹状态，导轨又可分为凸形导轨和凹形导轨。凸形导轨不易储存润滑油，但易清除导轨面的切屑等杂物。凹形导轨易储存润滑油，也易落入切屑和杂物，必须设防护装置。

各种导轨的特点不同，选择使用时应掌握以下原则。

(1)要求导轨有较大的刚度和承载能力时，用矩形导轨，中小型机床采用山形和矩形组合导轨，而重型机床则采用双矩形导轨。

(2)要求导向精度高的机床采用三角形导轨，三角形导轨工作面同时起承载和导向作用，磨损后能自动补偿间隙，导向精度高。

(3)矩形导轨、圆柱形导轨工艺性好，制造、检验方便。三角形导轨、燕尾形导轨工艺性差。

(4)要求结构紧凑、高度小及调整方便的机床，用燕尾形导轨。

2)圆运动导轨

圆运动导轨主要用于圆形工作台、转盘和转塔等旋转运动部件，常见的有平面圆环导轨、锥形圆环导轨和 V 形圆环导轨。

3)常见的导轨

(1)塑料导轨。

塑料导轨已广泛用于数控机床上，其摩擦因数小，且动、静摩擦因数差很小，能防止低速爬行现象。

塑料导轨多与铸铁导轨或淬硬钢导轨相配使用。塑料导轨有贴塑料导轨软带的贴塑导轨和注塑导轨，常用前一种。

①贴塑导轨概述。

国内外已研制了数十种塑料基体的复合材料用于机床导轨，比较重要的为应用较广的填充 PTEE(聚四氟乙烯)软带材料，例如美国霞板(Shanban)公司的得尔赛(Turcite-B)塑料导轨软带及我国的 TSF 软带，配合 DJ 胶合剂。Turcite-B 复合材料是在聚四氟乙烯中填充 50%的青铜粉、二硫化钼、玻璃纤维和氧化物制成的带状自润滑复合材料。

贴塑导轨结构如图 6.11 所示。软带厚度有 0.8 mm、1.6 mm、3.2 mm 几种，其中以 1.6 mm 最常用。导轨半精加工到 Ra 1.6～3.2 μm，胶合层厚度为 0.05～0.1 mm，经 24 小时自重加压室温固化，再刮削等精加工至符合要求，即成为贴塑导轨。

②贴塑导轨的特点。

贴塑导轨具有优异的减摩、抗咬伤性能，不会损坏配合面，吸振性能好，在低速下无爬行，并可在干摩擦下工作。贴塑导轨与其他导轨相比，有以下特点：

a. 贴塑导轨副摩擦因数低而稳定(比铸铁导轨副低一个数量级)。

b. 贴塑导轨副动、静摩擦因数相近，运动平稳性和爬行性能较铸铁导轨副好。

c. 贴塑导轨吸收振动，具有良好的阻尼性，优于接触刚度较低的滚动导轨和易漂浮的静压导轨。

d. 贴塑导轨耐磨性好，有自身润滑作用，无润滑油也能工作，灰尘磨粒的嵌入性好。

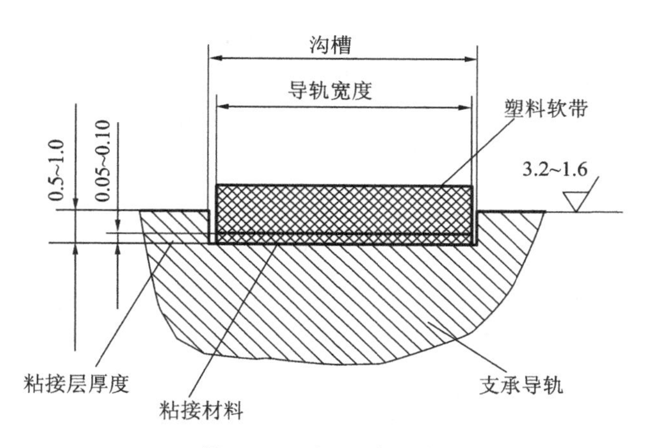

图 6.11 贴塑导轨结构

e. 贴塑导轨化学稳定性好，耐磨、耐低温，耐强酸、强碱、强氧化剂及各种有机溶剂。

f. 贴塑导轨维护修理方便。软带耐磨，损坏后更换容易。

g. 贴塑导轨经济性好，结构简单，成本低，约为滚动导轨成本的 1/20，为三层复合材料 DU 成本的 1/4。

贴塑导轨有逐渐取代滚动导轨的趋势。贴塑导轨不仅适用于数控机床，而且还适于作其他各种类型机床的导轨，它在旧机床修理和数控化改装中可以减少机床结构的修改，因而扩大了应用领域。

(2)滚动导轨。

滚动导轨是在导轨工作面间放入滚珠、滚柱或滚针等滚动体，使导轨面间成为滚动摩擦的一种导轨。

目前，滚动直线导轨(标准块)的类型很多，主要使用的产品有国产的 HJG-D 系列(陕西汉江机床有限公司)、日本 THK 公司产品系列、德国 INA 公司产品系列等。

直线导轨副的移动速度可达 60 m/min，在数控机床和加工中心上得到广泛应用。

滚动导轨的优点是：滚动导轨摩擦因数小(0.002 5～0.005)，动、静摩擦因数很接近，且不受运动速度变化的影响，因而运动轻便灵活，所需动功率小；摩擦发热少、磨损小、精度保持性好；低速运动时，不易出现爬行现象，定位精度高；可以预紧，显著提高了刚度。

滚动导轨的缺点是，结构较复杂、制造较困难、成本较高。此外，滚动导轨对脏物较敏感，必须要有良好的防护装置。

滚动导轨也分为开式和闭式两种。开式滚动导轨用于加工过程中载荷变化较小，倾覆力矩较小的场合。当倾覆力矩较大、载荷变化较大时则用闭式滚动导轨。

滚动导轨的滚动体可采用滚珠、滚柱、滚针。

滚珠导轨的承载能力小，刚度低，适用于运动部件质量不大、切削力和倾覆力矩都较小的机床。

滚柱导轨的承载能力和刚度都比滚珠导轨大，适用于载荷较大的机床。

滚针导轨的特点是，滚针尺寸小，结构紧凑，适用于导轨尺寸受到限制的机床。

滚动导轨支承块在近代数控机床上普遍采用，已做成独立的标准部件，其特点是刚度高，承载能力大，便于拆装，可直接装在任意行程长度的运动部件上。滚柱导轨的结构型式如图 6.12 所示。1 为防护板，端盖 2 与导向片 4 引导滚柱 3 返回，5 为保持器。当运动部件移动时，滚柱 3 在支承部件的导轨面与本体 6 之间滚动，同时又绕本体 6 循环滚动。滚柱 3 与运动部件的导轨面并不接触，因而该导轨面不需淬硬磨光。

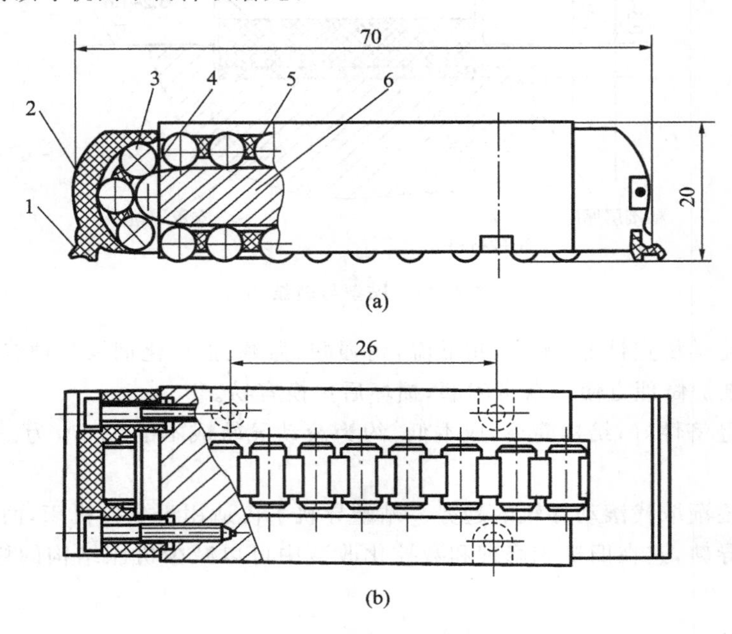

图 6.12　滚柱导轨的结构型式

1—防护板；2—端盖；3—滚柱；4—导向片；5—保持器；6—本体

图 6.13 所示为 TBA-UU 型直线滚动导轨(标准块)。它由 4 列滚珠组成，分别配置在导轨的两个肩部，可以承受任意方向(上、下、左、右)的载荷。

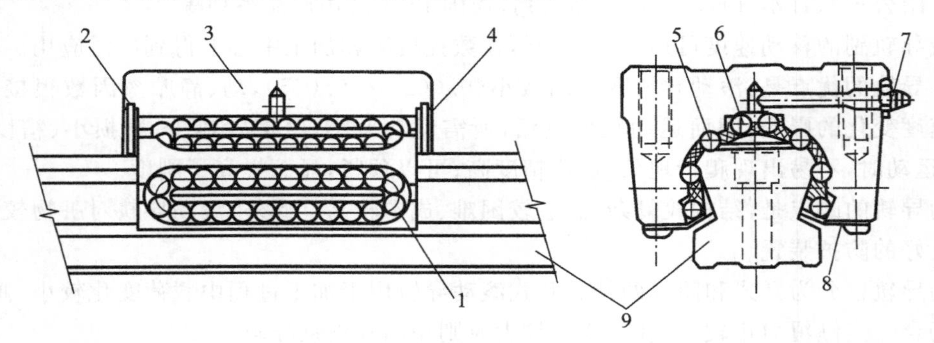

图 6.13　TBA-UU 型直线滚动导轨

1—保持器；2—压紧圈；3—支承块；4—密封板；5—承载钢珠列；6—反向钢珠列；7—加油嘴；8—侧板；9—导轨

TBA-UU 型直线滚动导轨标准块的配置有多种，为了提高抗振性和运动精度，在同一平面内最好采用两组标准块以平行安装、使用滚动导轨。

有过大的振动和承受冲击载荷的机床不宜应用直线运动导轨。

(3)静压导轨。

在滑动面之间开有油腔，将有一定压力的油通过节流器输入油腔，形成压力油膜，浮起运动部件，使导轨工作表面处于纯液体摩擦，不产生磨损，这就是静压导轨。

静压导轨摩擦因数极低(0.000 5)，使驱动功率大大降低；运动不受速度和负载的限制，低速无爬行，承载能力大，刚度好；油液有吸振作用，抗振性好，导轨摩擦发热也小。静压导轨的缺点是，结构复杂，要有供油系统，对油的清洁度要求高。

静压导轨有液体静压导轨、气体静压导轨二种，液体静压导轨有开式、闭式二种。

①开式液体静压导轨的工作原理。

开式液体静压导轨的工作原理如图 6.14(a)所示。液压泵 2 启动后，油经滤油器 1 吸入，用溢流阀 3 调节供油压力 $\boldsymbol{p}_s$，再经滤油器 4，通过节流器 5 降压至(油腔压力)进入导轨的油腔，并通过导轨间隙 h_0 向外流出，回到油箱 8。油腔压力 $\boldsymbol{p}_r$ 形成浮力将运动部件 6 浮起，形成一定导轨间隙 h_0。

当载荷 $\boldsymbol{W}$ 增大时，运动部件下沉，导轨间隙 h_0 减小，液阻增加，流量减小，从而油经过节流器时的压力损失减小，油腔压力 p_r 增大，直至与载荷 $\boldsymbol{W}$ 平衡时为止。

开式静压导轨只能承受垂直方向的负载，承受倾覆力矩的能力差。

②闭式液体静压导轨的工作原理。

闭式液体静压导轨能承受较大的倾覆力矩，导轨刚度也较高，其工作原理如图 6.14(b)所示。当运动部件 6 受到倾覆力矩 $\boldsymbol{M}$ 后，油腔 3、4 的间隙 h_3、h_4 增大，油腔 1、6 的间隙 h_1、h_6 减小。由于各相应的节流器的作用，使 p_{r3}、p_{r4}减小，p_{r1}、p_{r6}增大，由此作用在运动部件上的力，形成一个与倾覆力矩方向相反的力矩，从而使运动部件保持平衡。而在承受载荷 $\boldsymbol{W}$ 时，则间隙 h_1、h_4 减小，间隙 h_3、h_6 增大。由于各相应的节流器的作用，使 p_{r1}、p_{r4}增大，p_{r3}、p_{r6}减小，可形成的向上力平衡载荷 $\boldsymbol{W}$。

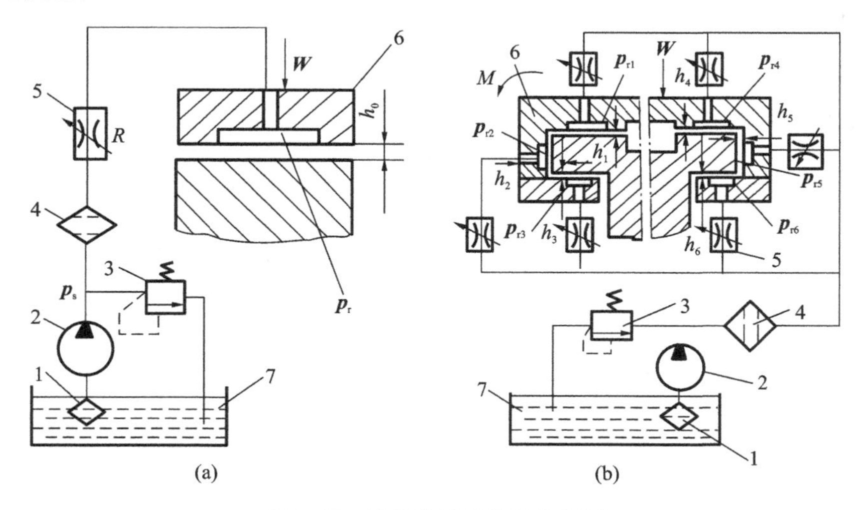

图 6.14　液体静压导轨工作原理

1,4—滤油器；2—液压泵；3—溢流阀；5—节流器；6—运动部件；7—油箱

(4)动压导轨。

动压导轨的工作原理与动压轴承的相同，都借助于导轨面间的相对运动，形成压力油楔将

动导轨微微抬起，这样导轨面就有充满润滑油形成的高压油膜将导轨面隔离，形成液体摩擦，提高了导轨的耐磨性。

形成压力油楔的条件是，有一定的相对运动速度，且油腔沿运动方向的间隙逐渐减小。速度越高，油楔的承载能力越大，所以动压导轨适用于运行速度高的主运动导轨，如立式车床工作台、龙门刨床工作台等。

二、导轨的维护

1. 导轨间隙调整

保证导轨之间具有合理的间隙是很重要的一项维护工作。间隙过小，则摩擦阻力大，导轨磨损加剧；间隙过大，则运动失去准确性和平稳性，失去导向精度。加工中心上使用的直线滚动导轨一般选用精密级（D级），安装精密级直线滚动导轨的安装基面，平面度一般取 0.01 mm 以下，安装基面两侧定位面之间的平行度取 0.015 mm 左右，侧定位面对底平面安装面的垂直度为 0.005 mm。

2. 导轨的润滑

对导轨进行润滑，可降低摩擦因数，减少磨损，且可防止导轨锈蚀。

导轨最简单的润滑方式是人工定期加油或用油杯供油，运动速度较高的导轨大都使用液压泵用压力油强制润滑。

导轨常用的润滑剂有润滑油和润滑脂，滑动导轨多用润滑油，而滚动导轨两种都能用。导轨对润滑油的要求是：黏度小，有良好的润滑性能和足够的油膜刚度，油中杂质尽量少。

3. 导轨的防护

导轨上的防护装置，是为了防止切屑、磨料或冷却液散落在导轨面上而导致磨损加快、擦伤和锈蚀而设置的，必须认真维护。

三、导轨的故障与排除

导轨的故障原因与排除方法如表 6.9 所示。

表 6.9 导轨的故障原因与排除方法

序号	故障现象	故障原因	排除方法
1	导轨研伤	机床经长期使用，地基与床身水平有变化，使导轨局部单位面积载荷过大	定期进行床身导轨的水平调整，或修复导轨精度
		长期加工短工件或承受过分集中的载荷，使导轨局部磨损严重	注意合理分布短工件的安装位置，避免载荷过分集中
		导轨润滑不良	调整导轨润滑油油量，保证润滑油压力
		导轨材质不佳	采用电镀加热自冷淬火对导轨进行处理，导轨上增加锌铝铜合金板，以改善摩擦情况
		刮研质量不符合要求	提高刮研修复的质量
		机床维护不良，导轨上落入脏物	加强机床保养，保护好导轨防护装置

续表

序号	故障现象	故障原因	排除方法
2	导轨上移动部件运动不良或不能移动	导轨面研伤	用180#砂布修磨机床导轨面上的研伤
		导轨压板研伤	卸下压板，调整压板与导轨的间隙
		导轨镶条与导轨间隙太小	松开镶条止退螺钉，调整镶条螺栓，使运动部件运动灵活，保证0.03 mm塞尺不得塞入，然后锁紧镶条止退螺钉
3	加工面在接刀处不平	导轨直线度差	调整或修刮导轨，允差为0.015 mm/500 mm
		工作台塞铁松动或塞铁弯度太大	调整塞铁间隙，塞铁弯度在自然状态下小于0.05 m/全长
		机床水平度差，使导轨发生弯曲	调整机床安装水平，保证平行度、垂直度在0.02 mm/1 000 mm之内

6.1.8 立式加工中心自动换刀故障诊断

图6.15所示为某立式加工中心自动换刀控制图，ATC的动作顺序如下。

(1)换刀臂左移($B \to A$)；

(2)换刀臂下降(从刀库拔刀)；

(3)换刀臂右移($A \to B$)；

(4)换刀臂上升；

(5)换刀臂右移($B \to C$，抓住主轴中刀具)；

(6)主轴液压缸下降(松刀)；

(7)换刀臂下降(从主轴拔刀)；

(8)换刀臂旋转180°(两刀具交换位置)；

(9)换刀臂上升(装刀)；

(10)主轴液压缸上升(抓刀)；

(11)换刀臂左移($C \to B$)；

(12)刀库转动(找出旧刀具位置)；

(13)换刀臂左移($B \to A$，将旧刀具放入刀库)；

(14)换刀臂右移($A \to B$)；

(15)刀库转动(找下一把刀具)。

故障现象是：换刀臂平移到C位时，无拔刀动作。

原因分析如下。

(1)电磁阀有故障，有信号也不能动作。

(2)因松刀接近开关SQ4无信号，故换刀臂升降电磁阀YV1无输出，换刀臂不下降。

(3)因接近开关SQ2无信号，故松刀电磁阀YV2无电压输出，主轴仍处于抓刀状态，换刀臂不能下移。

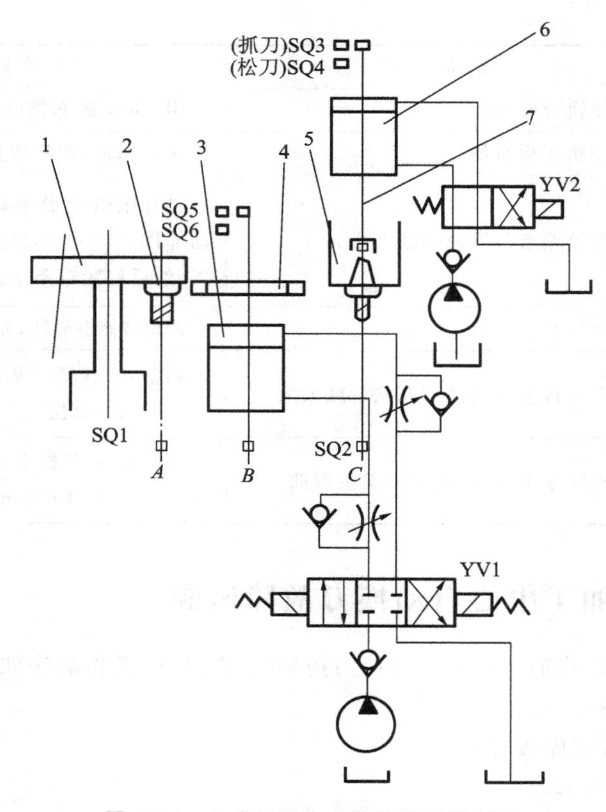

图 6.15　立式加工中心自动换刀控制图

1—刀库;2—刀具;3—换刀臂升降缸;4—换刀臂;5—主轴;6—主轴油缸;7—拉杆

运用排除法,逐步检查,诊断发现是 SQ4 未发信号,进一步检查,发现其感应间隙过大,导致接近开关无信号输出,产生故障,调整间隙合适即可。

6.1.9　数控机床的维修管理

维修管理是根据企业的生产发展和经营目标,用一系列的技术、经济、组织措施及科学方法管理设备的系统工程。

维修管理是贯穿设备的购买、安装、调试、使用、维修、改造、更新,直到报废的整个过程。

1. 技术培训——提高操作人员的综合素质

操作人员要参加国家职业资格的考核鉴定,经过鉴定合格并取得资格证后,方能独立操作数控机床。严禁无证上岗操作。

操作人员在独立使用设备前,必须掌握数控机床的基本理论知识和操作技能,并且在熟练技师的指导下,实际上机训练,达到一定的熟练程度。

技术培训、考核的内容包括数控机床工作原理、数控机床结构性能、传动装置、数控系统技术特性、金属加工技术规范、数控机床操作规程、数控机床安全操作要领、数控机床维护保养事项、安全防护措施、故障处理原则等。

2. 定人定机持证操作

严格实行定人定机和岗位责任制，以确保正确使用数控机床，并落实日常维护工作。

多人操作的数控机床应实行机长负责制，由机长对使用和维护工作负责。

公用数控机床应由企业管理者指定专人负责维护保管。数控机床定人定机名单由使用部门提出，报设备管理部门审批，签发操作证。精、大、稀、关键设备定人定机名单由设备部门审核报企业管理者批准后签发。定人定机名单批准后，不得随意变动。

3. 建立岗位责任制

(1)数控机床操作人员必须严格按"数控机床操作维护规程""四项要求""五项纪律"的规定正确使用与精心维护设备。

(2)实行日常点检，认真记录。做到班前正确润滑设备，班中注意运转情况，班后清扫擦拭设备，保持清洁，涂油防锈。

(3)练好"四会"基本功，搞好日常维护和定期维护工作；配合维修人员检查修理自己操作的设备；保管好设备附件和工具，并参加数控机床修后验收工作。

(4)认真执行交接班制度和填写好交接班及运行记录。

(5)发生设备事故时，立即切断电源，保持现场，及时向生产工长和车间机械员(师)报告，听候处理；分析事故时，应如实说明经过；对因违反操作规程等造成的事故应负直接责任。

(6)建立交接班制度。连续生产和多班制生产的设备必须实行交接班制度。交班人除完成设备日常维护作业外，必须把设备运行情况和发现的问题，详细记录在"交接班簿"上，并主动向接班人介绍清楚，双方当面检查，在"交接班簿"上签字。接班人如发现异常或情况不明，记录不清时，可拒绝接班。如交接不清，设备在接班后发生问题，由接班人负责。

企业对在用设备均需设"交接班簿"，不准涂改撕毁。区域维修部(站)和机械员(师)应及时收集分析交接班信息，掌握交接班执行情况和数控机床技术状态信息，为数控机床状态管理提供资料。

4. 机床操作人员的基本功和操作纪律

(1)数控机床操作人员"四会"基本功，即会使用、会维护、会检查、会排除故障。

(2)维护使用数控机床的"四项要求"即要求整齐、清洁、润滑、安全。

(3)数控机床操作工的"五项纪律"。

①凭操作证使用设备，遵守安全操作维护规程。

②经常保持机床整洁，按规定加油，保证合理润滑。

③遵守交接班制度。

④管好工具、附件，不得遗失。

⑤发现异常立即通知有关人员检查处理。

5. 数控机床定期维护

数控机床定期维护是在维修人员的辅导配合下，由操作人员进行的定期维修作业，按设备管理部门的计划执行。在维护作业中发现的故障隐患，一般由操作人员自行调整，不能自行调整的则以维修人员为主，操作人员配合调整，并按规定做好记录报送机械员(师)登记转设备管理部门存档。设备定期维护后要由机械员(师)组织维修组逐台验收，设备管理部门抽查，作为对车间执行计划的考核。

数控机床定期维护表如表6.9所示。

表6.9　数控机床定期维护表

序号	周期	检查部位	维护的主要内容
1	1天	导轨润滑油油箱	检查润滑系统
2	1天	空气滤清器	检查、清洗或更换
3	1天	联锁装置，定时器	检查是否正常运行
4	1天	电磁铁限位开关	检查是否正常
5	1天	全部电缆接头	检查并紧固，并查看有无腐蚀、破损
6	1天	液压管路接头	检查并紧固，检查液压马达有否渗漏
7	1天	电源电压和开关	查看是否正常，有无缺相和接地不良现象
8	1个月	电动机	检查全部，并按要求更换电刷
9	1个月	联轴节、带轮	检查是否松动磨损，清洗或更换滑块和导轨的防护毡垫
10	1个月	冷却液箱	清洗液却液箱，更换冷却液
11	1个月	主轴箱、齿轮箱	主轴箱、齿轮清洗，重新注入新润滑油，检查齿轮啮合间隙是否合适
12	1个月	控制柜	认真清扫控制柜内部
13	1个月	继电器	检查接触压力是否合适，并根据需要清洗和调整触点
14	半年	液压油液	抽取化验，根据化验结果，对液压油油箱进行清洗换油，疏通油路，清洗或更换滤油器
15	半年	工作台	检查机床工作台水平度，全部锁紧螺钉及调整垫铁是否锁紧，并按要求调水平
16	半年	镶条、滑块	检查镶条及滑块的调整机构，调整间隙
17	半年	滚动丝杠	检查并调整全部传动丝杠载荷，清洗滚动丝杠并涂新油
18	半年	电动机	拆卸、清扫电动机，加注润滑油，检查电动机轴承，酌情更换
19	半年	联轴器	检查、清洗并重新装好机械式联轴器
20	半年	平衡系统	检查、清洗和调整平衡系统，视情况更换钢缆或链条
21	半年	电气	清扫电气柜、数控柜及电路板，更换维持RAM内容的失效电池
22	1年	润滑泵、滤油器	清理润滑油池，清洗或更换液压系统的滤油器
23	1年	存储器用电池	应在数控系统供电的状态下进行，以免参数丢失

使用环境：避免阳光的直射和其他辐射；避免在太潮湿或粉尘过多的场所使用；避免在有腐蚀气体的场所使用；远离振动大的设备。

电源要求：允许波动±10%，每周通电1～2次，每次空运行1小时左右。

总之，要经常维护数控机床各导轨及滑动面的清洁，以防止其拉伤和研伤，经常检查换刀机械手及刀库的运行情况、定位情况。

6.2 汽车常见故障分析

6.2.1 几种常见的故障检修方法

1. 试灯法

试灯法就是用一只汽车用灯泡作为试灯，检查电路中有无断路故障。

2. 直观诊断法

汽车电路发生故障时，有时会出现冒烟、火花、异响、焦臭、发热等异常现象。这些现象可直接观察到，从而可以判断出故障所在部位。

3. 断路法

汽车电路设备发生搭铁（短路）故障时，可以用断路法判断，即将被怀疑有搭铁故障的电路段断开后，观察电气设备中搭铁故障是否还存在，以此来判断电路搭铁的部位和原因。

4. 短路法

汽车电路中出现断路故障，可以用短路法判断，即用起子或导线将被怀疑有断路故障的电路短接，观察仪表指针的变化情况或电气设备的工作状况，从而判断出该电路中是否存在断路故障。

5. 仪表法

仪表法是指观察汽车仪表板上的电流表、水温表、燃油表、机油压力表等的指示情况，判断电路中有无故障。例如，发动机冷态，接通点火开关时，水温表指示满刻度位置不动，说明水温表传感器有故障或该线路有搭铁故障。

6. 低压搭铁试火法

低压搭铁试火法是指拆下用电设备的某一线头，对汽车的金属部分（搭铁）碰试，根据是否产生的火花来判断。这种方法比较简单，是广大汽车维修电工经常使用的方法。

低压搭铁试火法可分为直接搭铁和间接搭铁两种。

直接搭铁是指未经过负载而直接搭铁产生强烈的火花。例如，我们要判断点火线圈至蓄电池一段电路是否有故障，可拆下点火线圈上连接点火开关的线头，在汽车车身或车架上刮碰，如果有强烈的火花，说明该电路正常；如果无火花产生，说明该段电路出现了断路故障。

间接搭铁是指通过汽车电器的某一负载而搭铁产生微弱的火花来判断线路或负载是否有故障。例如，将传统点火系断电器连接线搭铁（回路经过点火线圈初级绕组），如果有火花产生，说明这段线路正常；如果无火花，则说明电路有断路故障。

特别值得注意的是，低压搭铁试火法不能在电子线路汽车上应用。

6.2.2 常见故障分析

一、动力转向变沉重故障分析

(1)助力转向液不足,需添加助力转向液。

(2)轮胎气压不足,尤其是前轮气压不足,转向会比较吃力。

(3)前轮定位不准,需进行四轮定位检测。

(4)转向机或转向球节磨损严重,需要维修或更换。

二、汽油消耗量过大原因分析

1. 传动系统

定期检查传动轴、差速器、半轴等部件旋转阻力是否正常;确保自动变速器换挡正常;汽车发动机因磨损而效率低时,大修汽车发动机。

2. 胎压不足

时常注意轮胎状况,保持胎压在规定值内,不但省油,而且可延长使用寿命。

刹车咬住,可自行做慢速空挡滑行测试,确定刹车无胎压不足状况。

3. 轮胎花纹

不同类型花纹的轮胎的燃油消耗率不同,选择折线花纹轮胎有助于节省燃油。

4. 四轮定位

始终保持车轮定位值正确,可以保证较低的燃油消耗率。

5. 人为操作因素

温车时间适宜,在发动后至1~2分钟,确认所有警示灯熄灭即可上路。

狂暴驾驶,急踩油门加速又紧急刹车,或飙至极速,除了耗油外,机械零部件也在加速磨损,应尽量避免。

开冷气睡觉或长时间等人而不熄火,除了耗油,还导致发动机容易积炭。

长时间使用不必要的电器,如除雾器、加强雾灯等,电力的消耗也会转嫁于汽油消耗上。

空调制冷效率下降。

6. 交通因素

短程使用:发动机可能尚未加热至正常工作温度,即抵达目的地,由于冷机效率低,大部分燃料消耗在将发动机及冷却水加温上,耗油是不可避免的,此种用车状况还会导致发动机积炭。

市区行车因堵车及过红绿灯路口,开开停停的耗油量可能比高速公路行车高数倍。

道路情况:路面阻力越大,上下坡路况越多,燃油消耗率越高。所以,应尽量选择铺装的、平坦的大路行车。

7. 平稳加速

明确经济车速,车速过高或过低都将使车辆燃油经济性变差。急加速时的瞬时燃油消耗率是平稳加速时的1.5倍,所以我们应尽量避免急加速,避免紧急制动。

8. 齿轮油的黏度

在气温比较低的环境，将手动变速器和差速器中的齿轮油更换为黏度较低的标号，有助于节油。

9. 风阻系数

车辆外观受损，打开车窗，或不正当改装等都会导致风阻系数变大。

10. 车上载重

车上载人多或放置过多的杂物，长期下来也会导致耗油量增加。

三、蓄电池电力不足及应急方法

蓄电池电力不足表现如下。

(1)启动机不转或转动微弱，不能启动发动机。

(2)前大灯比平时暗。

(3)喇叭音量小或不响。

应急方法如下。

(1)连接电缆：①将没电的蓄电池的正极端子与救援车电池的正极端子连接；②将救援车电池的负极端子与没电汽车的蓄电池负极端子连接。

(2)应急充电并启动发动机：启动救援车的发动机，稍微提高发动机的转速，约 5 分钟后，可向没电的蓄电池应急充电。

(3)取下跨接电缆。

四、刹车故障

对于作为汽车安全行驶的关键部分的刹车，每位驾驶者都应特别重视。每次驾驶前，可以试验一下刹车踏板的工作状态。在未启动发动机之前，刹车踏板会很硬，发动机正常启动后，刹车踏板轻微下沉一点，这是正常的。

故障现象：踩下踏板会感觉刹车软绵绵的，制动距离明显加长，刹车无力。

故障原因：不同品牌制动液混合使用，造成制动效能下降；制动液超过厂家规定更换期限继续使用；制动液变质，沸点下降；制动液内含有气体；制动软管外表橡胶破损或起包造成泄压；制动总泵和分泵渗油，密封不良；制动片质量不佳。

五、排气管冒黑烟、白烟或蓝烟

1. 排气管冒黑烟

排气管冒黑烟说明发动机混合气过浓导致燃烧不充分。空气滤清器过脏、火花塞不良、点火线圈故障等，均会造成发动机冒黑烟。

2. 排气管冒白烟

排气管冒白烟说明：喷油器雾化不良或滴油，使部分汽油不燃烧；汽油中有水；气缸盖和气缸套有肉眼看不见的裂纹，气缸垫损坏使气缸内进水；机温太低。

可以通过以下方法解决：清洗或更换喷油器，调整喷油压力；清除油箱和油路中的水分；不使用低价劣质油；更换气缸垫、气缸套、气缸盖。

3. 排气管冒蓝烟

排气管冒蓝烟说明：机油进入燃烧室参加燃烧，活塞环与气缸套未完全磨合，机油从缝隙进入；活塞环黏合在槽内，活塞环的锥面装反了，失去了刮油的作用；活塞环磨损过度，机油从开口间隙跑进燃烧室；油底壳油面过高；气门与导管磨损，间隙过大。

可以通过以下方法解决：新车或大修后的机车都必须按规定磨合发动机，使各部零件能正常啮合；看清楚装配记号，正确安装活塞环；调换合格或加大尺寸的活塞环；查清油底壳油面升高的原因，放出油底壳多余的机油；减少滤清器油盘内机油；更换气门导管。

六、判断和维修雨刮器故障

雨刮器的常见故障现象有以下五种。

(1)完全不工作。

(2)无间歇挡或间歇时间不对。

(3)无低速挡。

(4)无高速挡。

(5)关闭开关后雨刷不能自动回位。

维修方法：对于此类常规电气系统故障，应首先检查系统电源电路，此类故障大部分由保险丝烧断或接地点不良导致。

七、玻璃清洗器的常见故障分析

(1)完全不工作。故障原因是没有清洗液或电机损坏。

(2)喷出的清洗液量不足。故障原因是，管路有堵塞，喷头出水口被灰尘、泥土堵塞。可用大头针等物品疏通。

(3)清洗液的喷射方向不对。故障原因是喷射角度不正确。

八、驾驶过程中水温过高

行驶过程中冷却液沸腾(开锅了)时的处理方法如下。

(1)立即将车停到安全的地方。

(2)关闭空调系统，打开发动机机舱盖，使发动机怠速运转。在这个过程中注意，千万不要试图打开冷却液的加注口盖。在冷却液沸腾时加注口盖一旦打开，冷却系统中的液体会喷出，造成人身伤害。

(3)检查散热器风扇的运转是否正常，如不动，应同经销店联系。

(4)水温表指针下降后，将发动机熄火。

(5)待发动机冷却后，将水箱盖打开，检查冷却液的液位。

(6)如缺冷却液，应进行补充。

(7)如水温表指针一直没有下降的趋势，则立即将发动机熄火，同经销店联系。当出现冷却液沸腾的故障时，建议同经销店联系，获取指导，最好不要擅自处理。

6.3 汽车的传动系故障诊断

6.3.1 汽车的传动系的组成

汽车发动机与驱动轮之间的动力传递装置称为汽车的传动系。汽车传动系具有减速增矩，实现汽车倒驶，必要时中断传动、差速传动及万向传动等功能。

图6.16所示为捷达轿车传动系组成示意图。传动系一段由离合器、变速器(及分动器)、万向传动装置和驱动桥(减速器、差速器、半轴)等组成。传动系布置可分为发动机前置后轮驱动(FR)、发动机前置前轮驱动(FF)、发动机中置后轮驱动(MR)、发动机后置后轮驱动(RR)和四轮驱动(4WD)。

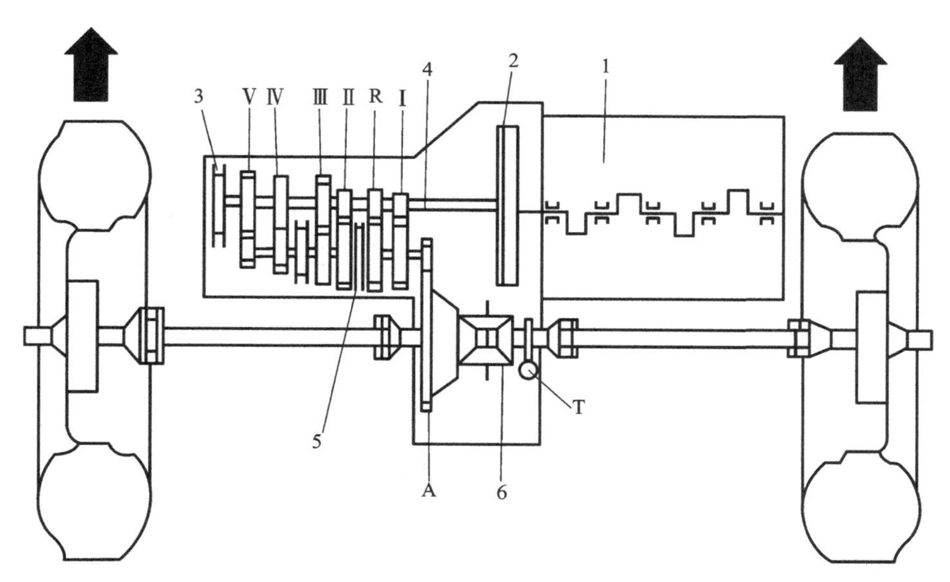

图6.16 捷达轿车传动系组成示意图

1—发动机；2—离合器；3—变速器(五挡变速齿轮，倒挡齿轮)；
4—输入轴；5—输出轴；6—差速器；A—主减速器齿轮；T—车速表齿轮

6.3.2 传动系异响的现象

传动系异响一般属于机械故障。传动系的机械零件磨损、变形、损坏、失油或装配不良使运动件配合间隙不正常等，都会使零部件在运动过程中产生干涉或干摩擦等现象，同时出现各种响声。传动系机械部件故障程度不同，响声及部位也各不相同，一般故障初期会出现在载荷较大的起步、加速等动力传递过程中，后期可能车辆空挡滑行也会产生响声。异响现象严重，有可能出现零部件脱落打坏总成的情况，导致造成安全事故。

在传动系中，各个总成有自身的异响特点。离合器的响声较尖锐主要是由分离轴承及压盘弹簧断裂造成的，多发生在踩下或松开离合器的过程中；机械变速器响声往往与所挂入的挡位有关，多由轴承损坏、齿轮打齿、运动件配合间隙不良、润滑油缺失等引起。如果汽车行驶中发出周期性的响声，速度越快时响声越大，严重时车身发生抖振，甚至握转向盘的手有麻木感，那么这大多是传动轴弯曲引起的响声。传动轴中间支承发出一种连续的“呜呜”的响声，车速越快响声越大。

驱动桥响声主要受载荷影响较大，响声较多样，有可能是轴承造成的“呜呜”“哄哄”的响声，或齿轮间隙不当的“哽哽”声等。差速器在转弯时失效也可能发出响声，打方向或起步时半轴球笼等可能会发出异响。因此，传动系的异响是最常见的故障现象，响声初期总要在车辆载荷行驶时才听到，给故障部位确诊造成一定的困难，因此要针对现象和部位采取多种手段认真分析和诊断。

6.3.3 传动系异响的诊断逻辑分析图

一般遇到车辆驱动过程中传动系的异响，可以按图 6.17 所示的思路初步判断是哪个总成出现了故障，然后具体针对总成进行诊断和维修，进而排除异响故障。

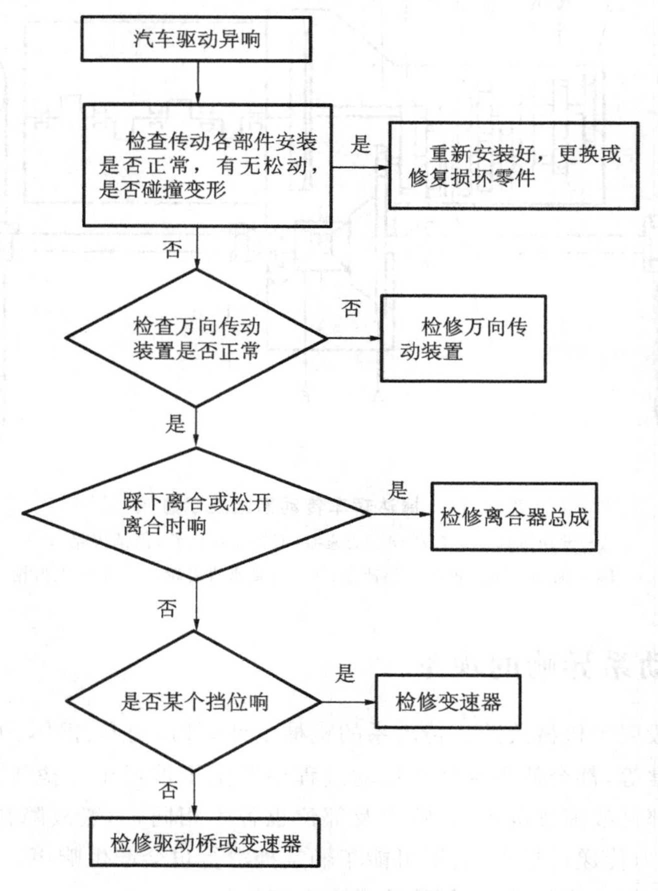

图 6.17 汽车传动系异响的诊断逻辑分析图

6.4 轮辋刨渣机液压系统的故障诊断示例

液压设备在国民经济各个领域中发挥着巨大作用，成为生产上的关键设备。液压系统故障受设计、制造、使用、维修、管理等因素的影响。因此，科研、设计、制造、使用等部门互相配合，共同努力，是保证液压系统正常工作的必要条件。

工程技术人员应掌握液压设备故障及维修知识与技能，熟悉液压技术，加强对液压设备的保养和管理，以保证液压系统工作正常可靠。对于液压系统的详细故障诊断与排除，请读者参考参考文献[8]，这里仅做简单介绍。

液压系统一般采用顺序检测法进行故障诊断。顺序检测法是指先检查故障可能性大、简单的元件，编制检测顺序图的方法。它可以提高工作效率，减少盲目性。复杂的液压系统按子系统、部件、元件层层深入来寻找故障点，可画出故障树（逻辑关系）、鱼刺图（因果关系图）。

轮辋刨渣机是用于加工焊接轮辋的专用设备，采用 PLC 电控，额定压力为 20 MPa，额定流量为 60 L/min。

轮辋刨渣机生产工艺是：平钢板下料—卷筒—焊接—刨渣。轮辋刨渣机液压系统如图6.18所示。

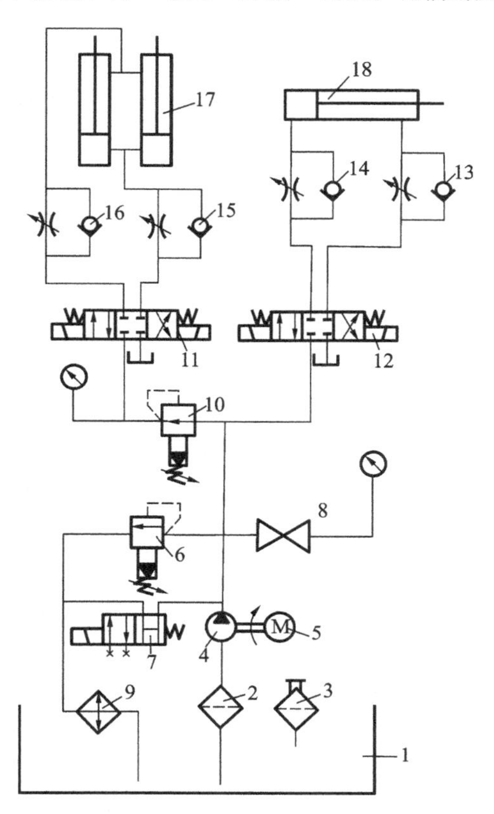

图 6.18 轮辋刨渣机液压系统

1—油箱；2—滤油器；3—安全阀；4—液压泵；5—电机；6—溢流阀；7，11，12—电磁阀；8—压力表开关；9—冷却器；10—减压阀；13，14，15，16—单向节流阀；17，18—单杆缸

轮辋刨渣机的实际故障：系统压力上不去，仅 2～3 MPa。

故障原因分析：泵 4 故障、阀 6 故障、阀 7 故障、集成块泄漏、管路泄漏、过滤器 2 异常等。

故障诊断检测顺序如下。

(1)滤油器 2，经检查正常。

(2)阀 7，经检查可以动作。

(3)阀 6，经检查后阻尼孔正常。

(4)集成块，经检查不泄漏。

(5)管路，经检查后泄漏。

(6)泵 4，经检查没压力，换了一液压泵接好后调试，压力高了。

故障排除：更换一新的同型号液压泵或检修原液压泵。

6.5 波音 747 起落架液压系统故障诊断

流压系统故障逻辑分析法是指根据故障产生的现象，采取液压逻辑原理分析与推理的方法。它通常着重分析主机或故障本身。

液压系统故障逻辑推理是指通过阅读液压系统图，运用液压概念、原理，通过判断与推理，正确探究液压故障位置及内部联系的思维过程。液压系统本来就是人们按逻辑规则设计的系统。

随着液压技术的迅速发展，液压系统在航空工业得到了广泛的应用。现代飞机的操作系统及发动机的供油量控制中普遍采用了液压系统。

飞机的操作系统主要有以下液压系统：油箱空气增压系统、主供压系统、应急供压系统、起落架收放系统、襟翼收放系统、前轮转弯系统、主轮刹车系统、风挡雨刷刮水系统、电源恒速装置液压系统、进气整流锥和可调斜板液压系统以及发动机供燃油系统、发动机润滑油液压系统、尾喷口控制液压系统。另外，供油量采用液压系统进行控制是成熟可靠的。

飞机处于滑跑、起飞、加速、升降等各种工况时，采用液压系统来改变动力装置的推力以满足飞行中的不同需要。如飞机发动机输出功率大幅度变化时，供油量将成倍变化，在供油量的这种变化的情况下，液压系统需满足起动、加速、加力、减速等过渡过程的控制要求，以保证动力装置不出现超转、超载、过热、喘振和熄火等现象，既稳定又可靠地工作。

航空液压系统的特点是高温、高压、高精度、振动大、大流量及多裕度、集成化和小型化等，这必将增大管路元件的载荷，增加系统油液渗漏的可能性。飞机液压系统中的工作液，普遍应用润滑性良好的矿物油与合成油。

对于飞机液压系统，要求组成系统的各元件不仅满足静态特性的指标，而且满足动态特性的指标，目的是保证飞机飞行的安全性及可靠性。

在大型客机上单靠人力是不可能直接操作动翼的，在起落架装置和操纵系统中都使用了液压装置。对动翼的操纵，要求能正确而迅速地响应，以便细微地控制机身的姿势。起落架则要求把质量约为 3 t 的东西收放自如。图 6.19 所示为波音 747 飞机的外形图。

飞机液压系统由四个独立的系统构成。为了防止泵的气蚀，始终向油箱中加压到约 300 kPa。在发动机驱动泵的上游有电动式供给切断阀，一旦发动机发生火灾，切断阀能切断液压油对发动机的供给。通常仅靠发动机驱动泵工作，但在收、放起落架等载荷较大的情况下或

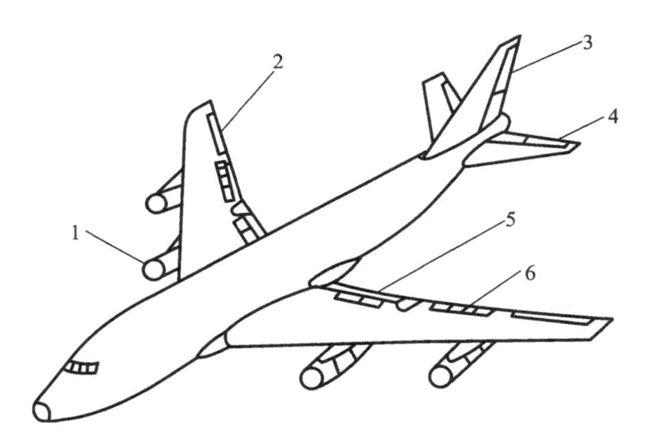

图 6.19　波音 747 飞机的外形图

1—发动机；2—副翼；3—方向舵；4—升降舵；5—襟翼；6—阻流板

者发动机驱动泵发生故障时，用压缩空气驱动泵自动工作。

系统压力超过 24 MPa 时，液压油经溢流阀进入回油管。

波音 747 起落架收放、刹车系统包括前起落架、主起落架、左右机轮护板以及自动刹车装置等，它们均由液压系统控制，前起落架及主起落架（包括左右两路）的三套液压系统基本相同。图 6.20 所示为波音 747 飞机前起落架液压系统原理图。

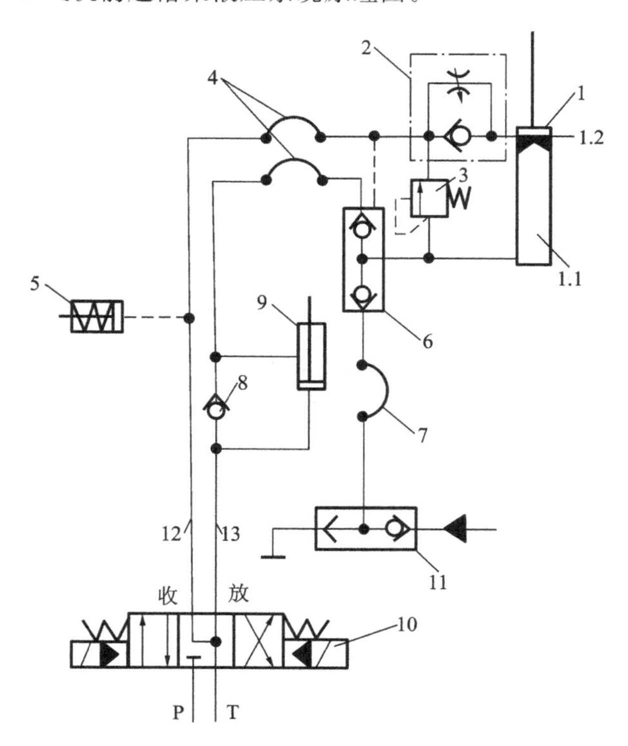

图 6.20　波音 747 前起落架液压系统原理图

1—单杆缸；1.1—单杆缸下腔；1.2—单杆缸上腔；2—单向节流阀；3—高压溢流阀；4，7—软管接头；5—自动刹车液压缸；6—液压锁；8—单向阀；9—开锁液压缸；10—三位四通电磁换向阀；11—梭阀；12—收油路；13—放油路

三位四通电液换向阀 10 处于中间位置时，两个电磁铁都未通电，收油路 12、放油路 13 均与回油路 T 相通。当三位四通电液换向阀 10 处于右位时，放油路 13 接通高压油源，因单向阀 8 闭锁，高压油首先进入开锁液压缸 9，然后接通液压锁 6，高压油进入起落架收放单杆缸 1 的下腔 1.1，其上腔 1.2 与回油路相通，将起落架放下。

在液压缸上腔 1.2 出口油路上安装有一单向节流阀 2，用来减小起落架放下时的速度，缓和冲击力，放下结束后，液压锁 6 将收放液压缸放下腔油液闭锁，以备起落架收放液压缸钢珠损坏时，仍能将起落架保持在放下位置。

当收放液压缸放下腔 1.1 压力超过某定值时，高压溢流阀 3 打开，将放下腔 1.1 的超压油液排到回油路，防止损坏机件。

当三位四通电液换向阀 10 换到左位时，高压油经单向节流阀 2 接通单杆缸 1 上腔 1.2，起落架收起。收起落架时，自动刹车液压缸 5 能自动刹住高速旋转着的机轮，以免飞机产生振动。

梭阀 11 右侧接应急油路，在应急时接通单杆缸下腔 1.1 直接放下起落架。

6.6 汽车起重机液压系统故障诊断与排除

起重机在工作过程中出现故障时应进行全面的检查和分析，找出故障的真正原因，采用适当的方法予以排除。现介绍 QY8 型汽车起重机液压系统的故障诊断及排除。

1. QY8 型汽车起重机液压系统组成和原理

QY8 型汽车起重机液压系统组成和原理图如图 6.21 所示。

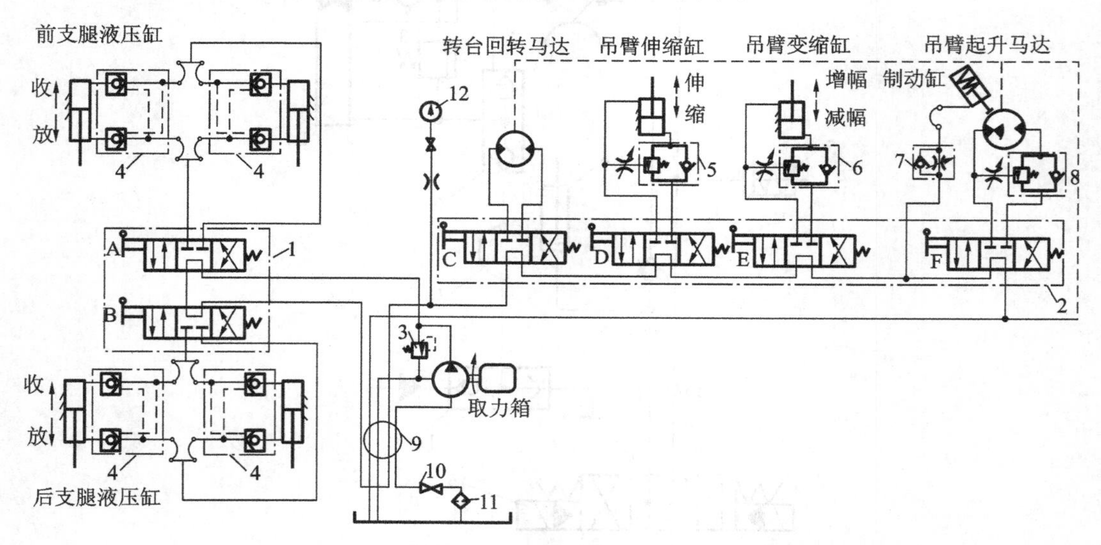

图 6.21　QY8 型汽车起重机液压系统组成和原理图

1,2—手动换向阀组；3—安全阀；4—液压锁；5,6,8—平衡阀；

7—单向节流阀；9—回转接头；10—开关；11—滤油器；12—压力表

2. QY8 型汽车起重机液压系统故障诊断与排除

QY8 型汽车起重机液压系统故障诊断与排除如表 6.10 所示。

表 6.10　QY8 型汽车起重机液压系统故障诊断与排除

序号	故　　障	诊　　断	排除方法
1	油路漏油（滴油现象）	管接头松动	拧紧管接头
		密封件损坏	更换密封件
		管道破裂	补焊或更换管道
		铸件有砂眼	补焊或更换铸件
2	油压升不起来（达不到规定压力值）	油箱液面过低或油管堵塞	加油或检查吸油管
		溢流阀开启压力过低	调整溢流阀
		油泵排量不足	加大发动机转速
		压力管与回油管串通或元件泄漏大	检修油路、各个阀、中心回转接头、油马达处
		油泵损坏或渗滑过大	检修或更换油泵
3	油路噪声严重	管道内存有空气	排除元件内部气体，检修油泵吸油管，不得漏气
		油温太低	低速运转油泵，将油加温或换油
		管路及元件没有紧固	紧固管路及元件
		单向阀或溢流阀堵塞	清洗或更换
		滤油器堵塞	清洗或更换
		油箱油液不足	加油
4	液压油发热严重（超过 80 ℃）	内部泄漏过大	检修元件
		压力过高	调节溢流阀
		环境温度过高	停车冷却或对油箱采取适当方法冷却
		平衡阀失灵	检修平衡阀
5	支腿收放失灵	双向液压锁工作不正常	检修或更换双向液压锁
		油泵过低	调整溢流阀开启压力
		油管堵塞	检修油管
		滑槽与滑滚自锁	将收支腿下的地面垫平
6	支腿吊重时自行收缩，收起时定不住	双向液压锁中的单向阀密封性不好	检修或更换双向液压锁中的单向阀
		支腿油缸活塞及活塞杆密封件滑油	检修或更换活塞杆上的密封件

续表

序号	故　　障	诊　　断	排除方法
7	吊重停留时,重物缓缓下降	制动器制动能力不够	①调整制动片,使与制动轮接触面积不小于70%; ②在与弹簧接触的制动片后加垫片; ③更换摩擦片(此时必须更换齿轮油)
8	变幅落臂压力过高或有振动现象	缸筒内有空气	空载时多起落几次进行排气补油
		平衡阀阻尼孔堵死	清洗平衡阀

6.7 电气设备故障诊断与维修概述

6.7.1 电气设备故障诊断的一般步骤

电气设备故障诊断是根据各测量值及其运算结果所提供的信息,结合关于设备的知识和经验,进行推理判断,确定故障的部位、类型及严重程度,从而进行维修。

(1)调查故障现象。同一类故障可能有不同的故障现象,不同类故障可能有同种故障现象,故障现象的同一性和多样性,给查找故障带来困难。但是,故障现象是检修电气故障的基本依据,是电气故障检修的起点,因而要对故障现象进行仔细观察、分析,找出故障现象中最主要的、最典型的方面,搞清故障发生的时间、地点、环境等。

(2)分析故障主要原因,初步确定故障范围。分析的基础是电工电子基本理论,是对电气设备的构造、原理、性能的充分理解,是电工电子基本理论与故障实际的结合。

(3)确定故障的部位。确定故障部位可理解成确定设备的故障点,如短路点、损坏的元器件等,也可理解成确定某些运行参数的变异,如电压波动、三相不平衡等。确定故障部位是在对故障现象进行周密的考察和细致分析的基础上进行的。

6.7.2 电气故障排除的一般方法

1. 直观法

直观法,即通过“问、看、听、摸、闻”来发现异常情况,从而找出故障电路和故障所在部位。

问:向现场操作人员了解故障发生前后的情况。例如:故障发生前是否过载、频繁启动和停止;故障发生时是否有异常声音、有没有冒烟、有没有冒火等。

看:仔细查看各种电气元件的外观变化情况。例如,看触点是否被烧融、氧化,熔断器熔体熔断指示器是否跳出,热继电器是否脱扣,导线和线圈是否烧焦,热继电器整定值是否合适,瞬时动作整定电流是否符合要求等。

听:主要听有关电器在故障发生前后声音是否有差异。例如:听电动机启动时,是否只“嗡嗡”响而不转;接触器线圈得电后是否噪声很大等。

摸:故障发生后,断开电源,用手触摸或轻轻推拉导线及电气设备的某些部位,以察觉异常变化。例如:摸电动机、变压器表面,感觉温度是否过高;轻拉导线,看连接是否松动;轻推电气设备活动机构,看移动是否灵活等。

闻:故障出现后,断开电源,将鼻子靠近电动机、变压器、继电器、接触器、绝缘导线等处,闻闻是否有焦味。如有焦味,则表明电器绝缘层已被烧坏,主要原因则是过载、短路或三相电流严重不平衡等。

2. 状态分析法

发生故障时,根据电气设备所处的状态进行分析的方法,称为状态分析法。它是一种通过对设备中各零部件工作状态进行分析,查找电气故障的方法。电气设备的运行过程总可以分解成若干个连续的阶段,这些阶段也可称为状态。任何电气设备都处在一定的状态下工作,如电动机工作过程可以分解成启动、运转、正转、反转、高速、低速、制动、停止等工作状态。电气故障总是发生于某一状态。而在这种状态中,各种元件所处的状态,正是分析故障的重要依据。例如,电动机启动时,哪些元件工作,哪些触点闭合等,因而检修电动机启动故障时只需注意这些元件的工作状态。

将电气设备的工作状态划分得越细,对检修电气故障越有利。对一种设备,其中的零部件可能处于不同的运行状态,查找其中的电气故障时必须将各种运行状态区分清楚。

【例 6.1】 如图 6.22 所示的电气装置(其中 KM_1、KM_2 为交流接触器,SB_1 为启动按钮,SB_2 为停止按钮),各部件只有接通和断开两种工作状态,必须具体分析。

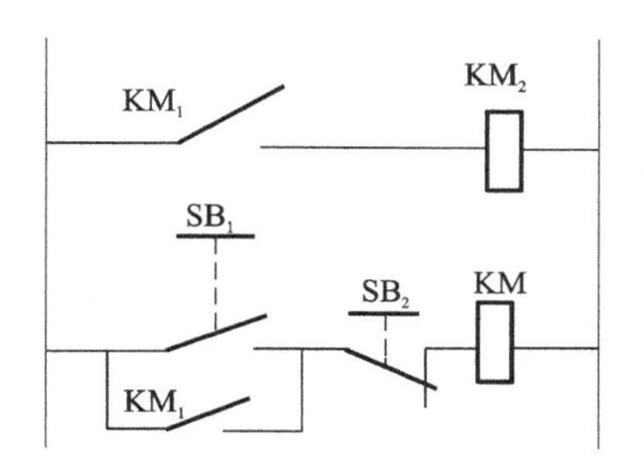

图 6.22 开关 QF 跳闸控制电路

交流接触器 KM_1 控制交流接触器 KM_2 的吸合线圈,而交流接触器 KM_1 的工作状态由按钮 SB_1、SB_2 控制。SB_2 断开,KM_1 断开,但 SB_2 闭合,KM_1 不一定闭合;SB_1 闭合,KM_1 工作,但 SB_1 再断开,KM_1 由其自身的辅助触点自锁而不断开。如果用“0”和“1”分别代表 SB_1、SB_2、KM_1 的“断开”和“接通”状态,则其关系如图 6.23 所示。其中 SB_1 经常处于断开状态,按下 SB_1 时(只在瞬间),SB_1 闭合,KM_1 工作;SB_2 经常处于接通状态,按下 SB_2 时(只在瞬间),SB_2 断开,KM_1 断开。假如交流接触器 KM_1 不能断开,即交流接触器 KM_2 出现由合闸状态到跳闸状态变化的故障,则可对相关的 KM_1、KM_2、SB_1、SB_2 部件的工作状态进行分析,找出故障的原因。

3. 图形变换法

电气图是用以描述电气装置的构成、原理、功能,提供装接和使用、维修信息的工具。电气故障常常需要将实物和电气图对照进行检修。然而,电气图种类繁多,因此需要从故障检修方

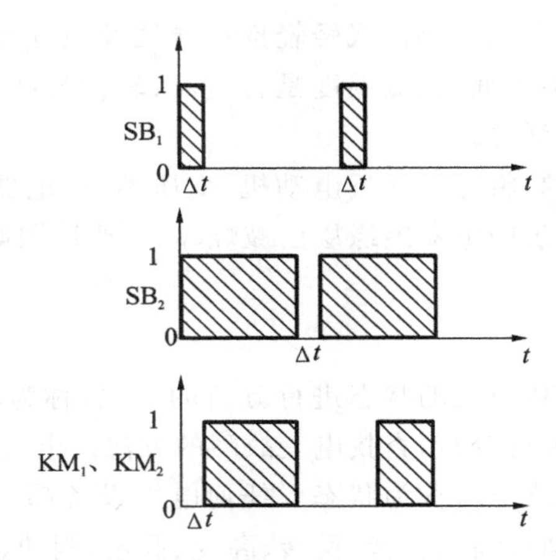

图 6.23　SB_1、SB_2、KM_1 和 SM_2 的工作状态图

便出发，将一种形式的图变换成另一种形式的图。其中，最常用的是将设备布置接线图变换成电路图。将集中式布置电路图变换成为分开式布置电路图。

4. 单元分割法

一个复杂的电气装置通常是由若干个功能相对独立的单元构成。检修电气故障时，可将这些单元分割开来，然后根据故障现象，将故障范围限制于其中一个或几个单元，这种方法称为单元分割法。经过单元分割后，查找电气故障就比较方便了。

(1)由继电器、接触器、按钮等组成的断续控制电路可分为三个单元，简化为图 6.24 所示方框图。

(2)以电动机控制电路为例，前级命令单元由启动按钮、停止按钮、热继电器保护触点等组成；中间单元由交流接触器和热继电器组成；后级执行单元为电动机。若电动机不转动，先检查控制箱内的部件，按下启动按钮，看交流接触器是否吸合。如果吸合，则故障在中间单元与后级执行单元之间(即在交流接触器与电动机之间)，检查是否缺相、断线或电动机是否有故障等；如果接触器不能吸合，则故障在前级命令单元与中间单元之间(即故障在控制电路部分)。这样，以中间单元为分界，可把整个电路一分为二，可以判断故障是在前一半电路还是在后一半电路，是在控制电路部分还是主电路部分。这样可节约时间，提高工作效率，特别是对于较复杂的电气线路，效果更为明显。

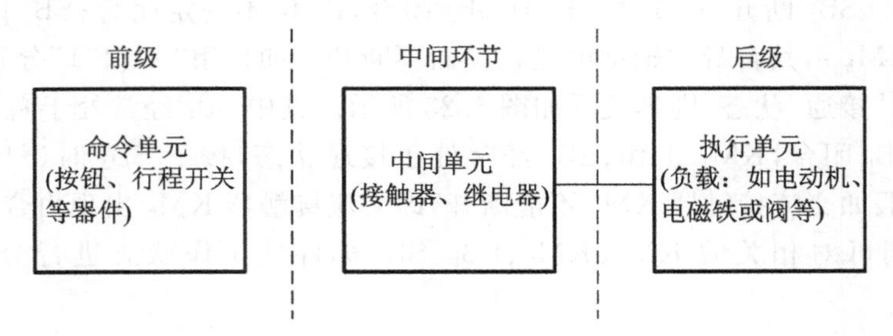

图 6.24　电气设备分割方框图之一

5. 回路分割法

一个复杂的电路总是由若干个回路构成，每个回路都具有特定的功能，电气故障就意味着某功能的丧失，因此电气故障也总是发生在某个或某几个回路中。将回路分割，实际上简化了电路，缩小了故障查找范围。闭合的电路通常包括电源和负载。

【例 6.2】 如图 6.25 所示的电动机正反转控制电路的辅助电路，可分割成两个主要的回路，回路电源均为交流 380 V。第一个回路的负载是正转接触器 KM_2 的线圈，第二个回路的负载是反转接触器 KM_3 的线圈。

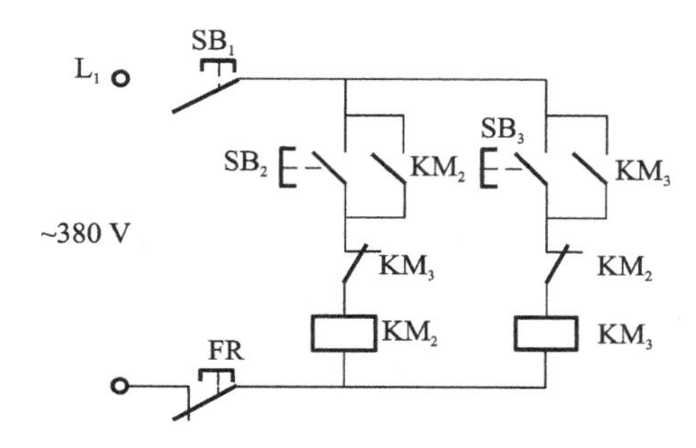

图 6.25 电动机正反转控制电路的辅助电路

分割了回路，查找故障就比较方便了。例如，该装置正转工作正常，则主要从反转回路查找，检查该回路元件 SB_3、KM_1 的连锁触点、KM_2 的线圈及其连接线是否有断路点等故障。

6. 推理分析法

推理分析法是根据电气设备出现的故障现象，由表及里，寻根溯源，层层分析和推理的一种方法。电气设备的组成部分和功能都有其内在的联系，例如连接顺序、动作顺序、电流流向、电压分配等都有其特定的规律，因而某一部件、组件、元器件的故障必然影响其他部分，表现出特有的故障现象。分析电气故障时，常常需要从这一故障联系到对其他部分的影响或由某一故障现象找出故障的根源。这一过程就是逻辑推理过程。推理分析法又分为顺向推理法和逆向推理法。顺向推理法一般是根据故障设备，从电源、控制设备及电路，分析和查找的方法。逆向推理法则采用相反的程序推理，是由故障设备倒推至控制设备及电路、电源等，从而确定故障的方法。

【例 6.3】 图 6.26 所示为某元件 Y 的控制电路，温控器 KT 接通，中间继电器 K 工作，其常开触点接通，元件 Y 工作。图为热继电器 FR 的触点断开，Y 停止工作。如果元件 Y 不能工作，查找这一故障可用顺向推理法：按照元件 Y 的动作顺序查找。其过程是，控制电源（DC 24 V）—温控器 KT—中间继电器 K（线圈）—工作电源（～220 V）——K 的触点—热继电器 FR 的触点—元件 Y。

7. 电位、电压分析法

在不同的状态下，电路中各点具有不同的电位分布，因此，可以通过测量和分析电路中某些点的电位及其分布，确定电路故障的类型和部位。

【例 6.4】 如图 6.27(a)所示的电路，负载电阻 $R_1=2R_2$，在正常情况下，电路各点的电位分布如图 6.26(b)中曲线所示，在忽略导线电阻的情况下，不难算出 $U_A=U_B=220\ V$；$U_C=U_D$

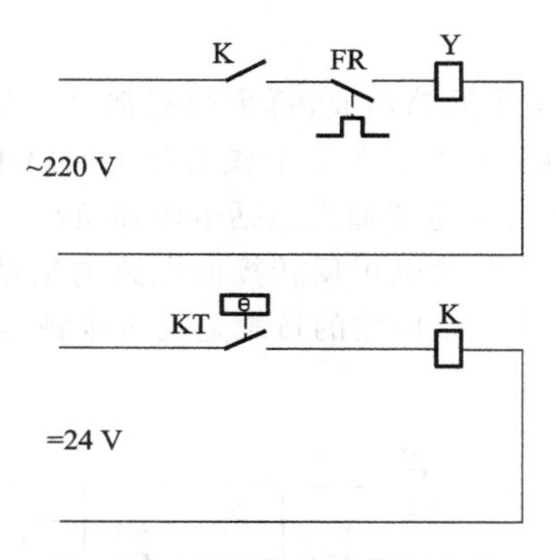

图 6.26　其元件 Y 的控制电路

=73 V;U_E=30 V,电路各点的电位分布如图 6.27(b)中实线曲线所示;在导线电阻不能忽略的情况下,电路各点的电位分布如图 6.27(b)中虚线曲线所示。

当电路存在故障时,电路中各点的电位分布将发生变化。例如,K 点(见图 6.27(c))断线,电路中没有电流,则其电路中各点的电位分布如图 6.27(c)所示,据此可判断出电路的故障点。

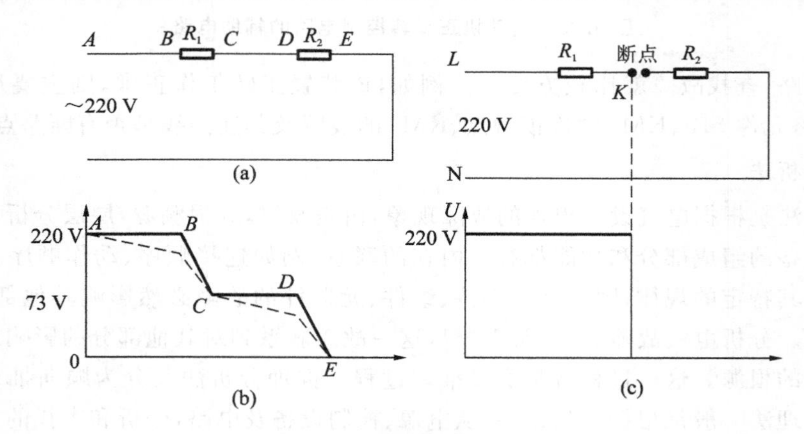

图 6.27　电位分析法示例

阻抗的变化造成了电流的变化,电位的变化也造成了电压的变化。因此,也可采用电位、电压分析法确定电路故障。

8. 测量法

测量法即用电气仪表测量某些电参数的大小,经与正常的数值对比,来确定故障部位和故障原因。

测量电压法:用万用表交流 500 V 挡测量电源、主电路电压,以及各接触器和继电器线圈、各控制回路两端的电压。若发现所测处电压与额定电压不相符(超过 10%),则为故障可疑处。

测量电流法:用钳形电流表或交流电流表测量主电路及有关控制回路的工作电流,若所测电流值与设计电流值不相符(超过 10%),则为故障可疑处。

测量电阻法:断开电源,用万用表欧姆挡测量有关部位的电阻值。若所测电阻值与要求的电阻值相差较大,则该部位极有可能就是故障点。一般来讲,触点接通时电阻值趋近于 0,断开时电阻值为∞;导线连接牢靠时连接处的接触电阻趋于0,连接处松脱时电阻值为∞;各种绕组(或线圈)的直流电阻值也很小,往往只有几欧姆至几百欧姆,而断开后的电阻值为∞。

测量绝缘电阻法:断开电源,用兆欧表测量电气元件和线路对地以及相间绝缘电阻值。电器绝缘层电阻规定不得小于0.5 MΩ。绝缘电阻值过小,是造成相线与地、相线与相线、相线与中性线之间漏电和短路的主要原因,若发现这种情况,应着重予以检查。

6.7.3 电气故障排除技巧

1. 熟悉电路原理,确定检修方案

当一台设备的电气系统发生故障时,不要急于动手拆卸,首先要了解该电气设备产生故障的现象、经过、范围、原因;熟悉该设备及电气系统的基本工作原理,分析各个具体电路;弄清电路中各级之间的相互联系以及信号在电路中的来龙去脉,结合实际经验,经过周密思考,确定一个科学的检修方案。

2. 先机械,后电路

电气设备都以电气-机械原理为基础,特别是机电一体化的先进设备。机械部件出现故障,往往影响电气系统,使得许多电气部件的功能不起作用。因此,不要被表面现象迷惑,电气系统出现故障有可能是机械部件发生故障所造成的。

3. 先简单,后复杂

检修故障要先用最简单易行、自己最拿手的方法,再用复杂、精确的方法。排除故障时,先排除直观、显而易见、简单常见的故障,后排除难度较高、没有处理过的疑难故障。

4. 先检修通病,后疑难杂症

电气设备经常容易产生相同类型的故障即通病。由于通病比较常见,因此可快速排除。这样就可以集中精力和时间排除比较少见、难度高、古怪的疑难杂症,简化步骤,缩小范围,提高检修速度。

5. 先外部调试,后内部处理

外部是指暴露在电气设备外壳或密封件外部的各种开关、按钮、插口及指示灯。

内部是指在电气设备外壳或密封件内部的印制电路板、元器件及各种连接导线。

在不拆卸电气设备的情况下,利用电气设备面板上的开关、旋钮、按钮等调试检查,缩小故障范围,首先排除外部部件引起的故障,再检修机内的故障,尽量不要拆卸。

6. 先不通电测量,后通电测试

先不通电的情况下对电气设备进行检修,然后通电进一步查找问题。

7. 先公用电路,后专用电路

任何电气系统的公用电路出故障,其能量、信息就无法传送、分配到各具体专用电路,专用电路的功能、性能就不起作用。如果一个电气设备的电源出故障,整个系统就无法正常运转,向各种专用电路传递的能量、信息就不可能实现。因此,遵循先公用电路、后专用电路的顺序,有助于快速、准确地排除电气设备的故障。

6.8 汽车启动、照明系统的维修

6.8.1 汽车启动系统不运转的故障诊断与排除

汽车发动机需要外力拖动曲轴转动，才能确保发动机的启动。也就是说启动机利用蓄电池放电产生转矩，发动机启动时，启动电流很大，启动机在大载荷下工作易产生故障。

启动机常见的故障主要有：启动机不能启动、启动机运转无力、启动机空转等。

1. 故障现象

点火开关转至启动挡，启动机不能启动。汽车发动机启动系电路图如图 6.28 所示。

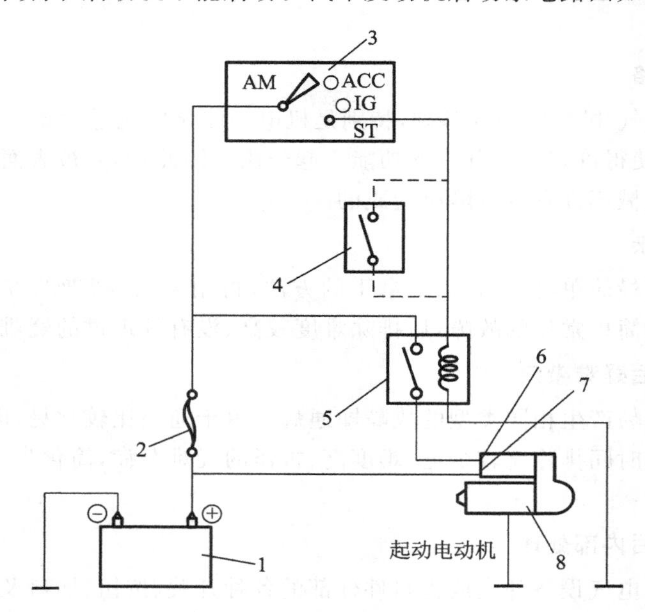

图 6.28　汽车发动机启动系电路图

1—蓄电池；2—熔断器；3—点火开关；4—空挡启动开关；
5—启动机继电器；6—端子 50；7—端子 30；8—启动电动机

2. 故障原因分析

(1)蓄电池严重亏电。

(2)线路接触不良或断路。

(3)点火开关故障。

(4)电磁开关电路故障。

(5)启动机故障。

(6)自动变速器变速杆不在 P 或 N 位置。

3. 故障诊断与排除

检测之前保证蓄电池已充电，且电磁开关上的导线接头、发动机、车身与蓄电池之间接地线接触良好，无氧化和烧蚀。

汽车发动机不能启动故障诊断流程见图 6.29。

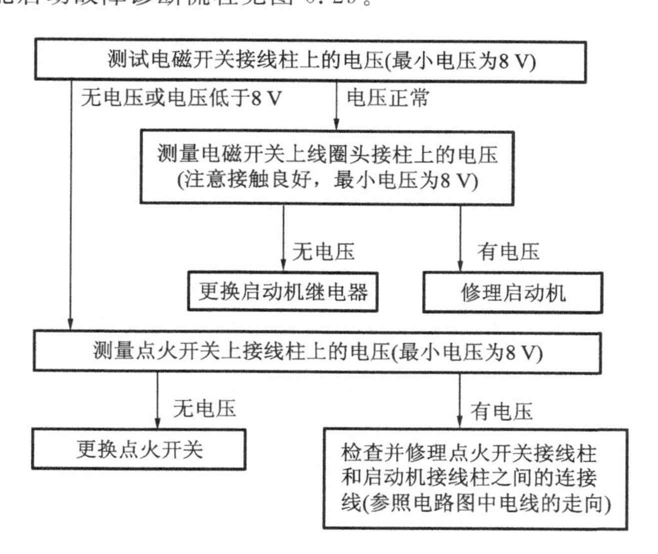

图 6.29 汽车发动机不能启动故障诊断流程图

6.8.2 汽车照明系统故障诊断

1. 汽车照明电路图

汽车照明系统包括前照灯、雾灯、牌照灯、倒车灯、内部照明灯及其开关电路等，大众轿车照明电路示例如图 6.30 所示。

2. 前照灯远、近光均不亮故障诊断

下面前照灯远、近光均不亮为例说明汽车照明系统故障诊断。

1)故障现象

车灯开关处于 2 位时，拨动变光开关，前照灯远、近光均不亮。

2)故障原因及排除

(1)熔断器 S9、S10、S21、S22 均断路，检修电路。

(2)车灯开关 E1 损坏，更换或修复。

(3)变光开关 E4 损坏，更换或修复。

(4)前照灯双丝灯泡损坏，更换。

(5)连接线路断路，修复。

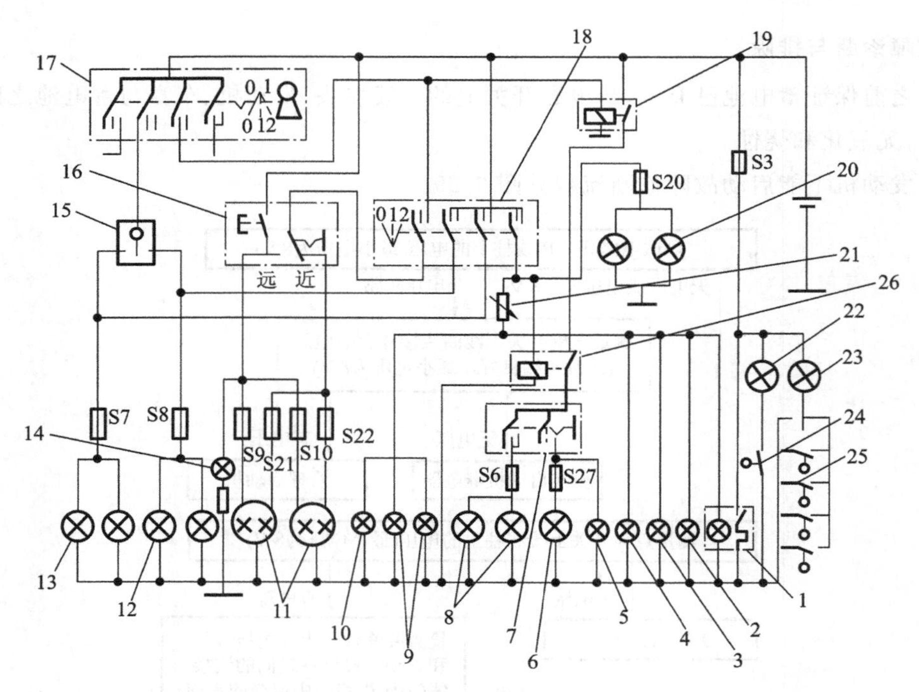

图 6.30 大众轿车照明电路示例

1—点烟器照明灯 L28；2—雾灯开关照明灯 L40；3—后风窗除霜器开关照明灯 L39；4—空调开关照明灯；5—雾灯指示灯 K17；6—后雾灯 L20；7—雾灯开关 E23；8—前雾灯 L；9—仪表灯 L10；10—时钟照明灯 L8；11—前照灯 L1、L2；12—右前、后示宽灯 M2、M3；13—左前、后示宽灯 M1、M4；14—远光指示灯 K1；15—停车灯开关 E19；16—变光和超车开关 16；17—点火开关 D；18—车灯开关 E1；19—中间继电器 J59；20—牌照灯 X；21—仪表灯调光电阻 E20；22—行李箱灯 W3；23—顶灯 W；24—行李箱灯门控开关 F5；25—顶灯门控开关 F2、3、10、11；26——雾灯继电器 J5

6.9 S7-200 西门子 PLC 的故障诊断与维修

PLC 是一个故障率极低的控制器。但是，这并不是说它永远不会出现故障。和其他设备一样，PLC 需要经常进行故障检查与维护。PLC 的故障检查与维护在保证其安全运行上是很重要的。本节以 S7-200 西门子 PLC 为例介绍 PLC 的故障检查与维护问题。

PLC 都具有自诊断功能，当 PLC 出现故障时，应该充分利用 PLC 的自诊断功能来查找故障原因。

6.9.1 常见故障的检查与处理

PLC 系统在长期运行中，可能会出现一些故障。PLC 自身故障可以通过自诊断功能去分析，外部故障则主要根据程序分析。

常见的 PLC 自身故障有电源系统故障、主机故障、通信系统故障、模块故障等。

当 PLC 发生故障时，首先要对 PLC 进行总体检查，然后根据检查的线索去分项具体检查。

总体检查的目的是找出故障点的大方向，然后再逐步细化，确定具体故障点，达到消除故障的目的。常见故障的总体检查与处理的程序如图 6.31 所示。

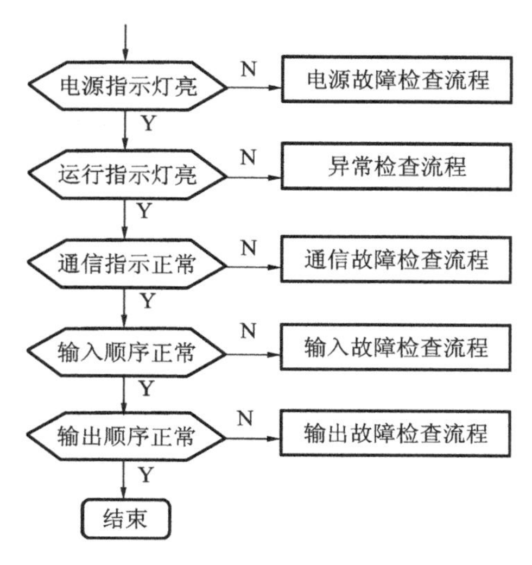

图 6.31 常见故障的总体检查与处理的程序

1. 电源故障的检查与处理

PLC 系统主机电源、扩展机电源、模块中的电源，任何电源显示不正常时都要进入电源故障检查流程。

当向 PLC 基本单元供电时，基本单元表面上设置的电源（DC +24 V）指示灯或 PLC 的工作状态（STOP、RUN、SF）指示灯至少有一个会亮，如果外电源已经加上，但是上述指示灯都不亮，说明 PLC 的电源存在问题。如果各部分功能正常，只能是 LED 显示有故障，否则应首先检查外部电源故障。如果外部电源无故障，再检查系统内部电源故障。

检查外部电源故障时，首先确认电源接线。若是同一电源驱动多个传感器负载等，确认有无负载短路或过电流现象。若不是上述原因，则可能是 PLC 内混入导电性异物或其他异常情况。此时可在清除故障源以后，更换损坏部件。检查和排除电源故障内容如表 6.11 所述。

表 6.11 电源故障的检查与处理

故障现象	故障原因	解决办法
电源指示灯灭，或者 PLC 的工作状态指示灯灭	指示灯坏或保险丝断	更换指示灯或保险丝
	无供电电压	加入供电电源电压； 检修电源接线和插座使之正常
	供电电压超限	调整电源电压，使其在规定范围内
	电源损坏	更换电源

2. 异常故障的检查与处理

PLC 系统最常见的故障是停止运行（运行指示灯灭）、不能启动、工作无法进行，但是电源指示灯亮。这时，需要进行异常故障检查。异常故障的检查与处理如表 6.12 所示。

表 6.12　异常故障的检查与处理

故障现象	故障原因	解决办法
不能启动	供电电压超过上极限	降压
	供电电压低于下极限	升压
	内存自检系统出错	清内存、初始化
	CPU、内存板故障	更换 CPU、内存板
工作不稳定，频繁停机	供电电压接近上、下极限	调整电压，使其在正常范围
	主机系统模块接触不良	清理，重插
	CPU、内存板内元器件松动	清理，戴手套按压元器件
	CPU、内存板故障	更换 CPU、内存板
与编程器(微机)不通信	通信电缆插接松动	按紧后重新联机
	通信电缆故障	更换通信电缆
	内存自检出错	内存清零，拔去停电记忆电池几分钟后再联机
	通信口参数不对	检查参数和开关，重新设定
	主机通信故障	更换主机
	编程器通信口故障	更换编程器
程序不能装入	内存没有初始化	清内存，重写
	CPU、内存板故障	更换 CPU、内存板

3. 通信故障的检查与处理

通信是 PLC 网络工作的基础。PLC 网络的主站、各从站的通信处理器、通信模块都有工作正常指示。当通信不正常时，需要进行通信故障检查。通信故障的检查与处理如表 6.13 所示。

表 6.13　通信故障的检查与处理

故障现象	故障原因	解决办法
单一模块不通信	接插不好	按紧接插
	模块故障	更换模块
	组态不对	重新组态
从站不通信	分支通信电缆故障	拧紧或更换插接件
	通信处理器松动	拧紧通信处理器
	通信处理器地址开关错	重新设置通信处理器地址
	通信处理器故障	更换通信处理器
主站不通信	通信电缆故障	检修或更换通信电缆
	调制解调器故障	断电后再启动无效，更换调制解调器
	通信处理器故障	清理后再启动无效，更换通信处理器
通信正常，但通信故障灯亮	某模块插入或接触不良	插入并按紧

4. 输入故障的检查与处理

输入/输出模块直接与外部设备相连，是容易出故障的部位。虽然输入/输出模块故障容易判断，更换快，但是必须查明原因。而且输入/输出模块的损坏往往都是由于外部原因造成损坏，如果不及时查明故障原因，及时消除故障，对PLC系统危害很大。

不管输入单元的LED灯亮还是灭，都应检查输入信号开关是否确实在ON或OFF状态。输入开关的额定电流容量过大或油侵入等原因，容易引起接触不良。

当输入开关与LED灯亮用电阻并联时，即使输入开关处于OFF状态但并联电路仍导通，仍可对PLC进行输入。如果使用光传感器等输入设备，发光/受光部位粘有污垢等，引起灵敏度变化，输入开关有可能不能完全进入ON状态，在比PLC运算周期短的时间内，不能接收到ON和OFF的输入。如果在输入端子上外加不同的电压时，会损坏输入回路。输入故障的检查与处理如表6.14所示。

表6.14 输入故障的检查与处理

故障现象	故障原因	解决办法
输入模块单点损坏	过电压，特别是高压窜入	消除过电压和窜入的高压
输入全部不接通	未加外部输入电源	接通电源
	外部输入电压过低	加额定电源电压
	端子螺钉松动	将端子螺钉拧紧
	端子板连接器接触不良	将端子板锁紧或更换端子板
输入全部断电	输入回路不良	更换模块
特定编号输入点不接通	输入器件不良	更换输入装件
	输入配线断线	检查输入配线排除故障
	端子接线螺钉松动	拧紧端子接线螺钉
	端子板连接器接触不良	将端子板锁紧或更换端子板
	输入信号接通时间过短	调整输入器件
	输入回路不良	更换模块
	OUT指令用了该输入号	修改程序
特定编号输入点不关断	输入回路不良	更换模块
	OUT指令用了该输入号	修改程序
输入不规则地通、断	外部输入电压过低	使输入电压在额定范围内
	噪声引起误动作	采取抗干扰措施
	端子螺钉松动	拧紧端子螺钉
	端子连接器接触不良	将端子板拧紧或更换端子板
异常输入点编号连续	输入模块公共端螺钉松动	拧紧螺钉
	端子连接器接触不良	将端子板锁紧或更换连接器
	CPU不良	更换CPU
输入动作指示灯不亮	指示灯坏	更换

5. 输出故障的检查与处理

不管输出单元的LED灯亮还是灭，如果负载不能进行ON或OFF时，都主要是负载过载、负载短路或容性负载的冲击电流等原因，引起继电器输出接点黏合，或接点接触面不好导致接触不良而造成的。输出故障的检查与处理如表6.15所示。

表6.15 输出故障的检查与处理

故障现象	故障原因	解决办法
输出模块单点损坏	过电压，特别是高压窜入	消除过电压和窜入的高压
输出全部不接通	未加负载电源	接通电源
	负载电源电压低	加额定电源电压
	端子螺钉松动	将端子螺钉拧紧
	端子板连接器接触不良	将端子板锁紧或更换端子板
	保险丝熔断	更换保险丝
	I/O总线插座接触不良	更换I/O总线插座
	输出回路不良	更换模块
输出全部不关断	输出回路不良	更换模块
特定编号输出点不接通	输出接通时间短	更换模块
	程序中继电器号重复	修改程序
	输出器件不良	更换输出器件
	输出配线断线	检查输出配线，排除故障
	端子螺钉松动	拧紧端子螺钉
	端子连接器接触不良	将端子板锁紧或更换端子板
	输出继电器不良	更换模块
特定编号输出不关断	程序中输出指令的继电器号重复	修改程序
	输出继电器不良	更换模块
	漏电流或残余电压使其不能关断	更换负载或添加假负载电阻
	输出回路不良	更换模块
输出端不规则地通、断	外部输出电压过低	使输入电压在额定范围内
	噪声引起误动作	采取抗干扰措施
	端子螺钉松动	拧紧端子螺钉
	端子连接器接触不良	将端子板拧紧或更换端子板
异常输出点编号连续	输出模块公共端螺钉松动	拧紧螺钉
	端子连接器接触不良	将端子板锁紧或更换端子连接器
	CPU不良	更换CPU
	保险丝坏	更换保险丝
输出动作指示灯不亮	指示灯坏	更换指示灯

PLC 是一个可靠性、稳定性极高的控制器，只要按照其技术规范安装和使用，出现故障的概率极低。但是，一旦出现了故障，一定要按上述步骤进行检查、处理。特别是检查由于外部设备故障造成的损坏，一定要查清故障原因，待故障排除以后再试运行。

6.9.2 PLC 的定期检查维护

PLC 的主要构成元件以半导体器件为主体，考虑到环境的影响，随着使用时间的增长，元件总是要老化的。除了要经常地进行故障诊断以外，定期检修与做好日常维护是非常必要的。

对检修工作要制订一个制度，按期执行检修工作，保证设备运行状况最优。每个 PLC 都有确定的检修时间，一般以每 6 个月～1 年 1 次。当外部环境条件较差时，可以根据情况把时间间隔缩短。定期检修的内容如表 6.16 所示。

表 6.16 定期检修的内容

检修项目	检修内容	判断标准
供电电源	在电源端子处测量电压变化范围是否在标准范围内	电压变化范围： 上限不高于 110%供电电压； 下限不低于 85%供电电压
外部环境	环境温度	0～55 ℃
	环境湿度	35～85% RH，不结露
	积尘情况	不积尘
输入/输出用电源	在输入/输出端子处测电压变化是否在标准范围内	以各输入/输出规格为准
安装状态	各单元是否可靠固定	无松动
	电缆的连接器是否完全插紧	无松动
	外部配线的螺钉是否松动	无异常
寿命元件	电池、继电器、存储器等	以各元件规格为准

6.9.3 S7-200 窗口的故障代码

为了便于对 PLC 系统的故障进行检查，S7-200 设置了故障的错误代码供故障诊断使用。故障代码可以在 S7-200 编程环境的输出窗口查到。由故障代码表可以检查以下三种错误。

1. 致命错误

致命错误会导致 CPU 停止执行用户程序。一个致命错误会导致 CPU 无法执行某个或所有功能。处理致命错误的目标是使 CPU 进入安全状态，可以对当前存在的错误状况进行询问并响应。

当一个致命错误发生时，CPU 执行以下任务。

(1)进入 STOP(停止)状态。

(2)点亮系统致命错误和 STOP 指示灯。

(3)断开输出。

STOP状态将会持续到错误清除之后。表6.17列出了从CPU上可以读到的致命错误代码及其描述。

表6.17 致命错误代码及其描述

错误代码	错误描述
0000	无致命错误
0001	用户程序检查错误
0002	编译后的梯形图程序检查错误
0003	扫描看门狗超时错误
0004	内部EEPROM错误
0005	内部EEPROM用户程序检查错误
0006	内部EEPROM配合参数检查错误
0007	内部EEPROM强制数据检查错误
0008	内部EEPROM缺省输出表值检查错误
0009	内部EEPROM用户数据、DB1检查错误
000A	存储器卡失灵
000B	存储器卡上用户程序检查错误
000C	存储器卡配置参数检查错误
000D	存储器卡强制数据检查错误
000E	存储器卡缺省输出表值检查错误
000F	存储器卡用户数据、DB1检查错误
0010	内部软件错误
0011	比较接点间接寻址错误
0012	比较接点非法值错误
0013	存储器卡空，或CPU不识别该卡

2. 运行时刻程序错误

在程序正常运行中，可能会产生非致命错误，如寻址错误。在这种情况下，CPU会产生一个非致命错误代码。表6.18列出了这些非致命错误代码及其描述。

表6.18 非致命错误代码及其含义

错误代码	错误描述
0000	无错误
0001	执行HDEF之前，HSC不允许
0002	输入中断分配冲突，已分配给HSC

续表

错误代码	错误描述
0003	到 HSC 的输入分配冲突，已分配给输入中断
0004	在中断程序中企图执行 ENI、DISI 或 HDEF 指令
0005	第一个 HSC/PLS 未执行完之前，又企图执行同编号的第二个 HSC/PLS
0006	间接寻址错误
0007	TODW(写实时时钟)或 TODR(读实时时钟)数据错误
0008	用户子程序嵌套层数超过规定
0009	程序执行 XMT 或 RCV 时，通信口 0 又执行另一条 XMT 或 RCV 指令
000A	同一 HSC 执行时，又企图用 HDEF 指令再定义该 HSC
000B	在通信口 1 上同时执行 XMT/RCV 指令
000C	时钟卡不存在
000D	重新定义已经使用的脉冲输出
000E	PTO 个数设为 0
0091	范围错(带地址信息)，检查操作数范围
0092	某条指令的计数域错误(带计数信息)
0094	范围错(带地址信息)，写无效存储器
009A	用户中断程序试图转换成自由口模式

3. 编译规则错误

当下载一个程序时，CPU 将对该程序进行编译，如果 CPU 发现程序有违反编译规则之处(如非法指令)，CPU 就会停止下载程序，并生成一个编译规则错误代码。表 6.19 列出了违反编译规则所产生的错误代码及其描述。

表 6.19 编译规则的错误代码及其含义

错误代码	错误描述
0080	程序太大无法编译
0081	堆栈溢出，必须把一个网络分成多个网络
0082	非法指令
0083	无 MEND 或主程序中有不允许的指令
0085	无 FOR 指令
0086	无 NEXT 指令
0087	无标号
0088	无 RET，或子程序中有不允许的指令
0089	无 RETI，或中断程序中有不允许的指令

续表

错误代码	错误描述
008C	标号重复
008D	非法标号
0090	非法参数
0091	范围错(带地址信息),检查操作数范围
0092	指令计数域错误(带计数信息),确认最大计数范围
0093	FOR/NEXT 嵌套层数超出范围
0095	无 LSCR 指令(装载 SCR)
0096	无 SCRE 指令(SCR 结束)或 SCRE 前面有不允许的指令
0097	程序中有不带编号的或带编号的 EU/ED 指令
0098	程序中用不带编号的 EU/ED 指令进行实时修改
0099	隐含程序网络太多

例如:当用顺控指令编写控制程序时漏掉了 LSCR (装载 SCR)指令时,在程序下载或编译时,在 S7-200 的输出窗口会给出错误代码"0095";当出现了无 SCRE 指令的程序时,在 S7-200 的输出窗口会出现错误代码"0096";当出现了无 SCRE 缺少标号错误的程序时,在 S7-200 的输出窗口会出现错误代码"0087"等。有了错误代码表,就可以直接发现和处理一些比较程序设计中的常见的错误了。

6.9.4 利用 PLC 设计故障诊断系统

利用 PLC 自身的故障诊断功能对 PLC 的故障进行检查和处理固然重要,但是,有时又显得不足,利用 PLC 设计自身的故障诊断系统,可以弥补上述不足。

利用 PLC 设计故障诊断系统是利用 PLC 对自身的故障进行检测,并把检测到的故障点进行记录,再通过对 PLC 控制程序的分析、判断,查找出引起故障的根本原因,从而消除故障源,使 PLC 能正常、安全、可靠地运行。利用 PLC 设计故障诊断系统,实质上是设计 PLC 的自诊断系统。

实际上,故障诊断系统建立在 PLC 和上位计算机组成的控制系统上。PLC 在故障诊断系统中的功能主要是完成具体控制系统设备故障信号的检测、记录故障数据并传输给上位计算机。上位计算机由于具有强大的科学计算功能,可利用专家知识和专家库,能完成从故障特征到故障原因的识别工作,并通过人机界面,给出故障定位,报告和解释故障诊断结果,为操作人员给出相应的排除故障的建议,从而达到找出故障源、消除故障的目的,使 PLC 可靠、稳定、有效地运行。

一、PLC 故障检测程序的设计

1. 系统故障的层次结构

在进行故障诊断程序的设计时,首先必须对整个系统可能会发生的故障进行分析,得到系

统可能会发生故障的层次结构，利用这种层次结构进行故障诊断。现以机械手自动控制系统为例，对其机械手自动控制系统故障诊断的层次结构进行分析。机械手自动控制系统故障的层次结构如图 6.32 所示。

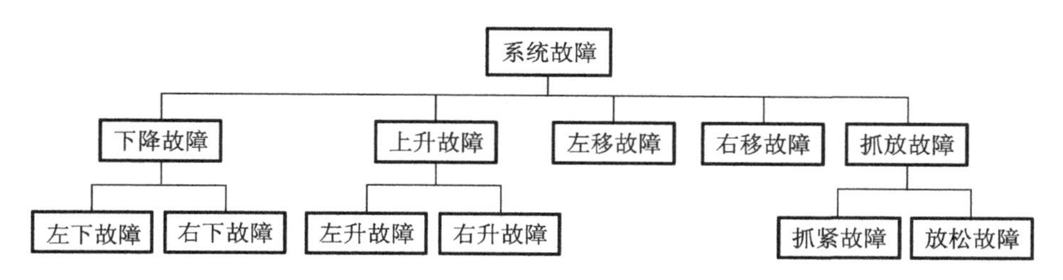

图 6.32　系统故障的层次结构

系统故障的层次结构为故障诊断提供了一个合理的检测故障的层次模型。进行控制系统的 PLC 的故障诊断程序设计时，应充分考虑到故障结构的层次，合理安排检测故障的逻辑流程。引入故障点时应注意，要将系统所有可能引起 PLC 系统故障的检测点全部引入 PLC，以便系统能及时进行故障处理。尽可能多地将最底层的故障输入信息引入 PLC 的程序中。这样才能得到更多的故障检测信息，才能为系统的故障自诊断提供全面服务。

2. 故障点的诊断与记录

有了系统故障的层次结构图，就可以根据系统故障的层次结构图方便地查找 PLC 的故障点。为了得到 PLC 系统的故障情况实现系统的故障诊断，应该尽量使系统故障的层次结构图保罗全部故障检测点，而且故障检测点的状态应该全部反映并被记录。

1）确定可能出现的故障点

通过对控制程序的分析找出可能出现的故障点是很重要的。有了这些可能的故障点，就可以集中精力在排查可能的故障点上下功夫。为了便于说明问题，现给出自动控制机械手下降的部分程序（子程序 SBR0 的部分程序）。

```
NETWORK 2                    //第一步(机械手下降)开始。
LSCR   S0.0                  //第一步的开始。

NETWORK 3                    //第一步的工作，机械手下降。
LD     I0.6                  //机械手在左位 I0.6= 1。
AN     I0.5                  //未到低位，I0.5= 0。
AN     Q0.1                  //非上升状态，Q0.1= 0。
=      M2.0                  //输出机械手下降控制，Q0.0= 1。

NETWORK 4                    //转换。
LD     I0.6                  //机械手在左位，I0.6= 1。
A      I0.5                  //机械手到低位，I0.5= 1。
SCRT   S0.1                  //转换到顺序控制第二步。

NETWORK 5                    //步结束。
```

```
SCRE                                            //第一步结束。
⋮
NETWORK 18                                      //第五步开始(机械手下降)。
LSCR   S0.4                                     //第五步开始。

NETWORK 19                                      //第五步,机械手下降。
LD     I0.7                                     //机械手在右位,I0.7= 1。
AN     I0.5                                     //机械手未到低位,I0.5= 0。
AN     Q0.1                                     //非上升状态。
=      M2.2                                     //输出机械手下降控制,Q0.0= 1。

NETWORK 20                                      //转换。
LD     I0.7                                     //机械手在右位,I0.7= 1。
A      I0.5                                     //机械手到低位,I0.5= 1。
SCRT   S0.5                                     //转换到顺序控制第六步。

NETWORK 21                                      //步结束。
SCRE                                            //第五步结束。
⋮
NETWORK 35                                      //下降输出。
LD      M2.0
O       M2.2
=       Q0.0
⋮
```

2)设计故障的检查点与记录程序

可以看出机械手左侧(抓起工件侧)下降控制程序主要集中在NETWORK 2、NETWORK 3、NETWORK 4和NETWORK 5中。机械手右侧(放下工件侧)下降控制程序主要集中在NETWORK 18、NETWORK 19、NETWORK 20和NETWORK 21中。械手下降控制的驱动程序在NETWORK 35中。

机械手在左侧下降控制过程中主要涉及输入信号I0.6、I0.5和输出信号Q0.1、Q0.0。为了对这些信号进行诊断,可以设置两个计时器。一个计时器T110用以进入S0.0步的确认。当T110=ON时,可以认定S0.0步的任务应该开始执行了,没有开始执行的信号为故障点。另一个计时器T111用以S0.0步结束的确认。当T111=ON时,可以认定S0.0步的任务应该完全结束了,没有结束的信号为故障点。故障点的诊断与记录程序有责任把这些故障点记录在VB500中。

同样可以分析机械手在右侧下降控制过程中主要涉及的输入信号、输出信号,并设计出故障点的诊断与记录程序。

图6.33所示为自动控制机械手下降的故障点的诊断和记录梯形程序。

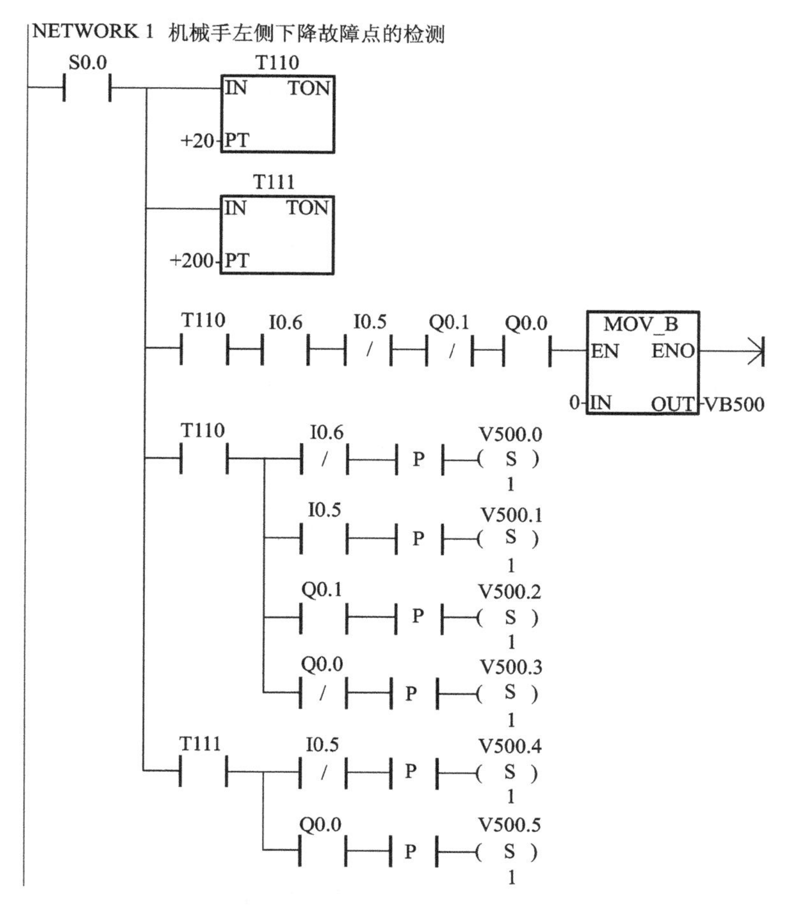

图 6.33 故障点的诊断与记录程序

以下为机械手自动控制系统故障点的诊断和纪录语句表程序示例。

```
NETWORK 1                                       //机械手左侧下降故障点的检测。
LD      S0.0
LPS
TON     T110, + 20                              //下降开始计时器。
TON     T111, + 200                             //下降结束计时器。
A       T110
A       I0.6
AN      I0.5
AN      Q0.1
A       Q0.0
MOVB    0, VB500                                //无故障记录。
LRD
A       T110
LPS
```

```
AN    I0.6
EU
S     V500.0, 1                           //左位开关故障。
LRD
A     I0.5
EU
S     V500.1, 1                           //低位开关故障。
LRD
A     Q0.1
EU
S     V500.2, 1                           //上升电机故障。
LPP
AN    Q0.0
EU
S     V500.3, 1                           //下降电机故障。
LPP
A     T111
LPS
AN    I0.5
EU
S     V500.4, 1                           //低位开关故障。
LPP
A     Q0.0
EU
S     V500.5, 1                           //下降电机故障。

NETWORK 2                                 //机械手右侧下降故障点的检测。
LD    S0.0
LPS
TON   T112, + 20                          //下降开始计时器。
TON   T113, + 200                         //下降结束计时器。
A     T112
A     I0.7
AN    I0.5
AN    Q0.1
A     Q0.0
MOVB  0, VB501                            //无故障记录。
LRD
A     T112
LPS
AN    I0.7
EU
```

```
S       V501.0, 1                        //右位开关故障。
LRD
A       I0.5
EU
S       V501.1, 1                        //低位开关故障。
LRD
A       Q0.1
EU
S       V501.2, 1                        //上升电机故障。
LPP
AN      Q0.0
EU
S       V501.3, 1                        //下降电机故障。
LPP
A       T113
LPS
AN      I0.5
EU
S       V501.4, 1                        //低位开关故障。
LPP
A       Q0.0
EU
S       V501.5, 1                        //下降电机故障。
```

二、设计故障检测分析表

为了便于对系统的故障进行诊断，可以绘制故障检测分析表。故障检测分析表由故障诊断记录、故障点和故障描述组成。故障检测分析表的作用是根据故障诊断记录数据迅速地查找故障原因。表6.20所示为本例中的故障检测分析表。

表6.20 故障检测分析表

故障诊断记录	故障点	故障描述
VB500＝0	无	机械手左侧下降无故障
V500.0	I0.6	左位开关不接通
V500.1	I0.5	低位开关不断开
V500.2	Q0.1	上升电机不停止
V500.3	Q0.0	下降电机不启动
V500.4	I0.5	低位开关不接通
V500.5	Q0.0	下降电机不停止
VB501＝0	无	机械手右侧下降无故障
V501.0	I0.7	右位开关不接通

续表

故障诊断记录	故　障　点	故 障 描 述
V501.1	I0.5	低位开关不断开
V501.2	Q0.1	上升电机不停止
V501.3	Q0.0	下降电机不启动
V501.4	I0.5	低位开关不接通
V501.5	Q0.0	下降电机不停止

三、模拟量故障点的诊断与记录

模拟量故障点的诊断要比开关量故障点的诊断复杂一些。

对温度检测元件电流或电压的故障进行诊断。首先要接收来自变送器的A/D模块的数字值，然后与控制系统允许的极限值比较。除了和开关量一样要检测其断路和短路故障状态以外，还要检查设备是否处于正常运行状态。如果其参数值在允许范围内，则表明对应的设备处于正常运行状态；如果实际值达到极限值，则表明设备处于不正常状态，即出现了故障。

图6.34所示为对模拟量AIW0故障诊断与记录的梯形图程序。其中VW10存储模拟量的下限数据、VW20存储模拟量的上限数据，VB502为模拟量AIW0的诊断记录。虽然模拟量没有出现短路或断路的故障，但是，如果AIW0的数值低于下限值或高于上限值也意味着出现了故障。

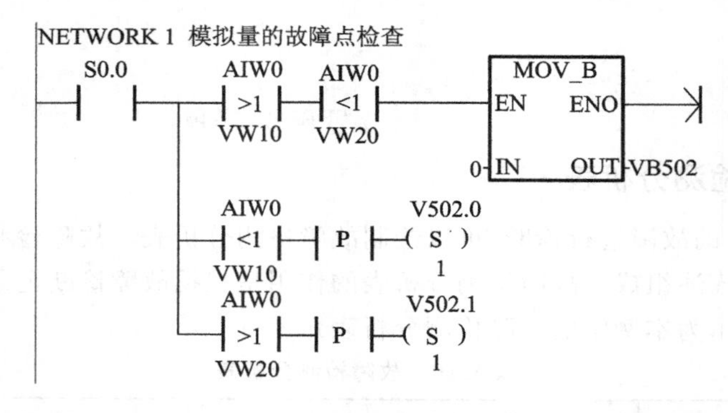

图 6.34　模拟量 AIW0 故障诊断与记录的梯形图程序

模拟量故障点的诊断与记录的语句表程序及说明如下。

```
NETWORK 1          //模拟量的故障点检查。
LD     S0.0
LPS
AW>    AIW0, VW10
AW<    AIW0, VW20
MOVB   0, VB502                        //A/D无故障。
LRD
AW<    AIW0, VW10
EU
S      V502.0, 1                       //A/D数值过低故障。
```

```
LPP
AW>    AIW0, VW20
EU
S      V502.1, 1                          //A/D数值过高故障。
```

四、根据特殊功能继电器状态对故障点进行诊断与记录

S7-200 的某些特殊功能继电器具有故障的诊断功能。可以利用这些继电器状态记录 PLC 的故障状态。

SMB1 反映了系统的工作状态，其中：

SM1.1=1 表示当执行某些命令时，其结果溢出或出现非法数值；

SM1.3=1 表示出现了用零作分母的错误；

SM1.4=1 表示出现了执行 ATT 指令时，超出表范围的错误；

SM1.7=1 表示出现了 ASCⅡ不能转换成有效的十六进制数的错误；

SMB3 反映了自由口奇偶校验的故障，其中：

SM3.0=1 表示端口 0 或端口 1 的奇偶校验出现了错误。

SMB4 反映出现了队列溢出错误，其中：

SM4.0=1 表示出现了通信中断队列溢出错误；

SM4.1=1 表示出现了输入中断队列溢出错误；

SM4.2=1 表示出现了定时中断队列溢出错误；

SM4.3=1 表示在运行时刻，出现了编程错误。

SM5.0=1 表示出现了 SM5.0=1，表示出现了 I/O 错误；

SM5.1=1 表示出现了 I/O 总线上接了过多的数字量 I/O 的错误；

SM5.2=1 表示出现了 I/O 总线上接了过多的模拟量 I/O 的错误；

SM5.7=1 表示出现了 DP 标准总线出现了错误。

SMB8 到 SMB21 字节为 I/O 模块识别寄存器和错误寄存器。

SMB8 为模块 0 识别寄存器，SMB10 为模块 1 识别寄存器，SMB12 为模块 2 识别寄存器，SMB14 为模块 3 识别寄存器，SMB16 为模块 4 识别寄存器，SMB18 为模块 5 识别寄存器，SMB20 为模块 6 识别寄存器。识别标志寄存器各位的功能如表 6.21 所示。

表 6.21 识别标志寄存器各位的功能

位　号	7	6	5	4	3	2	1	0
标志符	M	T	T	A	I	I	Q	Q
标志	M=0，模块已插入； M=1，模块未插入	TT=00，一般 I/O 模块； TT=01，保留； TT=10，非 I/O 模块； TT=11，保留		A=0，数字量 I/O； A=1，模拟量 I/O	II=00，无输入； II=01，2AI/8DI； II=10，4AI/16DI； II=11，8AI/32DI		QQ=00，无输出； QQ=01，2AO/8DO； QQ=10，4AO/16DO； QQ=11，8AO/32DO	

SMB9 为模块 0 错误寄存器，SMB11 为模块 1 错误寄存器，SMB13 为模块 2 错误寄存器，

SMB15 为模块 3 错误寄存器，SMB17 为模块 4 错误寄存器，SMB19 为模块 5 错误寄存器，SMB21 为模块 6 错误寄存器。错误标志寄存器的各位的功能如表 6.22 所示。

表 6.22　错误标志寄存器的各位的功能

位号	7	6	5	4	3	2	1	0
标志符	C	ie	0	b	r	p	f	t
标志	C＝0，无错误；C＝1，组态错误	ie＝0，无错误；ie＝1，智能模块错误		b＝0，无错误；b＝1，总线故障或奇偶错	r＝0，无错误；r＝1，输出范围错误	p＝0，无错误；p=1，没有用户电源错误	f＝0，无错误；f＝1，熔丝故障	t＝0，无错误；t＝1，终端故障

SMB86 反映了自由口 0 接收信息的状态，其中：

SM86.0＝1 指出了由于奇偶校验出错而终止接收信息；

SM86.1＝1 指出了因已达到最大字符数而终止接收信息；

SM86.2＝1 指出了因已超过规定时间而终止接收信息；

SM86.5＝1 指出了收到信息的结束符；

SM86.6＝1 指出了由于输入参数错或缺少起始和结束条件而终止接收信息效。

SM86.7＝1 指出了由于用户使用禁止命令而终止接收信息。

SMB186 反映自由口 1 接收信息的状态，其中：

SM186.0＝1 指出了由于奇偶校验出错而终止接收信息；

SM186.1＝1 指出了因已达到最大字符数而终止接收信息；

SM186.2＝1 指出了因已超过规定时间而终止接收信息；

SM186.5＝1 指出了收到信息的结束符；

SM186.6＝1 指出了由于输入参数错或缺少起始和结束条件而终止接收信息效；

SM186.7＝1 指出了由于用户使用禁止命令而终止接收信息。

SMW98 反映了有关扩展总线出现的错误。

这些特殊功能继电器是 S7-200 提供的诊断的重要信息。这种信息对系统的硬件组态和程序设计中的故障的检测都很有帮助，在设计 PLC 的故障诊断程序中都可以作为故障点给予记录。

【思考与练习】

6.1　数控机床滚珠丝杠螺母机构常有哪些故障？

6.2　简述电气故障排除一般有哪些方法。

6.3　电气故障排除有哪些技巧？

6.4　蓄电池没电了怎么应急？

6.5　什么是液压系统故障逻辑推理法？其必要条件是什么？

6.6　汽车起重机液压系统油压升不起来的原因是什么？如何排除？

6.7　简述 PLC 常见故障的基本查找顺序。

6.8　PLC 控制系统常见的故障有哪些？

附　　录

附录 A　习题

第 1 章　概论

一、选择题

1.(　　)是危及或导致人身伤亡、引起机电设备报废或造成重大经济损失的致命故障。

A. 车轮脱落　　B. 齿轮损坏　　C. 电气开关损坏　　D. 轻微渗漏

2.(　　)是维修方式的最高阶段。

A. 事后维修　　B. 改善维修　　C. 预防维修　　D. 不维修

3.(　　)保养以维修工人为主,操作工人协助完成。

A. 一级　　B. 二级　　C. 三级　　D. 日常

4.设备操作人员“四懂”是指操作人员在使用设备时:懂原理、懂(　　)、懂用途、懂性能。

A. 调整　　B. 操作　　C. 构造　　D. 检查

5.点检定修制从过去传统的以修为主的管理思路转变为以(　　)为主的管思路。

A. 修　　B. 换　　C. 管　　D. 查

6.班组编制施工计划的目的是通过加强计划管理来保证(　　)的要求,完成生产任务。

A. 劳动组织　　B. 材料供应　　C. 施工工期　　D. 施工方案

7.发生设备事故,必须坚持“三不放过”原则,即设备事故原因不清不放过、(　　)不放过、没有防范措施不放过。

A. 损失未查清　　B. 当事人和群众没有受到教育

C. 未吸取教训　　D. 当事人未做检查

8.安全事故来源于(　　)。

A. 时间紧　　B. 劳动强度大　　C. 麻痹大意　　D. 操作不熟练

9.班组管理中,机械设备的“三定”是指(　　)。

A. 专人专机制、机长负责制、定人负责制　　B. 定期润滑、定期检查、定期维护

C. 定人员、定产量、定责任　　D. 定操作人员、定操作规程、定操作方法

10.机械设备日常保养执行十字方针,即:清洁、(　　)、调整、紧固、防腐。

A. 维修　　B. 润滑　　C. 找平　　D. 听声

二、判断题

1.故障指设备或零部件丧失了规定功能的状态,不含功能失效。　　(　　)

2. 可靠度是指机电设备或零部件在规定条件下和规定时间内无故障地完成规定功能的概率。（ ）

3. 维修包含维护和修理两个方面，是保护和恢复设备原始状态而采取的全部必要步骤的总称。（ ）

4. 全员生产维修制(total productive maintenance，TPM)，又称为预防维修制，是日本在学习美国预防维修的基础上发展起来的一种制度，其核心是全系统、全效率、全员。（ ）

5. 不维修是一种设备质量高、在设计寿命内只需维护不需要修理的维修。（ ）

6. 设备管理是围绕设备开展的一系列工作的总称。（ ）

7. 点检制，全称为设备点检管理制度，该制度强调以人为本的理念，点检员不对辖区内的设备负有全权责任。（ ）

8. 设备维护保养的要求主要有清洁、整齐、润滑良好、安全四项。（ ）

9. 设备的四定工作是定行政领导、定检修人员、定操作规程和定备品配件。（ ）

10. 设备大修就是将设备全部或大部分解体，修复基础件，更换或修复机械零件、电气零件，调整并修理电气系统，整机装配和调试，以全面清除大修理前存在的缺陷，恢复规定的性能与精度。（ ）

第2章 机电设备失效机理

一、选择题

1. 设备的正常磨损寿命应该是（ ）。

   A. 初期磨损阶段与正常磨损阶段之和 B. 正常磨损阶段与急剧磨损阶段之和

   C. 初期磨损阶段与急剧磨损阶段之和 D. 初期、正常、急剧磨损阶段之和

2. 对降低磨损、延长机器的使用寿命影响最大的措施是（ ）。

   A. 润滑 B. 提高表面加工质量

   C. 选择合适的材料 D. 提高安装检修的质量

3. （ ）不是永久变形。

   A. 翘曲变形 B. 体积变形 C. 弹性变形 D. 时效变形

4. 在摩擦过程中，金属同时与周围介质发生化学反应或电化学反应，引起金属表面的腐蚀产物剥落，这种现象称为（ ）。

   A. 黏着磨损 B. 磨料磨损 C. 疲劳磨损 D. 腐蚀磨损

5. 最危险的失效形式是（ ），例如泰坦尼克号的沉没。

   A. 磨损 B. 断裂 C. 腐蚀 D. 老化

二、判断题

1. 机械零件失效有磨损、断裂、腐蚀、变形、老化等。（ ）

2. 影响机械磨损的因素有润滑、表面质量、材料、安装质量等。（ ）

3. 塑性变形是指外力去除后不能恢复的变形。（ ）

4. 一般机械设备中约有50%的零件因磨损而失效报废。（ ）

5. 选用含有铬、镍、铜、钛、铝、硅等元素的合金钢，可防止腐蚀。 (　　)

6. 电化学腐蚀的特点是腐蚀过程中有电流产生，比化学腐蚀强烈得多。 (　　)

7. 合理选材、合理设计、改变环境、去除保护层是防止腐蚀采用的方法。 (　　)

8. 摩擦材料表面上局部区域在循环接触应力作用下，产生疲劳裂纹，分离出微片或颗粒的磨损形式称疲劳磨损。 (　　)

9. 断裂前无明显的塑性变形，发展速度极快的一种断裂形式是脆性断裂。

10. 机电设备在使用或闲置过程中，由于科学技术进步而发生使用价值或再生产价格降低的现象叫作有形老化，又称为经济老化。 (　　)

第3章　机电设备的故障诊断

一、选择题

1. 非接触式测温的方法是(　　)。

A. 热电阻法　　B. 辐射测温法　　C. 热电偶法　　D. 集成温度传感器法

2. 采用测振仪、声级计的机械故障诊断方法属于(　　)。

A. 简易诊断法　　B. 精密诊断法

C. 无损检验法　　D. 磨损残余物测定法

3. 振动量随时间的变化为单一的正弦或余弦函数的振动称(　　)。

A. 自由振动　　B. 强迫振动　　C. 自激振动　　D. 简谐振动

4. 油样分析的方法很多，有(　　)法。

A. 铁谱分析法　　B. 光谱分析法　　C. 磁塞检查法　　D. 超声波检查法

5. 在常规的无损检测方法中，(　　)使用最为广泛。

A. 渗透检测　　B. 涡流检测　　C. 超声检测　　D. 声发射检测

6. 对正常工作中的机械系统进行的诊断称为(　　)

A. 温度诊断　　B. 运行诊断　　C. 振动诊断　　D. 油样分析

二、判断题

1. 机械故障诊断，就是对机械系统所处的状态进行监测，判断其是否正常，当出现异常时分析其产生的原因和部位，并预报其发展趋势。 (　　)

2. 材料的机械性能与温度无关。 (　　)

3. 热电阻温度计就是利用金属导体的电阻值随温度变化而改变的特性来进行温度测量的。

4. 系统在外力作用下被迫产生的振动称为自由振动。 (　　)

5. 不平衡是旋转体由于其轴心周围的质量分布不均，在旋转过程中产生离心力而引起的振动现象。 (　　)

6. 铁谱分析，就是利用铁谱仪从润滑油试样中，分离和检测出磨屑和碎屑，从而分析和判断机器运动副表面的磨损类型、磨损程度和磨损部位的技术。 (　　)

7. 铁谱分析包括采样、制谱、观察与分析、结论四个基本环节，制谱是铁谱分析技术的第一步。 (　　)

8. 采样是指将所得到的连续信号离散为数字信号，其过程包括取样和量化两个步骤。（　　）

9. 磁粉探伤是把铁磁性材料磁化后，利用缺陷部位产生的漏磁场吸附磁粉的现象进行探伤。（　　）

10. 无损检测是指对材料或工件实施一种不损害或不影响其未来使用性能或用途的检测手段，有超声波检测、射线检测，磁粉检测、渗透检测、涡流检测及声发射检测等多种方法。（　　）

第4章　机械零件的修复技术

一、选择题

1. 最主要、最基本、最广泛应用的修复方法为（　　）。
   A. 钳工机械加工法　　B. 焊修法
   C. 电镀法　　D. 粘修法
2. （　　）是利用热膨胀后扣合件冷缩的力量扣紧零件的裂纹或断裂，多用来修复及重型设备的机身等。
   A. 热扣合法　　B. 强密扣合法　　C. 优级扣合法　　D. 强固扣合法
3. （　　）是镀铬的特点。
   A. 不耐磨损　　B. 不耐腐蚀　　C. 镀层较软　　D. 与机体结合强度低
4. （　　）是指在含有欲镀金属的盐类液液中，以被镀基体金属为阴极，通过电解作用，使镀液中欲镀金属的阳离子在基体金属表面沉积，形成镀层的一种表面加工技术。
   A. 电刷镀　　B. 喷砂　　C. 电镀　　D. 喷丸
5. 焊接法修复的缺点是（　　）。
   A. 适用性较广　　B. 结合强度高
   C. 成本低、效率高　　D. 焊接温度高
6. 利用球形金刚石滚压头或者表面有连续沟槽的球形金刚石滚压头以一定的滚压力对零件表面进行滚压，使表面形变强化产生硬化层称为（　　）。
   A. 滚压强化　　B. 内挤压　　C. 喷丸　　D. 喷砂

二、判断题

1. 修复技术有钳工机械加工法、焊接、热喷电镀法、胶接法、刮研法等。（　　）
2. 选择机械零件修复技术时，应遵循“技术合理，经济性好，生产可行”基本原则。（　　）
3. 低碳钢零件，由于可焊性良好，补焊时一般不需要采取特殊的工艺措施。（　　）
4. 对于中、高碳钢零件，由于可焊性良好，补焊时一般不需要采取特殊的工艺措施。（　　）
5. 金属扣合法能使修复的机件具有足够的强度和良好的密封性能。（　　）
6. 刮研技术是一种精加工工艺，工效较高，劳动强度较大。（　　）
7. 镀铬工艺能够达到的修补层厚度是 0.01～0.2 mm。（　　）
8. 铁镀层的成分是纯铁，它具有良好的耐蚀性和耐磨性，适宜对磨损零件尺寸进行补偿。（　　）
9. 电刷镀是在被镀零件表面局部快速电沉积金属镀层的技术，其本质是依靠一个与阳极接触的

垫或刷提供电镀所需要的电解液的电镀。 (   )

10. 粘接面应做到无油、无锈和具有一定的粗糙度。 (   )

11. 表面强化方法有激光强化、滚压强化和喷丸强化等，其中喷丸强化应用广泛。 (   )

12. 电火花强化是以间接放电的方式向零件表面提供能量，并使之转化为热能和其他形式能量，以达到改变表面层的化学成分和金相组织的目的，从而使表面性能提高。 (   )

第 5 章　机械设备的拆修与安装

一、填空题

1. 零件的清洗包括清除________、水垢、积炭、________以及旧涂装层等。
2. 机械修理中常见的零件检查方法有________、________、测量、试验、分析 。
3. ________也称静配合，在机械设备中应用很广。
4. 过盈配合包含 3 种装配法，分别是________装配法、________装配法、冷却轴件装配法。
5. 保证装配精度的装配方法有________、________、修配法、调整法。
6. 轴损坏的现象主要为轴颈的________、________、扭转变形、键槽损坏和轴的断裂。
7. 齿轮啮合间隙检查的方法有________、________。
8. 齿轮的失效主要表现为下面几种形式：________、齿轮的________、齿面疲劳点蚀、齿面黏着。

二、选择题

1. 滚动轴承一般为过盈配合，不可使用(   )拆卸。

   A. 拆卸器或铜棒　　B. 破坏法

   C. 压力机　　D. 冷热法

2. 将齿轮侧面涂上一薄层红丹粉转动齿轮 2～3 转，色迹如附图 A. 1，中心距正确的是(   )。

(a)　(b)　(c)　(d)

附图 A. 1

3. 移动调整设备的安装高度方便的是采用(   )。

   A. 平垫板　　B. 斜垫板　　C. 开口垫板　　D. 不可调垫板

4. 轴套和轴承体之间常采用具有(   )的压入配合，并用螺钉或销钉固定。轴套在压装时，注意轴套的变形。

   A. 过渡配合　　B. 过盈配合

   C. 间隙配合　　D. 适度配合

5. 用刮刀、砂纸、钢丝刷或手提式电动工具、手提式风动工具进行刮、磨、刷除锈的是(   )。

   A. 机械清除　　B. 化学法除锈　　C. 自动除锈　　D. 液体除锈

6. 零件的修换原则中，重要的受力零件在强度下降接近极限时，应进行（　　）。

A. 废弃　　B. 降级使用　　C. 修换　　D. 继续使用

7. 轴的表面粗糙度对轴的（　　）影响大。

A. 疲劳强度　　B. 抗拉强度　　C. 屈服强度　　D. 弯曲强度

8. 轴颈的圆度应该在车床或专用托架上用（　　）检查。

A. 千分表　　B. 百分表　　C. 直尺　　D. 游标卡尺

三、判断题

1. 常用的装配方法有：压装法、热装法、冷装法等。（　　）
2. 运动零件的摩擦表面，装配前均应涂上适量的润滑油，可乱敲乱打。（　　）
3. 压入油封要以壳体孔为准，不可偏斜。（　　）
4. 热压装配法加热温度一般 800～1 000 ℃。（　　）
5. 获得机械设备装配精度的装配方法有完全互换法、部分互换法、选配法、修配法和调整法等。（　　）
6. 封闭环是零件在加工过程中或机械设备在装配过程中间得到的尺寸。（　　）
7. 整体式滑动轴承的装配过程是清洗、检查、刮研、装配和间隙的调整。（　　）
8. 若装配不当，质量全部合格的零件，不一定能装配出合格的产品。（　　）
9. 零件存在某些质量缺陷时，只要在装配中采取合适的工艺措施，也能使产品达到规定的要求。（　　）
10. 螺纹连接件拆卸时，选用合适的呆扳手或一字旋具，尽量不用活扳手，一般是顺时针为旋松。（　　）
11. 机械法除锈是指人工刷擦、打磨，或者使用机器磨光、抛光、滚光以及喷砂等方法除去表面锈蚀。（　　）
12. 化学法除锈是指人工刷擦打磨，或使用机器磨光、抛光、滚光以及喷砂等方法除去表面锈蚀。（　　）
13. 对小型轴承，因过盈量较大，可采用热装的方法。（　　）
14. 选配装配法是把零件的尺寸公差放大制造零件，零件装配精度通过修配加工个别零件来保证。（　　）
15. 大型轴承过盈量不大，压入所需的轴向力较小，在常温可采用锤击法安装。（　　）
16. 在实际工作中，最常用的测量仪有游标卡尺 、外径千分尺、内径千分尺、百分表、千分表、高度游标尺、块规、内径百分表等。（　　）

第 6 章　机电设备故障诊断与维修实例

一、填空题

1. 数控机床导轨按摩擦性质可分为________导轨、________导轨、静压导轨和动压导轨四种。
2. 汽车传动系具有减速增矩，实现汽车________，必要时中断________、差速及万向传动等功能。

3. 航空液压系统的特点是高温、________、________、振动大、大流量及多裕度、集成化和小型化等。
4. PLC 对外部环境检查主要有________、________、积尘情况。
5. PLC 故障代码表可以检查三种错误，分别是________、________、编译规则错误。
6. PLC 自身故障有________、________、通信系统故障、模块等。
7. PLC 输入故障中，输入接不通故障可能是由于________、________、端子螺钉松动、端子板连接器接触不良。

二、选择题

1. 与滑动导轨相比，数控机床滚动导轨(　　)。
   A. 灵敏度高　　B. 抗振性好
   C. 结构简单　　D. 成本较低
2. (　　)是电气外特征直观性故障。
   A. 元件调损坏　　B. 接触不良
   C. 松动错位　　D. 电动机、电器冒烟、散发焦臭味
3. (　　)分析法是电气线路故障检查的最根本的方法之一。
   A. 经验　　B. 电位　　C. 电压　　D. 阻抗
4. 通电后电动机不转，但发出低沉的“嗡嗡”声，可能原因不包括(　　)。
   A. 电源电压过低　　B. 电源一相失电
   C. 绕组断线或接反　　D. 负载过低
5. 液压系统先检查故障可能性大、简单的元件，编制检测顺序图的方法是(　　)。
   A. 检测顺序法　　B. 逻辑推理方法
   C. 列表分析法　　D. 直观分析法
6. 在输入故障的检查与处理中，输入全部断电，导致的故障原因可能是(　　)。
   A. 输入器件不良　　B. 输入回路不良
   C. 端子接线螺钉松动　　D. OUT 指令用了该输入号
7. 每个 PLC 都有确定的检修时间。一般以(　　)1 次。
   A. 3～6 个月　　B. 6～9 个月
   C. 6～12 个月　　D. 12～24 个月
8. 在输入故障的检查与处理中，输出端不规则地通、断，故障原因可能是(　　)。
   A. 输入器件不良　　B. 输出继电器不良
   C. 输出配线断线　　D. 端子螺钉松动
9. 故障诊断系统建立在 PLC 和(　　)组成的控制系统上。
   A. 上位计算机　　B. PLC　　C. 继电器　　D. 液晶屏
10. 当向 PLC 基本单元供电时，基本单元表面上设置的电源(＋24 V DC)指示灯或 PLC 的工作状态(STOP、RUN、SF)指示灯至少有(　　)个会亮。
    A. 1　　B. 2　　C. 3　　D. 0

三、判断题

1. 检修前认真询问与直观检查，对检修工作不会起到事半功倍的效果。 （ ）
2. 修理时要在充分了解其磨损情况、损坏情况和精度丧失程度的基础上，根据各部件和机构的特点以及技术要求，确定修理方案和编制修理工艺，并认真实施，使各关键部件和机构的修理达到预定的要求。 （ ）
3. 滑动丝杠螺母副失效的主要原因是丝杠螺纹面的不均匀磨损、螺距误差过大，造成工件精度超差。因此，丝杠副的修理，主要采取加工丝杠螺纹面，恢复螺距精度，重新配制螺母的方法。 （ ）
4. 液压泵是将机械能转换为液压能的能量转换装置，是液压系统的主要组成部分，其性能好坏直接影响液压系统的工作性能，常用的液压泵有齿轮泵、叶片泵、柱塞泵等。 （ ）
5. 气缸体和气缸盖的损伤形式及原因比较复杂，主要形式有裂纹、变形，气门阀座口、气阀杆导孔和气缸（套）磨损以及连接螺孔损坏等。 （ ）
6. 活塞连杆组包括活塞、活塞环、活塞销、连杆、连杆轴承及螺栓等，它与曲轴飞轮组共同组成曲柄连杆机构。 （ ）
7. 轴承外表上的锈斑，可以用0号砂纸擦除后，再放在汽油中清洗。 （ ）
8. 短路时负载线路电阻等于零，这不是事故，不会引起火灾。 （ ）
9. 如果断路器着火未自动切断，应立即手动拉开断路器及隔离开关，然后灭火。 （ ）
10. 检查外部电源故障时，首先请确认输入/输出接线。 （ ）
11. PLC系统最常见的故障是停止运行（运行指示灯灭）、不能启动、工作无法进行，但是电源指示灯亮。这时，需要进行通信检查。 （ ）
12. PLC通信正常，但通信故障灯亮，原因可能是某模块插入或接触不良。 （ ）

附录B 考试题

________________学院 20____年______季

班级______ 学号______ 姓名______ 总分______

一、单选题（每小题2分，共20分）

1. 对降低磨损、延长机器的使用寿命影响最大的因素是（ ）。

A. 润滑　　B. 表面加工质量

C. 材料　　D. 安装检修的质量

2. 最主要、最基本、最广泛应用的机械修复方法为（ ）。

A. 钳工、机械修复法　　B. 焊修法

C. 电镀法　　D. 粘修法

3. 安全事故来源于(　　)。

A. 时间紧　　B. 劳动强度大

C. 麻痹大意　　D. 操作不熟练

4. (　　)是电气外特征直观性故障。

A. 元件调损坏　　B. 接触不良

C. 松动错位　　D. 电动机、电器冒烟、散发焦臭味

5. 机械设备日常保养执行十字方针即清洁、(　　)、调整、紧固、防腐。

A. 维修　　B. 润滑　　C. 找平　　D. 听声

6. “四懂”是指操作人员在使用设备时懂原理、懂(　　)、懂用途、懂性能。

A. 调整　　B. 操作　　C. 构造　　D. 检查

7. 将齿轮侧面涂上一薄层红丹粉转动齿轮 2～3 转，色迹如附图 B.1 所示，中心距正确的是(　　)。

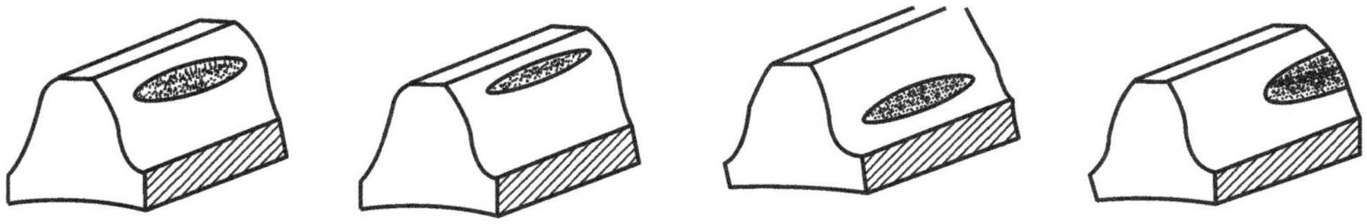

(a)　　(b)　　(c)　　(d)

附图 B.1

8. 最危险的失效形式是(　　)，例如。

A. 磨损　　B. 断裂　　C. 腐蚀　　D. 老化

9. (　　)保养以维修工人为主，操作工人协助完成。

A. 一级　　B. 二级　　C. 三级　　D. 日常

10. 利用球形金刚石滚压头或者表面有连续沟槽的球形金刚石滚压头以一定的滚压力对零件表面进行滚压，使表面形变强化产生硬化层称为(　　)。

A. 内挤压　　B. 滚压强化　　C. 喷丸　　D. 喷砂

二、判断题(每小题 2 分，共 20 分)

1. 设备维护保养的要求主要有清洁、整齐、润滑良好、安全四项。　(　　)
2. 一般机械设备中约有 50% 的零件因磨损而失效报废。　(　　)
3. 选修复技术应遵循“技术合理，经济性好，生产可行”的基本原则。　(　　)
4. 点检制，即指预防性检查，点检员不负有全权责任。　(　　)
5. 表面强化方法有激光强化、滚压和喷丸等，喷丸强化应用广。　(　　)
6. 中、高碳钢零件，由于可焊性良好。　(　　)
7. 镀铬工艺能够达到的修补层厚度是 0.01～0.2 mm。　(　　)
8. 铁谱分析包括采样、制谱、观察与分析、结论四个基本环节，制谱是铁谱分析技术的第一步。　(　　)
9. 短路时负载线路电阻等于零，这不是事故，不会引起火灾。　(　　)
10. 常用的装配方法有压装法、热装法、冷装法等。　(　　)

三、问答题(每题 10 分,共 30 分)

1. 什么是设备修理复杂系数?修理计划编制的依据是什么?

2. 附图 B.2 所示为机件磨损的典型曲线,将图中字母填入空中。

________段为初期磨损时期,________段为正常磨损时期,________段为事故磨损时期。经________点后,磨损重新开始急剧增长,间隙超过最大的允许极限间隙为________,润滑油膜被破坏,磨损强烈,机件处于危险状态,机件必须进行修复或更换。

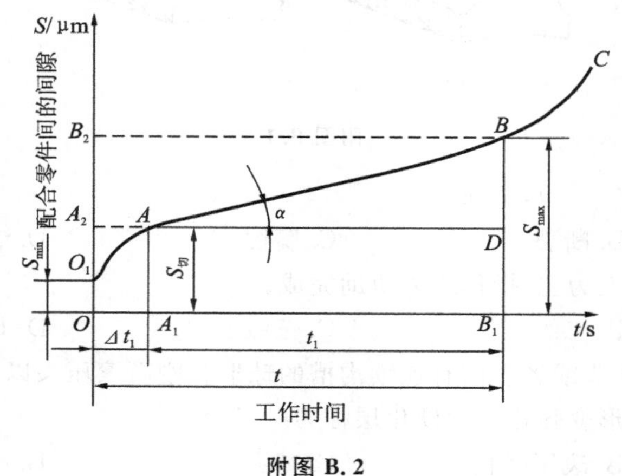

附图 B.2

3. 热电偶法测温有何特点?哪种热电阻材料的测量精确度最高?

四、读图分析题，回答问题（共 30 分）

1. 把附图 B. 3 所示液压子系统图画在右边（20 分）。

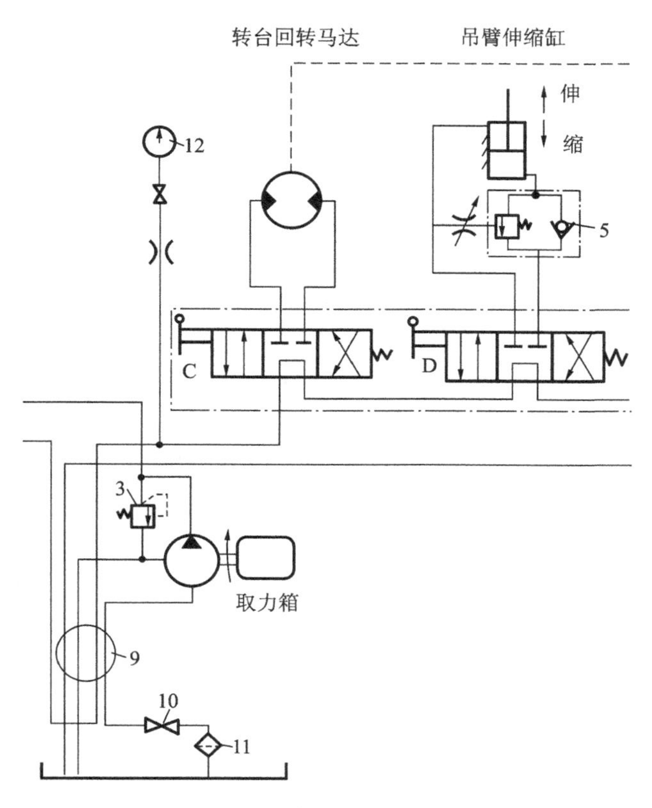

附图 B. 3

2. 这个液压系统液压缸动作慢，分析可能的原因（10 分）。

参考文献 CANKAOWENXIAN

[1] 丁加军. 设备故障诊断与维修[M]. 北京：机械工业出版社，2012.

[2] 陈则钧，龚雯. 机电设备故障诊断与维修[M]. 北京：高等教育出版社，2008.

[3] 黄志坚，袁周，等. 液压设备故障诊断与监测实用技术[M]. 北京：机械工业出版社，2005.

[4] 陈冠国. 机械设备维修[M]. 2 版. 北京：机械工业出版社，2005.

[5] 陆全龙. 数控机床[M]. 武汉：华中科技大学出版社，2008.

[6] 王裕清，韩成石. 液压传动与控制技术[M]. 北京：煤炭工业出版社，1997.

[7] 陆全龙. 液压系统故障诊断与维修[M]. 武汉：华中科技大学出版社，2016.

[8] 贾铭新. 液压传动与控制[M]. 3 版. 北京：国防工业出版社，2010.

[9] 成大先. 机械设计手册[M]. 6 版. 北京：化学国防工业出版社，2016.

[10] 赵显新. 工程机械液压传动装置原理与检修[M]. 沈阳：辽宁科学技术出版社，2000.